农田水利学

农梦玲　李桂芳　李伏生　主编

广西科学技术出版社

·南宁·

图书在版编目（CIP）数据

农田水利学 / 农梦玲，李桂芳，李伏生主编.

南宁：广西科学技术出版社，2024.6. -- ISBN 978-7 -5551-2230-2

Ⅰ. S27

中国国家版本馆CIP数据核字第2024S83D60号

农田水利学

农梦玲　李桂芳　李伏生　主编

责任编辑：李敏智　　　　　　　　　　封面设计：梁　良

责任校对：夏晓雯　　　　　　　　　　责任印制：韦文印

出 版 人：梁　志　　　　　　　　　　出版发行：广西科学技术出版社

社　　址：广西南宁市青秀区东葛路66号　邮政编码：530023

经　　销：全国各地新华书店

印　　刷：广西民族印刷包装集团有限公司

开　　本：787 mm × 1092 mm　1/16

字　　数：394 千字　　　　　　　　　印　　张：18.5

版　　次：2024 年 6 月第 1 版　　　　印　　次：2024 年 6 月第 1 次印刷

书　　号：ISBN 978-7-5551-2230-2　　定　　价：80.00 元

编委会

主　编：农梦玲　　李桂芳　　李伏生

编　委：农梦玲　　李桂芳　　李伏生　　韦燕燕
　　　　梁琼月　　程夕冉　　路　丹

前　言

农田水利学是高等院校农业资源与环境专业的核心专业课程，具有理论性和实践性较强的特点。在《农田水利学》教材编写过程中，我们尽可能地加强对基本理论的阐述，充分吸收我国农田水利建设的经验和科技发展新成就，同时遵循"少而精"和"便于教学"的原则。

不同高校因学校特色和专业背景的差异，对农田水利学的教学侧重有所不同，如一些高校侧重系统模型与数学方法，一些高校侧重工程规划，还有一些高校侧重地表水资源规划等。通过不断探索和完善，本教材以农田水利学灌溉理论中的节水灌溉制度和作物需水量为主线，系统介绍了近年来节水灌溉方面的新理论、新技术和新成果。教材绪论部分主要介绍了农田水利学研究对象和基本内容、我国的农田水利事业和我国的节水农业技术；第一章为灌溉原理，主要介绍了农田水分状况及调控、灌溉的作用、作物需水量及作物灌溉制度；第二章为水资源及其开发利用，主要介绍了水资源状况、我国水资源特点和主要问题、水资源与农业发展关系及水资源开发利用技术；第三章为灌溉水源和取水方式，主要介绍了灌溉水源的基本要求、灌溉取水方式及灌溉设计标准；第四章为渠道输水系统，主要介绍了渠道输水系统的规划、田间工程、渠道输水系统设计及渠道防渗工程技术；第五章为地面灌溉方法和技术，主要介绍了畦灌、沟灌、淹灌和漫灌等灌溉方法，以及地面灌溉节水新技术及稻田节水灌溉技术；第六章为管道输水系统，主要介绍了管道输水系统和低压管道输水灌溉；第七章为喷灌技术，主要介绍了喷灌设备及喷灌主要参数、喷灌工程的规划设计；第八章为微灌技术，主要介绍了微灌设备及微灌系统规划、设计和管理；第九章为农业节水和管理节水，主要介绍了农艺节水技术、地面覆盖保水技术、化控节水技术及管理节水技术；第十章为农田排水，主要介绍了排水系统的规划设计及农田排水方法。

本书力求反映本学科最新研究动态和发展前景，并结合当前农田水利事业的实际情况，系统总结国内外农田水利学科的经验与研究成果，体现了水利和农业结合的特色，可供高等院校农业资源与环境等相关专业的学生使用。

绪论及第一、二、三、四、五、九章由农梦玲、李伏生、韦燕燕、程夕冉编写，第六、七、八、十章由李桂芳、农梦玲、李伏生、梁琼月、路丹编写。此外，李伏生对本书大纲和全书内容进行了修改和完善，农梦玲负责全书内容的最终审改和定稿。

本教材由"广西大学 2023 年优质本科教材倍增计划项目"资助完成，在此表示谢意！

对于书中错误和不妥之处，恳请读者批评指正。

目　录

绪　论

第一章　灌溉原理

第二章 水资源及其开发利用

第三章　灌溉水源和取水方式

第四章　渠道输水系统

第五章　地面灌溉方法和技术

第六章 管道输水系统

第七章 喷灌技术

第八章 微灌技术

第九章 农业节水和管理节水

第十章　农田排水

绪　论

第一节　农田水利学研究对象和基本内容

一、农田水利学研究对象

农田水利学是研究调节农田水分状况和地区水情的变化规律及其措施，为消除农田水旱灾害，利用水利资源发展农业生产的一门学科。其基本任务是通过兴建和运用水利工程设施，调节、改善农田水分状况和地区水利状况，促进农业生态环境的良性循环，为农作物的生长发育创造有利条件。农田水利学的研究对象主要包括以下两个方面。

1. 调节农田水分状况

①研究农田水、盐动态变化和作物需水规律，探求土壤、作物与水分、盐分之间的内在联系。

②研究灌溉排水理论体系与新技术。将渠道（管道）中的水分配到田间供给作物的措施称为灌溉技术，也称为灌溉方法。通过修建排水系统将田间多余的水分排入容泄区（河流或湖泊），使田间保持适宜的水分状况，称为排水。我国已开展了多种节水灌溉技术的试验研究和应用推广，但还需更深入研究节水灌溉技术措施的适用条件和灌溉技术参数，统筹优化规划设计方法。

③研究不同地区灌排系统的合理布局，做到山、水、田、林、路综合优化，既便于灌排和控制地下水位，又适应机器耕作。

④研究灌排系统管理措施。优化灌排系统管理有利于灌排工程效益的发挥，因此需针对当前灌排系统实际存在的问题，研究优化切合实际的工程管理和用水管理措施，实现灌排管理现代化，做到适时适量灌水、及时排水和控制地下水位、减少渠道渗漏，防止次生盐碱化，提高工程效率和效益。

2. 改变和调节地区水情

地区水情主要是指地区水资源的数量、分布及其动态。我国幅员辽阔，水资源在不同地区、年份、季节分配不均，供需水在时间和空间上也常常不一致，这是影响农业高产稳产的重要原因之一。因此要根据水土资源条件，研究改变和调节地区水情的各项工程措施，在此方面研究对象主要有：

①蓄水措施。通过修建水库、河网和控制利用湖泊、地下水库以及大面积的水土保

持和田间蓄水措施，拦蓄当地径流和河流来水，改变水量在时间上（季节或多年范围内）和地区上（河流上下游之间、高低地之间）的分布状况。通过蓄水措施可以减少汛期洪水流量，避免暴雨径流向低地汇集，可以增加枯水期河水流量以及干旱年份地区水量贮备。

②调水和排水措施。通过引水渠道，使各地区或各流域的水量互相调剂，从而在地区上改变水量分布状况。用水时期借引水渠道及取水设备，自水源（河流、水库、河网、地下含水层等）引水，以供地区用水。汛期某一地区水量过多时，可通过排水河道将多余水量调送至该地区的蓄水设施蓄存，或调送至水量较少的其他地区。

总之，无论是调节农田水分状况或地区水情，都需要认识大自然规律，总结水利建设经验，坚持科学的态度，讲究经济生态效益，并从理论和技术上解决农田水利中出现的新问题，把农田水利科学技术提高到新的高度。

二、农田水利学基本内容

就农田水利措施来讲，其内容也日益丰富。农田水利事业的发展在最初仅在小范围内调节局部地区水情和农田水分状况，现在则调节大范围的地区，甚至跨地区、跨流域的水情。地区水情，主要是指地区的水利资源的数量、分布情况及其动态变化而言，它主要决定于该地区的自然条件。不利的地区水情，往往是某一时期某一地区因水量过多而引起洪涝灾害，或由于水量不足而发生干旱现象，以致影响农业生产。对不利的地区水情进行调节，创造适于发展农业生产的有利环境，为改变农田水分状况建立必要的前提。在为农业目的调节地区水情时，还应考虑其他部门用水的要求，即对水利资源进行全面规划，综合利用，以达到水资源的平衡和充分合理的应用。

改变和调节地区水情的措施，一般可分为以下两种。

①蓄水措施。通过蓄水措施，可减少汛期洪水流量，避免暴雨径流向低地汇集，并可增加枯水期河水流量及干旱年份地区水量的储备。

②引水、调水措施。通过引水渠道，使地区内部和地区之间以至跨流域的水量相互调剂，以盈补缺。

在改变、调节地区水情的基础上，改变和调节农田水分状况。农田水利各种措施都是为了调节农田水分状况。所谓农田水分状况，一般指农田土壤水、地面水和地下水的状况与其相关的养分、通气和热状况。改变和调节农田水分状况的措施有下列两种：

①灌溉。按照作物的需要适时适量地将水输送和分配到田间，协调好土壤中水、肥、气、热状况，达到不断提高土壤肥力，保证作物不断高产稳产的目的。

②排水。借排水系统将农田中多余的水分（包括地面水和地下水）排泄到容泄区，使田间土壤的水、肥、气、热状况得到协调。在土壤盐碱化地区，排水系统同时具有降

低地下水位和排除盐分的作用，促进土壤脱盐，从而改善其肥、气、热等状况，变低产的盐碱土为高产稳产的肥沃土壤。

农田水利事业要解决的两个主要问题（调节农田水分状况和改变或调节地区水情）的一些主要措施，从农田水利范围来讲，可以概括归纳为需水要求（作物对灌溉排水的要求）、用水技术（调节控制水源和田间灌排系统的技术装备）和水资源管理三个方面。就水资源的开发利用而言，已将降水、地面水、地下水统一起来联合运用；在需水要求方面，已在土壤、作物、施肥、耕作管理基本定型的情况下，根据气象预测预报来制订农业生产计划和灌溉排水计划，通过信息技术制订最优方案；在用水技术方面则采用自动化的设备进行自动化灌排。

第二节　我国的农田水利事业

一、我国农田水利事业的发展

农田水利是发展和提高农业生产的重要基础，是改善生态环境和提高生活水平与质量的重要保障，是农业可持续发展中的一项重要工程。

我国幅员辽阔，各地自然特点差异大，水利条件也不同。我国淮河以北地区，年降水量一般少于 800 mm，属于干旱半干旱地区。其中，干旱地区降水量稀少，蒸发强烈，绝大部分地区的年降水量为 100～200 mm，有的地方几乎终年无雨但年蒸发量的平均值为 1 500～2 000 mm，远远超过降水量，因而造成严重的干旱和土壤盐碱化现象，该地区主要是农牧兼作区，种植的主要作物有棉花、小麦和杂粮等，灌溉在农业生产中占极重要的地位，牧草也需要进行灌溉，大部分地区如没有灌溉就很难保证农牧生产的进行。半干旱地区主要作物有棉花、小麦、玉米和豆类，还有少量的水稻，其降水量虽然基本上可以满足作物的需要，但由于年际变化大和季节分布不均，经常出现干旱年份和干旱季节。水源主要是河川径流和地下水，这一地区农业生产最突出的问题是由于降水量在时间上分布不均、水利资源与土地资源不相适应等而形成的旱涝灾害问题。以华北地区为例，常常春旱秋涝，涝中有旱，涝后又旱，其他地区也有类似的情况。此外，有些排水不良的半干旱地区，地下水位较高，地下水矿化度大，土壤盐碱化威胁较严重。在东北平原还有部分沼泽地，在黄河中游的黄土高原，存在严重的水土流失现象。我国秦岭山脉和淮河以南地区，年降水量为 800～2 000 mm，是水分充足地区，一般无霜期为 220～300 d，以稻、麦作物为主，一年两熟以上，其中华南地区，即南岭山脉以南，年降水量为 1 400～2 000 mm，终年少霜，一年可三熟。我国南方地区雨量虽较丰沛，但由于降雨时程分配与作物田间需水量要求不相适应，经常出现不同程度的春旱、秋旱，故仍需要灌溉。因此，我国农业生产发展，一方面具有较好的自然条件，另一方面也存在程度不同的不利因素。因此兴修水利，大力开展水利工作，战胜洪涝干旱、土壤盐碱化和水土流失等灾害，对发展我国农业十分重要。

数千年以来，我们的祖先在发展农业生产的同时，一直与水旱灾害进行抗争，载入了光辉灿烂的农田水利史。我国的农田水利，可追溯到很古老的年代。相传夏商时期，黄河流域就已出现兼做灌溉排水的渠道，即"沟洫"。我国有历史记载的最早的蓄水灌溉工程是公元前6世纪楚国人民利用洼地构筑成约长50 km的水库（在今安徽省寿县城南），引蓄淠河的水进行灌溉。我国古代最大的灌溉工程——都江堰，不仅具有完善的渠首枢纽，而且开辟了很多灌溉渠道，灌溉了川西平原，2 000多年来，都江堰工程在农业生产中始终发挥着巨大作用。除此之外，秦汉时期较大的农田灌溉工程还有陕西的郑国渠、龙首渠和白渠，宁夏的汉渠、秦渠和唐徕渠，浙江的鉴湖灌溉工程等。20世纪30年代以来，我国水利学家李仪祉在陕西省创建渭惠渠、泾惠渠和洛惠渠等大型灌区，这些灌区不仅有正规的规划设计，而且重视科学管理，积累了丰富的灌区建设和管理经验，并发挥着巨大的工程效益。在防洪除涝方面，唐代已有大规模的排水工程，如无棣县的无棣沟、任丘市的通利渠等。在宋代以前长江流域的滨湖圩田就开始兴建，而在汉朝江浙沿海为防止海潮侵袭农田兴建巨大海塘工程。

综上所述，我国农田水利有着悠久的历史，历代劳动人民创造了很多宝贵的治水经验，在我国农田水利史上放射着灿烂的光辉。中华人民共和国成立以来，我国农田水利事业得到了巨大的发展，主要江河得到了不同程度的治理，黄河扭转了过去经常决口的险恶局面，淮河流域基本上改变了"大雨大灾、小雨小灾、无雨旱灾"的多灾现象，海河流域的洪、涝、旱、碱灾害得到缓解。

我国农田水利建设的蓬勃发展，创造和积累了许多有益的经验，也推动了灌溉排水科学技术的提高。例如，在山区丘陵区的规划治理方面，各地的经验是要在管好用好大中型水库的同时，大力整修塘堰和小水库，充分利用当地径流，建立蓄水、引水、提水联合运行的"长藤结瓜"式水利系统。改造冷浸田以及整治沟壑、修建梯田梯地等方面，也取得了不少经验。南方圩区的经验是在保证防洪安全前提下，搞好灌溉除涝，控制地下水位。北方平原则成功总结了旱、涝、碱综合治理的经验；大多数灌区实现了井渠结合，提高了灌溉用水保证率，也有利于维持灌区地下水平衡和土壤盐碱化的防治。灌溉排水新技术在我国快速发展，如喷灌、微灌技术，暗管排水和地下管道输水，均得到了广泛的推广应用。智慧灌溉技术和系统工程优化技术也已应用于灌排工程。

总之，我国的农田水利建设取得了很大成绩，但提升水旱灾害防御能力、水资源集约节约利用能力、水资源优化配置能力、大江大河大湖生态保护治理能力，提升水利发展数字化、网络化、智能化水平和精细化、科学化、法治化水平，仍是我国农田水利的长期任务。进一步扩大灌溉、除涝、排渍、治碱的工程经济效益，实现农田水利现代化，把农田水利事业推向新的高度，是我国农田水利的重要任务。

二、我国农田水利事业面临的问题及展望

我国的农田水利事业虽然取得了空前的发展，但也还面临着诸多的问题，主要有以下四个方面。

①农业水资源短缺，开源节流已受到普遍重视。因此，使用多种水源，进行水资源的优化配置，尽可能重复利用水资源，研究节水型灌溉技术，减少渠道渗漏等措施，以促进农田水利工程的设计优化，加强农田水利工程的灌溉、排洪等性能设计，将生态环境的承载力作为设计优化的首要前提，确保农田水利工程的可持续发展。

②保持现有耕地的高效利用，并积极开发和利用中低产土地，如次生盐碱地、潜育型水稻土。为此，需要在这类土地上修建排水工程，排除地面多余水量，控制地下水位。

③在灌溉排水工作中采用先进技术，加大科技投入力度，积极应用和推广新型灌排技术，如智能化技术、自动化技术和数字化技术等，以提高管理水平，增大工程效益。

④灌区的续建配套与节水改造、更新提水设备、改革水费制度、促进农业结构调整、提高经济效益等问题。

对水资源的开发不够合理，工程的老化失修和管理粗放，水污染和水资源的供需矛盾仍然存在，从整体上看我国农业大部分地区还没有完全摆脱"靠天吃饭"的局面。因此，我国农田水利事业任重而道远，需要长期的努力才能适应农业可持续发展的需求。当前我国农村和农村水利有以下三个方面的特点。

①农产品从长期短缺转为供需基本平衡。

②水资源的短缺和水污染问题日益严重。

③日益增强的物质基础和科学技术能力，使实施水利现代化成为可能。

所有这些变化，为中国农村水利的发展提出了许多新课题和新任务。因此，今后我国农村水利工作的方向：一是继续坚持不懈地搞好农田水利基本建设，提高防御水旱灾害的能力，更好地为农民生活、农业生产和农村经济发展服务。二是大力提高水的利用率和经济效益，加快水利现代化的步伐，以水利的现代化推进农业的现代化。三是加快水资源的科学利用和合理调配，不断开拓农村水利工作的领域。注重生态环境的保护，重点抓好节水灌溉和水土整治工作，不仅使农田水利成为促进农业可持续发展的保证条件，同时也成为维护生态环境不断改善的重要环节。

第三节　我国的节水农业技术

一、我国发展节水农业的重要意义

（一）我国水资源供需矛盾突出

据 2023 年度《中国水资源公报》显示，全国用水总量为 5 906.5 亿 m³。其中，农业用水为 3 672.4 亿 m³，占用水总量的 62.2%；地表水源、地下水源和非常规水源供水量分别为 4 874.7 亿 m³，819.5 亿 m³ 和 212.3 亿 m³，分别占供水总量的 82.5%、13.9% 和 3.6%。全国人均综合用水量为 419 m³，耕地实际灌溉每公顷平均用水量为 5 205 m³。从总用水量看，农业是用水大户。按照现状用水统计，全国遇中等干旱年，农业灌区缺水约 300 亿 m³，是缺水大户，工业和城市缺水约 60 亿 m³，全国共缺水 360 亿 m³。另外，我国水资源分布很不均匀，分布在长江流域及其以南地区的地表水和地下水资源量很大，而占全国土地面积一半以上的华北、西北、东北地区水资源量很小。

近年我国大力推广高效节水灌溉和高标准农田建设，取得了很大的成效。但是我国水资源的供需矛盾仍较严峻，特别是我国北方地区更为突出，降水量大幅度减少，水库干涸、河流断流，作物大面积受灾，严重影响了农业生产。为了有效地补给严重缺乏的水资源，地下水被大量开采，从而导致地下水位急剧下降，致使地下水资源短缺甚至枯竭。区域性地下水位下降诱发了地裂缝、岩溶塌陷和地面沉降等地质灾害，农业水资源的供需平衡受到了严重的破坏。另外，部分地区大规模改良盐碱地、开采荒山荒地需要大量的水资源，造成水资源供需矛盾更加突出。

（二）农业用水严重浪费，农业节水势在必行

有许多渠道工程没有衬砌的土质渠道，在输水、配水过程中的渗漏损失大，从首部到尾端，其输水损失水量可达 20% 甚至 30%。大中型灌区一般是干、支、斗、农渠四级输水、配水渠道。据统计，从取水渠道到最末一级渠道的分水口（分水进入田间），仅输水损失一项就高达 50% 或以上。此外，还有因管理不善而引起的废泄水量。灌溉水从农渠的分水口进入田间以后，由于灌水技术粗放，又有很大一部分水量因渗漏、蒸发损失掉，或从田间无益地流失，其数量可达 30%，我国目前灌溉水的利用率平均仅为 40% 左右。换句话说，每年经过水利工程引、蓄的 4 000 多亿 m³ 水量中，约有 60% 是在各级渠道的输水、配水和田间灌水过程中白白浪费掉。而水利技术先进的国家，灌溉水利用率一般为 80% ~ 90%。如果我国采用先进的节水灌溉技术，将已建成的灌区灌溉水利用率提高 10% ~ 20%，则每年可节约水量 435 亿 ~ 870 亿 m³，相当于南水北调中线工程年引水量的 2.8 ~ 5.5 倍，这对缓解我国水资源供需矛盾将起到很大作用，农业节水

的潜力很大。

从单方水的粮食生产效率来看，我国的水分生产率不高，每投入 $1 m^3$ 水仅可生产粮食 $1 kg$ 左右，还不到发达国家水分生产率的一半（如以色列，每投入 $1 m^3$ 水可生产 $2.3 \sim 3.5 kg$ 粮食）。因此，采用各种行之有效的节水农业技术，并将这些技术组装配套，高度集成推广应用，对提高我国农作物产量，达到节水增产高效的目的，有着非常重要的意义。

发展节水农业，第一，要提高认识，核心问题是节约用水。开源是有限的，节水潜力是巨大的，节水本身就是开源。第二，要大力推广节水灌溉技术和节水管理措施，加快水价改革，合理计收水费，利用经济杠杆，促进节约用水。第三，发展高效用水，要强调工程节水技术与农业节水技术相结合，建立一个完整的综合节水农业技术体系。

二、我国节水农业技术体系

农业灌溉用水由水源到被作物利用，一般要经历从水源到田间的输水、田间的灌水转化为土壤水、作物根系吸收和通过生理活动形成产量这三个过程。农业节水就是要将水从水源引入到农田被作物吸收利用全过程中的损失减少到最低程度。从水源到作物产量形成，水的消耗可分为三个部分：一是水源到田间的输水损失，包括渗漏和蒸发损失；二是田间土壤水的储存消耗，包括深层渗漏和土面蒸发损失，以及径流流失损失；三是作物根系吸水到形成产量的用水消耗，主要是作物蒸腾作用。第一、第二部分用水消耗决定于水的利用率，即田间所用的净水量与水源水量之比。损耗越小，水的利用率越高。第三部分损失影响水的利用效率，即单位面积产量与单位面积平均耗水量（包括净灌水量、降水量和地下水补给量之和）之比。损失越小，则作物形成单位产量所需的水越少，水的生产效率就越高。减少第一、第二部分的损失，主要采用节水工程技术。减少第三部分损失，主要采用节水农业技术。同时，在这三个环节中都要强调节水管理技术措施，使其贯穿在整个用水过程之中。

因此，对节水农业的全面理解是：以节约农业用水为中心的农业，即充分利用降水资源和可利用的水资源，采取先进的节水灌溉技术，适宜的农业技术措施及节水管理技术和措施等，以提高水的利用率和水分生产率为中心的一种高产、优质、高效的农业生产模式。为此，建立节水农业的指导思想应当是：以科学合理利用水资源（包括雨水和各种劣质水、灌溉回灌水等）为约束条件，建立以综合节水技术体系为策略手段，解决近期和远景农业生产发展的用水需求，最终以实现高产、优质、高效农业的持续发展为目标，因此，发展节水农业不单是水利工程技术或农业技术问题，而且还涉及生物技术措施、生态环境优化措施、商品经济理论、管理体制改革、现代化管理技术和有关的政策、法规等，它是一个综合节水农业技术体系。

综合节水农业技术体系常包括三个部分：节水灌溉技术（工程节水技术）、农业节水技术及节水管理技术和措施（后二者合称非工程节水技术）。工程节水技术和非工程节水技术相结合并融为一体，形成高度集成的综合节水技术体系，是提高灌溉水利用率和农田水分利用效率的发展方向，也是大幅度节水的最有效途径。

（一）节水灌溉技术

节水灌溉技术一般也叫工程节水技术，它处于综合节水农业技术体系的核心地位，主要包括开源和节流两个方面。

1. 开源

开源是指利用多种水资源作为灌溉水源，除了一般的地表水和地下水引、蓄、提工程，还包括雨水、劣质水和回归水等利用。

（1）雨水资源集蓄利用

在干旱和缺水地区，开展雨水集蓄利用有广阔前景，我国已有不少经验，但大部分地区还没有高标准、规范化建立相应的雨水集蓄利用工程，缺乏技术综合集成和科学指导，因此，应总结出切实可行的经验，进行示范推广，从而指导雨水集蓄利用工程的发展。

（2）劣质水资源利用

劣质水主要包括有一定盐分的地下水、城市生活污水以及某些工业废水，经过一定处理后可作为灌溉水源。我国在劣质水利用方面已有不少的研究成果和实践经验，但尚未大规模推广应用。

（3）回归水资源利用

回归水主要包括盐分、养分及农药残留物等，我国灌区特别是南方水稻灌区回归水量大，含盐量小，可再次利用，但是随着施用大量化肥、农药和除草剂等，回归水中的氮增大，对水质有一定污染。因此，如何减少和控制化肥、农药的流失，防止回归水的污染，是一个重要的研究课题。同时，还应加大力度研究回归水的水质标准，灌溉措施和再利用的尺度效应等。

2. 节流

节流就是采取各种措施节约灌溉用水，一方面是将输配水过程中的渗漏损失水量减少到最少；另一方面就是采用各种先进的灌水方法、灌水技术和灌溉制度等把田间灌水过程中的各部分损失水量达到最少，提高灌溉水的利用率和生产率。

（1）渠道防渗技术

渠道防渗技术是为了减少渗漏使渠道里水的利用率提高而采取的工程技术措施，是应用较广泛的节水灌溉技术，可将水资源利用系数从原来的 0.24 提高到 0.56 左右。

（2）管道输水技术

管道输水技术是采用管道代替传统明水渠输水的灌溉措施，其可减少输水过程中的渗漏和水分蒸发损失，提高输水效率。

（3）喷灌和微灌技术

喷灌、微灌技术是当今世界最先进的灌水技术。据统计，美国的喷灌面积已占全国灌溉面积的37%，大量采用时针式、平移式等大型多支点喷灌机组，并在固定式喷灌系统中使用自动化控制系统，大大减小了劳动强度，提高了效率。世界喷灌技术的发展方向，一是朝低压、节能型方向发展；二是开展喷灌的多目标利用；三是改进设备，提高性能，并使产品标准化、系列化，为维修、使用带来更大的方便。微灌比喷灌更加节水。以色列的滴灌和微喷灌技术居世界领先地位，不仅产品质量好，而且在过滤器、防滴头堵塞技术、自动量水和控制设备以及太阳能的应用方面都有新的发展。

（二）农业节水技术

农业节水技术包括抗旱节水品种培育、调整种植结构、节水栽培技术、水肥综合管理技术、地面覆盖技术以及化控节水技术的应用等。

1. 抗旱节水品种培育

抗旱节水作物品种在节水农业中占有重要位置，投资少，易推广，增产节水效果显著。多年来，我国进行植物抗旱节水种质资源的搜集和保存及开发推广应用研究，建立抗旱节水品种基因库，进行分子标记及基因克隆，并利用转基因技术，培育抗旱节水新品种，现已培育出很多抗旱节水小麦品种、节水高产小麦品种、抗旱节水高产广适小麦，以及玉米耐旱品种等。

2. 调整种植结构

为适应节水农业需求，各地通过调整种植结构积累了丰富经验。如我国北方地区在稳定粮食作物种植面积的同时，对需水量大的小麦、水稻等作物的种植面积不再扩大，适当增加大豆、红薯、谷子及小杂粮等播种面积。在经济作物种植中，稳定棉田面积，扩大油菜、花生等油料作物的种植面积，有利于节约灌溉用水，培植土壤肥力，增加粮食产量。发展农业立体种植，开发"混林农业"，不仅有利于缓解粮食作物与经济作物之间的争地矛盾，而且有利于增强农业的抗灾能力，提高耕地生产水平，增加农民收入。

3. 节水栽培技术

节水栽培技术近年来发展较快。在水稻上已取得了明显成就，"薄、浅、湿、晒""干湿交替灌溉"和"控制灌溉"等水稻节水灌溉方法已在广西、江西、浙江、江苏、安徽等地大面积推广，节水增产效益显著。华北地区在限水条件下的小麦、棉花栽培措施，陕西关中灌区研究的小麦、棉花、玉米、油菜四种作物的节水栽培措施，节水增产效果显著。

4. 水肥综合管理技术

大量的研究结果表明，水肥两种因素在作物生长发育过程中相互影响，相互制约，适宜的水分可促进肥料转化吸收利用，提高肥料利用率，而适宜的施肥也可提高水分利用效率。建立以肥、水、作物产量为核心的耦合技术，以肥调水，以水促肥，充分发挥水肥协同效应和激励机制，提高水分利用效率。在不增加施肥量下，获得较大的经济效益，肥料利用率可提高 3% ～ 5%，产量增加 20% ～ 30%。

5. 地面覆盖技术

地面覆盖技术有秸秆覆盖、地膜覆盖等，可减少棵间蒸发，节省灌溉用水，提高田间水的有效利用率。秸秆覆盖可节水 15% ～ 20%，增产 10% ～ 20%。地膜覆盖可节水 20% ～ 30%，增产 30% ～ 40%。

秸秆覆盖可以就地取材，节省费用而效果明显，容易大面积推广。秸秆覆盖还有调节地温、蓄水保墒、抑制杂草的作用，同时覆盖的秸秆翻压后，可增加土壤的有机质和腐殖质，提高土壤肥力，改善土壤结构。此外，结合秸秆覆盖还可以实施免耕技术，具有节约用水、培肥地力和省工省开支等优点。

地膜覆盖同样具有节水保墒、增温增产的作用，在农业生产中应用广泛。我国每年农田地膜覆盖面积已达 670 万 hm^2，覆盖作物种类由蔬菜作物扩大到经济作物、瓜果和粮食作物，共 60 多种。

6. 化控节水技术

我国已应用的调节植物生长型的多功能抗蒸腾剂有抗旱剂一号（FA），其化学成分是黄腐酸，易溶于水，活性基团含量较高。施用后叶片气孔开度缩小，玉米蒸腾强度在 14 d 内平均降低 40%，同时具有减慢土壤水分消耗的作用，因此，有明显的抗旱保墒作用。一般喷施一次即可，有效期为 12 ～ 20 d。若遇严重干旱，可间隔 10 d 左右连续喷施 2 ～ 3 次。这种药剂无臭无毒，不损害人体健康和污染环境。

保水剂又称吸水剂，是一种人工合成的高分子材料，在作物根部土壤中少量施用，灌溉水分被保水剂吸收后缓慢释放被作物根系吸收利用，耐旱天数可达 30 d。基本上没有了灌溉水或雨水深层渗漏损失，并且大大减少了蒸发，提高了水的有效利用率。保水剂也用作种子包衣，施入土壤后能立即吸收种子周围土壤的水分，在种子表面形成一层水膜，给种子萌芽提供水分，确保全苗，促进幼苗生长。保水剂在保蓄水分的同时，也能保蓄可溶性养分，减少养分流失，提高肥料利用率。

此外，水分蒸发抑制剂、土面增温保墒剂、钙赤合剂等都已取得试验研究成果，很有推广应用前途。

（三）节水管理技术和措施

节水管理技术是指在节约用水的原则下，根据作物的实际需水要求和可能的水源条件，及时适时地满足作物对水分的要求，达到节水增产的目的。包括土壤墒情监测与预测技术、灌区量水与输配水调控、实时灌溉预报技术、智慧灌溉技术等。通过建立灌溉用水决策系统，对农作物生产和需水量进行模拟，对土壤墒情进行预报和灌区实时预测，实现灌区水资源的动态分配，进一步提高灌区水资源效益。

节水管理措施主要包括水的商品观念、水价和水费、用水管理的体制改革以及有关的政策和法规等。这些都是促进节约用水，减少水量浪费的重要手段。

思考题

1. 简述农田水利学研究对象和基本内容。
2. 试述我国推广节水灌溉的重要意义。
3. 简述我国节水农业技术体系。

第一章　灌溉原理

第一节　农田水分状况及调控

农田水分状况是农田灌溉排水系统规划、设计和管理的基础。农田水分状况指农田土壤水、地面水和地下水三者的量、存在的形式以及在时空上的变化状况。其中农田土壤水与作物生长最为密切，它直接影响作物生长的水分、养分、通气、热等状况。在天然条件下，农田水分状况往往和作物的需求不相匹配，水分不足和水分过多的现象经常出现，这就需要采取适合的水利和农业措施调节及控制农田水分状况，使土壤中水、肥、气、热处于良好的状态，为作物的正常生长创造良好条件，并给农田小气候以有利的影响，以达到促进农业增产的目的。

一、农田水分状况

（一）农田土壤水分存在的基本形式

土壤水分同普通水一样，也有固态、液态和气态三种存在形式。只有在土壤冻结时才存在固态水；气态水是存在于土壤孔隙中的水汽，数量很少；土壤水分存在的主要形态是液态。这三种形态的水在不同温度条件下可以相互转化。液态水按其所受的力分为吸着水、毛管水和重力水三类。

①吸着水。包括吸湿水和薄膜水两种形式。吸湿水被紧附于土壤表面，不能自由移动。吸湿系数指当吸湿水达到最大时的土壤含水量。薄膜水吸附于吸湿水外部，只沿土壤表面进行速度极小的移动。土壤的最大分子持水量指薄膜水达到最大时的土壤含水量。一般作物不能利用吸着水，最大分子持水量以下的水分称为无效水。

②毛管水。当土壤含水量超过最大分子持水量，在土壤的毛细管孔隙内受毛管引力保持的水叫毛管水。毛管水分为上升毛管水及悬着毛管水。

上升毛管水指地下水由土层下部沿土壤毛细管上升的水分。上升毛管水的最大毛管上升高度与土壤机械组成、结构、孔隙率等有关。在毛管最大上升高度范围以内，各不同高度处的水分分布是很不均匀的。离地下水面愈近，上升毛管水愈多；离地下水面愈远，则上升毛管水愈少。

悬着毛管水指不受地下水补给时，上层土壤由于毛细管作用所能保持的地面入渗水分。当土壤含水量达到毛细管最大持水能力时，最大悬着毛管水的平均含水量称为田间持水量，属于有效水。生产实践中，常将灌水 2 d 后土壤所能保持的水分含量作为田间持水量。田间持水量的大小是与供水量的多少、土壤质地、盐分、有机质含量以及翻耕条件等因素有关。

③重力水。重力水指当土壤含水量超过田间持水量，在土壤非毛管孔隙中的水受重力作用向下自由移动的水，又叫过剩水。重力水可被作物吸收利用，但容易流失。对于一般旱田灌溉，应当尽量避免重力水的产生；对于盐碱土，则可加大灌水定额，利用重力水冲洗盐碱；对于水稻田，也应利用重力水的渗漏，使土壤气体交换和淋洗有害物质。

（二）旱作地区农田水分状况

旱作地区各种形式的水分，并非能全部被作物直接利用。如地面水和地下水必须适时适量地转化成作物根系吸水层中的土壤水，才能被吸收利用。为使作物生长不受涝渍的危害，通常地面不允许积水，地下水也不允许上升至根系吸水层范围以内。因此，地下水须维持在根系吸水层以下一定范围内，通过毛细管作用上升至根系吸水层，供作物利用。

旱作物的根系吸水层允许平均最大土壤含水量不应大于田间持水量，最小土壤含水量不应小于凋萎系数（即土壤含水量下降到使作物发生永久性凋萎时的含水量）。旱作物丰产所必需的含水量即田间适宜含水量，应在研究水分与其他环境因素之间的最适关系上总结经验，并且与农业增产措施相结合来加以确定。一般旱作物根系活动层的最大土壤含水量应以田间持水量为限，最小土壤含水量可降至田间持水量的 60%。对于干旱地区或以节水为目标的地区，最小土壤含水量可短期降至田间持水量的 52% ～ 55%。旱作物田面不允许长时间积水。除高粱在孕穗期以后可允许淹水 7 d 外，其他作物在开花、孕穗时期，一般只允许地面积水 1 ～ 2 d，淹水深度约 10 cm。

地下水状况主要表现在地下水的埋藏深度上。地下水位过浅，会使作物遭受渍涝灾害，导致土壤沼泽化，在干旱和半干旱地区还会造成土壤的盐碱化。为了防止渍涝灾害，作物要求控制的地下水深度为：棉花 1.2 ～ 1.5 m，小麦 1.0 ～ 1.2 m，玉米 0.8 ～ 1.0 m。为了防止土壤盐碱化，需要将地下水位控制在临界深度以下。临界深度是指在干旱季节不致引起耕层土壤盐碱化的最小地下水埋藏深度，其数值大小与气候、土壤质地、地下水矿化度等因素有关。

（三）水稻地区的农田水分状况

水稻是喜水喜湿作物，栽培技术和灌溉方法与旱作物不同，因此水稻田水分存在的形式与旱作物土壤水分存在的形式也不相同。我国水稻灌水技术，一般除烤田落干外，田面经常建立一定深度的水层。近年来，我国南、北方稻区，从节水高产角度出发，研究出水稻灌水技术，除水稻插秧、返青和抽穗、灌浆阶段保持田面浅水层外，其余生育阶段采用了干干湿湿的灌水。这样做既能为水稻提供良好的水分、养分环境，也能调节肥、气、热的状况。水稻虽然是一种喜水作物，但是稻田淹水层也不允许过深和时间过长，否则会引起水稻严重减产。据试验，水稻在孕穗、抽穗和开花期是对淹没最敏感期，没顶 1 d 会减产 35%。

当地下水位埋藏深度较浅，又无出流条件时，地下水可与地面水连为一体；当地下水位埋藏较深，出流条件较好时，地下水面与地面保持一定的距离。水稻地区地下水位过高或过低，都对水稻生长不利。地下水位过高的稻田，因土壤长期处于淹水状态，水、肥、气、热失调，早期水稻由于土温低而生长缓慢，中期因排水困难、烤田不好而造成后期根系早衰、茎叶枯死。地下水位过高还会造成土壤中有毒物质积累。地下水位太低，则抗旱能力差，对水稻生长也不利。据有关试验，水稻不同生育阶段适宜地下水位埋深为：返青期 0 ～ 50 mm、分蘖前期 100 ～ 150 mm、拔节孕穗期 200 ～ 300 mm、抽穗开花期 200 ～ 500 mm、乳熟期 200 ～ 300 mm、黄熟期 200 ～ 300 mm。

二、农田水分不足的原因及调节措施

1. 农田水分不足的原因

农田水分不足的原因：降水量不足；降水入渗量少，径流损失多；土壤保水能力差，渗漏及蒸发损失水量大。土壤水分缺少，不能满足作物需要，使作物体内的水分平衡遭到破坏，称为作物水分亏缺或水分胁迫，轻者暂时萎蔫，重者干枯死亡。程度严重的也称为作物受旱或遭受旱灾。

2. 调节措施

灌溉是补充土壤水分的主要方式。按照作物的需水要求，通过灌溉系统有计划地将水量输送和分配到田间，并采用适合的灌溉技术以补充农田水分的不足。根据灌水时间的不同可以把灌溉分为播前灌溉、生育期灌溉和储存水量的储水灌溉。除了补充水分，还有为了其他目的而进行的灌溉。例如，借以施肥的培肥灌溉，借以调节温度的调温灌溉，借以冲洗土壤中有害盐分的冲洗灌溉等。

采用合适的技术措施改善土壤结构，对增加降水利用量，提高土壤蓄水保墒能力，均具有十分重要的意义。结构良好的土壤，应具有适宜的透水性和贮水性，可以充分吸收降水和灌溉水量，并能减少蒸发，有效地保持土壤水分。北方群众习惯在伏雨之后进行早秋耕、深秋翻，深翻后再进行耙糖，创造一个深厚的疏松土层和切断了毛管孔隙的细碎的表面土层，这些措施具有显著的蓄水保墒效果。

三、农田水分过多的原因及调节措施

1. 农田水分过多的原因

农田水分过多的原因有：大气降水补给农田水分过多；洪水泛滥、湖泊漫溢、海潮侵袭以及坡地地面径流汇集等使低洼地积水成灾；地下水位过高，上升毛管水不断向上补给，或因地下水从坡地溢出，大量补给农田水分；地势低洼，出流条件不好。

洪灾指因河湖泛滥而形成的灾害；涝灾指降雨过多，积水难排酿成的灾害；渍害指降雨、灌溉水量太多，或地下水补给水量太多，使土壤长期过湿，危害作物生长的灾害；土壤次生盐碱化指地下水位过高，蒸发强烈时诱发的灾害。这四种灾害有时单独发生，有时同时出现。在很多地区，这几种灾害紧密相连，互相助长，而且有一定的规律。例如，江、浙一带的平原地区，春季多雨，土壤质地黏重，地下水位较高，土壤过湿，作物受渍的现象经常发生；黄淮海平原由于雨量集中在 6～9 月，且多暴雨，上游山区的洪水直泻平原，平原地区地势平缓，防洪排涝条件较差，所以，洪、涝、渍、碱并存，须根据灾害发生的原因，采取不同措施或综合措施。

2. 调节措施

对于农田水分过多的灾害，需要分析受灾原因，采取适合的排水技术措施，加以治理。排水措施是通过修建排水系统将农田内多余的水分（含地面水和地下水）排入容泄区（江、河或湖泊等），使农田处于适宜的水分状况。防止农田水分过多的排水措施可归纳为以下五种方法。

①防止高地地面径流和地下径流向低地汇集。

②加速地面径流的排出。

③加速地下径流的排出，把地下水位控制在允许的深度。

④排除滞留在作物根系吸水层土壤中的过多水分。

⑤改善土壤结构，提高土壤的通气、透水性能，加速土壤水的下渗和排出，防止土壤积水。

在有地面径流或地下径流补给的情况下，应首先采用第一种方法，通过工程措施把排水面积与补给水源分开；在地势低平、排水不畅的地方，也要采取工程措施，加快汇流和排水速度。在农田排水实践中，还必须考虑到作物的需水要求，在需要利用地下水灌溉的地区，不能盲目地把地下水位降得过深。在我国黄淮海地区，排水与灌溉相结合，起到以灌带排的作用。

除灌溉和排水外，蓄水也是调节农田水分状况的重要措施。通过拦蓄当地径流和河流来水，改变水资源在时间上（不同季节或多年范围内）和地区上（河流上下游之间、高低地之间）的分布情况，可减少汛期洪水流量，避免暴雨径流向洼地汇集，可增加枯

水时期河水流量及干旱年份地区水资源贮备，可为灌溉创造水源条件。在低洼易涝地区，还应考虑利用洼地滞洪、滞涝，减轻排涝压力。蓄水措施包括地上蓄水与地下蓄水两种。地上蓄水就是在水库、塘坝、湖泊、河网、湿地中蓄水；地下蓄水就是在地下水面以上的土壤孔隙中蓄水如地下水库。

作为调节农田水分状况的灌溉、排水和蓄水等措施，一般都不是孤立采用，而是要相互配合、协调一致地采用。解决农田水分状况失调的问题，除水利措施外，还应与平整土地、深翻改土、培肥、改良土壤、植树造林和种植抗旱耐涝的作物等农林技术措施相结合，共同解决农田水分不足或过多的问题。

第二节　灌溉的作用

当农田水分不足时，就必须人为地从水源取水且输送到田间，以增加土壤水分来满足作物对水分的需要，保证作物丰产。灌溉除满足作物生长发育对水分的需要外，还应注意保持土壤的通气、养分、热量及土壤微生物状况，以提高土壤肥力，改善作物的品质。灌溉的影响有以下几方面。

一、灌溉对作物生长环境的影响

（一）灌溉对土壤理化性质的影响

良好的灌溉，可为作物创造最适宜的农田水分状况，改善土壤理化性状，使土壤中水、肥、气、热状况相协调。不合理的灌溉，则可能会破坏土壤团粒结构、使土壤养分流失或土壤通气不良，若灌水量过大，还可能抬高地下水位，给土壤带来盐碱化的风险。

（二）灌溉对土壤温热状况的影响

水的比热容是土壤比热容的 $4 \sim 5$ 倍，水的导热性也比土壤好，所以灌溉后土壤的热容量增加，使土壤的升温增热和降温冷却变慢，温度变化较均匀，土壤温度受外界气温变化的影响得到了缓和。如小麦冬灌后的土温比未冬灌的提高了 $2 \sim 3$ ℃；控制水稻田田面水层深度可调节田间水温，早春灌浅水有利于升温插秧，夏季灌深水可平抑田间的温度。

（三）灌溉对土壤中微生物和原生动物活动的影响

土壤中好气性细菌、真菌、放线菌及原生动物等，受灌溉影响较大。当土壤水分为田间持水量的 50% ～ 80% 时，硝化作用强，有利于养分迁移，增加作物的吸收。如灌水量过小，土壤水分亏缺，就会抑制微生物活动和原生动物繁殖。当土壤水分下降到小于田间持水量的 20% 时，硝化细菌将停止活动；而超过田间持水量的 80% 时，硝化作用将停止，并产生反硝化作用，造成氮素损失显著。

（四）灌溉对田间小气候的影响

田间小气候是对于农田地面以上 1 ～ 2 m 内空气层的温度和湿度而言。灌溉可改变近地表空气层的温度和湿度，灌水后，土面蒸发和叶面蒸腾都比未灌水前的大，使得近地表气温下降，相对湿度增加。当蒸发强烈时，可使近地表气温降低达 3 ～ 6 ℃，空气相对湿度增加达 30% ～ 50%，采用喷灌时影响更显著。

二、灌溉对作物产量和品质的影响

合理的灌溉可供给作物必需的水分，使土壤中的养分容易被作物吸收，又可调节土壤的水、肥、气、热条件，还可调节近地表层空气的温度及湿度，为作物的生长发育创造良好的环境，所以，灌溉的作物单产一般都高出非灌溉的。

灌溉不仅可提高作物的产量，而且还能改善作物的品质，如适时适量灌溉可使马铃薯色白并富有粉质，水果色泽变好且味道适口等。

第三节　作物需水量

植物含水量都很高，大多数植物含水量为 70% ～ 85%，有的植物甚至高达 95%。植物的不同组织器官含水量也不同。一般生长着的幼苗、根尖、嫩芽含水量为 60% ～ 90%，水果含水量为 84% ～ 96%。多数种子的含水量为 5% ～ 15%，在萌芽之前一定要吸足水分，当种子含水量为 40% ～ 60% 时才可以萌发。水对植物的作用表现在以下五个方面：

①水是原生质的重要成分，原生质含水量一般达 80% 才能使原生质保持溶胶状态，保证旺盛代谢过程的进行。若含水量减少，如休眠种子，原生质由溶胶变为凝胶，生命活动大大减弱，如果原生质失水过多，原生质就会被破坏，植物就会死亡。

②水是一些代谢过程的反应物质，作物体内主要的生理生化过程需要水分子直接参与，比如光合作用、呼吸作用、有机物的合成及分解过程。没有水，一切生物化学反应将会停止。

③水使植物保持固有的姿态。大量的水分才能维持细胞的紧张度，使植物体枝叶挺立、叶气孔张开，从而充分接受光照和交换气体，使作物得以正常生长和发育。同时也使花朵张开，有利于授粉。

④蒸腾耗水是维持植物生命活动所必需的。植物从土壤中所吸收的水绝大部分被蒸腾掉了，蒸腾掉的水只是满足作物完成它的生理现象所需的水量，并不构成作物体的组成部分。蒸腾作用是植物吸收和转运水分的主要原动力之一。如果没有蒸腾作用，植物的被动吸水过程就不会产生，植物高位部分也不能获得所需的水分。由于蒸腾作用而

引起的上升液流能使进入植物内并溶解在水里的各种矿物质营养随之分布到各部分去，以满足生命活动的需要。

⑤水是调节作物生长环境的重要因素。通过调节土壤水分，可以使土壤中的养分、空气和热状况向有利于作物生长发育的方向发展，保证作物的高产稳产。土壤中的有机物养料，必须通过土壤微生物的作用，转化为能被作物吸收利用的养料，溶解于水中，才能被根系吸收。

总之，水在植物生命活动中起着非常重要的作用，充足的水供给是维持植物正常生长状态最重要的条件。

一、作物需水量及影响因素

（一）作物需水量

要实施作物的节水灌溉，必须首先了解各种主要作物的需水量和需水规律。农田水分消耗途径主要有三个方面。一是植株蒸腾，指作物根系从土壤中吸收水分，通过叶片气孔扩散到大气中去的现象。试验表明，植株蒸腾要消耗作物根系吸入体内的水分99%以上，只有小于1%的水量留在植物体内，成为植物体的组成部分。二是棵间蒸发，指植株之间土壤或者田面的水分蒸发。三是深层渗漏或田间渗漏。深层渗漏指旱地土壤中由于降水量或灌溉水量过多，使土壤水分超过了田间持水量，向根系活动层下的土层渗漏。通常深层渗漏是无益的水分消耗，而且会造成养分的流失。田间渗漏是指水稻田的渗漏，适量的渗漏对改善稻田的通气状况、氧化还原条件，促进作物的生长是有益的。但过多的渗漏量，会造成田间水分和养分的流失。

作物需水量指生长在大面积上的无病虫害作物，在最佳水、肥土壤条件和生长环境中，获得高产潜力所需满足的植株蒸腾和棵间蒸发之和，又称为作物蒸发蒸腾量或腾发量。农田耗水量为蒸发蒸腾量与田间渗漏量之和。

作物需水量包括生理需水和生态需水。作物生理需水指作物生命过程中各种生理活动（如光合作用、蒸腾作用等）所需的水分，植株蒸腾实际上是作物生理需水的一部分。作物生态需水指生育过程中，为使作物正常生长发育创造良好的生长环境所需的水分。棵间蒸发属于作物的生态需水。在整个作物的生育期内，植株蒸腾和棵间蒸发均受气象因素影响，但蒸腾因植株的繁茂而增加，棵间蒸发因植株的覆盖率加大而减小，因此蒸腾与棵间蒸发两者互为消长，通常在作物生育初期植株矮小，地面裸露大，以棵间蒸发为主；随着植株长大，叶面覆盖率增加，植株蒸腾逐渐大于棵间蒸发；到作物生育后期，作物生理活动减弱，蒸腾耗水又逐渐变小，棵间蒸发又相对变大。

（二）影响作物需水量的主要因素

作物需水量的大小及其变化规律，主要受气象条件（即太阳辐射、温度、湿度和风速等）、作物种类和品种特征、土壤性质及农业栽培管理措施等影响。不同作物的需水量是不同的，即使同一作物，在不同地区、不同水文年份、不同栽培管理措施下，其需水量也不同。通常作物需水量与以下三个因素密切相关。

1. 作物因素

凡生长期长、叶面积大、生长速度快、根系发达的作物，需水量大，反之需水量小。C_3作物的需水量高于C_4作物。如C_4植物玉米制造 1 g 干物质需水量为 349 g，而C_3作物小麦则为 557 g，水稻为 682 g，棉花为 568 g。

同一作物不同品种，由于生育期和产量不同，其需水量也有显著差异。如玉米早熟品种，生长期 70 ~ 100 d，植株较矮，茎秆较细，叶片较少，产量较低，而晚熟品种生长期 120 ~ 150 d，株高茎粗，叶片较多，产量较高，因而晚熟品种需水量较早熟品种多，两者相差可达 900 m^3/hm^2 甚至 1 080 m^3/hm^2。水稻中熟品种需水量较早熟品种多 1 250 m^3/hm^2。

同一作物不同生育阶段对水分要求不同，一般生长前期需水量小，由小逐渐增大，到生长盛期需水量最大，后期又逐渐减少。在全生育期中，一般把作物对水分亏缺最敏感、需水最迫切以至于对产量影响最大的时期，称为需水关键期或需水临界期。不同作物的需水关键期是不同的，大部分作物出现在从营养生长向生殖生长的过渡阶段，即在生殖器官形成至开花前夕，或正当开花时期。如水稻的需水关键期在孕穗至开花期，小麦的在拔节到灌浆期，棉花的在开花结铃期，玉米的在抽雄吐丝期到乳熟期。在灌溉水量有限情况下，应优先保证作物需水临界期的水分供应，把该时期的水分胁迫降到最低程度，这对于作物稳产，提高水的利用率均是十分有益的。

阶段需水模数指作物各生育阶段的需水量与全生育期总需水量之比。作物每日所需水量为日需水量。作物的日需水量，一般随着作物的生长发育过程有明显的变化规律。作物的日需水量和阶段需水模数，是制定灌溉制度和合理用水的重要依据。

2. 气候和土壤因素

作物生长的地区条件如气候、土壤等不同，其需水情况也不同。气象因素（如辐射、气温、空气湿度、风速等）均对作物需水量有较大影响。当日照强、气温高、辐射强、空气干燥、风速大时，作物需水量增大，反之减小。就地区而言，湿度较大、温度较低地区的作物需水量小，气温高、相对湿度小地区的作物需水量则大。就年份而言，湿润年作物需水量小，干旱年则相对较大。

土壤因素如质地、颜色和含水量大小等也影响作物需水量。当土壤为砂土、颜色较深、含水量较高时，由于水分蒸发较快，因此，这类土壤作物需水量较大。

3. 农业技术措施

灌水后适时中耕松土、使土壤表面有一个疏松层，可减少水量消耗。在适宜种植密度内，随着种植密度增大，蒸腾量也增加，作物需水量也逐渐增加，但并不一定成比例关系。

作物需水量是农业用水的主要部分，同时是国民经济中消耗水分的最主要部分，而且是水资源合理开发、利用所必需的重要资料，是灌排工程规划、设计、管理的基本依据。由于上述各种因素的影响，因此，在生产实际中，必须因时、因地、因作物、因气候等各种自然与人为条件，确定作物的需水量，以利于指导生产。

二、作物需水量的计算

作物需水量是区域水资源的合理开发利用，灌溉工程、规划、设计和管理的重要依据，世界各国在作物需水量的研究方面做了大量的工作。作物需水量可以通过田间试验或以气象因素为主的计算方法确定。在田间试验方面，通过试验获取了几乎所有作物的需水量系列资料（见表1-1）。在计算作物需水量时，通过分析需水量与其影响因素之间的关系，建立一系列作物需水量计算的经验与半经验公式。归纳起来，作物需水量计算方法可分为两类：一类是直接根据作物需水量与其影响因素之间经验关系，计算出作物需水量的方法；另一类是先计算参照作物的蒸发蒸腾量或潜在蒸发蒸腾量，再根据不同作物的实际情况及土壤实际含水量状况计算作物的实际需求量的半经验方法（能量平衡法）。

表 1-1   我国几种主要农作物的需水量

作物	地区	农作物在不同降水量等级的年份中的需水量 / (m^3/hm^2)		
		干旱年	中等年	湿润年
双季稻（每季）	华中、华东	5 250 ～ 6 000	3 750 ～ 6 000	3 000 ～ 4 500
	华南	4 500 ～ 6 000	3 750 ～ 5 250	3 000 ～ 4 500
中稻	华东、华中	6 000 ～ 8 250	4 500 ～ 7 500	3 000 ～ 6 750
一季晚稻	华东、华中	7 500 ～ 10 500	6 750 ～ 9 750	6 000 ～ 9 000
冬小麦	华北北部	4 500 ～ 7 500	3 750 ～ 6 000	3 000 ～ 5 250
	华北南部	3 750 ～ 6 750	3 000 ～ 6 000	2 400 ～ 4 500
	华东、华中	3 750 ～ 6 750	3 000 ～ 5 400	2 250 ～ 4 200
春小麦	西北	3 750 ～ 5 250	3 000 ～ 4 500	—
	东北	3 000 ～ 4 500	2 700 ～ 4 200	2 250 ～ 3 750
玉米	西北	3 750 ～ 5 250	3 000 ～ 3 750	—
	东北	3 000 ～ 3 750	2 250 ～ 3 000	1 950 ～ 2 700
棉花	西北	5 250 ～ 7 500	4 500 ～ 6 750	—
	华北	6 000 ～ 9 000	5 250 ～ 7 500	4 500 ～ 6 750
	华中、华东	6 000 ～ 9 750	4 500 ～ 7 500	3 750 ～ 6 000

（一）经验公式法

经验公式法是先从影响作物需水量的各因素中，选择一个或几个主要因素（可能是气象因子，如水面蒸发、气温、湿度、日照、辐射等，也可能是产量），再根据观测资料找出这些因素与作物需水量之间的关系，并以经验公式表示，当已知影响因素的参数值时，便可算出其需水量。常见的经验公式有以下几种。

1. 以水面蒸发为参数的需水量计算法（简称 α 值法或称蒸发皿法）

大量试验资料表明，水面蒸发量与作物需水量之间存在一定程度上的相关关系，因此，可用水面蒸发量参数来计算作物需水量。这种方法早在 1916 ～ 1917 年美国的布莱斯基和尚兹就提出了，而后世界上不少国家在这方面进行了研究。其计算公式如下：

$$E_{t1} = \alpha E_0 \tag{1-1}$$

或

$$E_{t1} = \alpha E_0 + b \tag{1-2}$$

式中：E_{t1}——某时段内的作物需水量，以水层深度（mm）计；

$\quad E_0$——与 E_{t1} 同时段的水面蒸发量，以水层深度（mm）计，E_0 一般采用 80 cm 口径蒸发皿的蒸发值；

$\quad \alpha$——需水系数，或称蒸发系数，为作物需水量与水面蒸发量的比值；

$\quad$b——经验常数。

由于 α 值法只需要水面蒸发量资料且易于获得，所以该法在我国水稻地区被广泛采用，表 1-2 中列举了湖北、湖南、广东、广西等若干站多年水稻的 α 值资料。从表中可看出，α 值在各生育阶段的变化及全生育期总的情况均比较稳定。实践证明，用 α 值法时除了须注意蒸发皿的规格、安设方式及观测场地的规范化，还须注意非气象条件（如土壤、水文地质、农业技术措施、水利措施等）对 α 值的影响，否则将会给资料整理工作带来困难，并使计算成果产生较大误差。

对于旱地作物，棵间蒸发变异性较大，α 值受非气象条件的影响较大。华北一些地区，冬小麦 α 为 0.5 ～ 0.55，湿润年 α 值小，干旱年 α 值大。应针对不同的水文年份采用不同的 α 值，并根据非气象因素对 α 值进行修正。一般水稻用 α 值法比旱地作物用此法好。

表 1-2　我国各地水稻各生育阶段需水系数 α 值统计表

省站	资料系列（站、年、组）	各生育阶段需水系数 α 值						
		移栽—返青	返青—分蘗	分蘗—孕穗	孕穗—抽穗	抽穗—乳熟	乳熟—收获	全生育期
				早稻				
湖南各地	26	0.835	0.973	1.515	1.471	1.438	1.200	1.214
广西南宁等地	23	0.954	1.090	1.281	1.259	1.220	1.095	1.150

续表

省站	资料系列（站、年、组）	各生育阶段需水系数 α 值						
		移栽—返青	返青—分蘖	分蘖—孕穗	孕穗—抽穗	抽穗—乳熟	乳熟—收获	全生育期
广东新兴站	26	1.313	1.344	1.081	1.302	0.958	0.855	1.142
湖北长渠站	13	0.572	1.005	1.250	1.342	1.351	0.682	1.038
中稻								
湖南黔阳站	2	0.737	0.917	1.113	1.334	1.320	1.185	1.150
湖北长渠站	15	0.784	1.060	1.341	1.178	1.060	1.133	1.100
湖北隧县车水沟站	15	0.883	0.917	1.043	1.132	1.003	—	0.971
广西随桑江站	3	0.980	1.085	1.650	2.200	1.218	—	1.376
晚稻								
湖南各地	38	0.806	0.992	1.074	1.272	1.358	1.397	1.128
广西南宁等地	23	0.951	1.096	1.323	1.359	1.230	1.003	1.166
广东新兴站	19	0.891	1.044	1.360	1.225	1.050	0.788	1.090
湖北隧县车水沟站	9	1.183	1.161	0.753	1.100	1.060	—	1.187

2. 以产量为参数的需水量计算法（简称 K 值法）

K 值法在我国得到较广泛的应用，主要用于计算旱作物的田间需水量。由于 K 值包含了气象、土壤、作物及农业措施等因素的综合影响，难以获得较稳定的数值，因此该法的应用有一定的限制。

作物产量反映了水、土、肥,热、气、光照等诸多因素的协调以及农业措施的综合作用。在一定条件下，作物需水量随着产量的提高而增加，但需水量的增加并不与产量成比例关系，如图 1-1 所示。从图中可以看出，单产的作物需水量随产量的增加而逐渐减小，说明当作物达到一定产量水平后，要进一步提高产量就不能仅靠增加水量，而须同时改善作物生长所必需的其他条件。用作物产量计算作物需水量的表达式如下：

$$E_t = KY \tag{1-3}$$

式中：E_t——作物全生育期内总需水量（mm 或 m³/hm²）；

　　　Y——作物单位面积产量（kg/hm²）；

　　　K——以产量为指标的需水系数。

或 $\qquad\qquad\qquad\qquad E_t = KY^n + c$ （1-4）

式中：K——代表单位产量的需水量（m³/kg），可通过实验确定；

　　　n、c——分别为经验指数和常数，可通过试验确定。

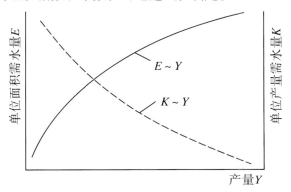

图 1-1　作物需水量与产量关系示意图

3. 以气温为参数的需水系数法（简称 β 值法）

气温是影响作物生长和产量的一个主要因素。在某些情况下，用气温作参数也可衡量作物需水量的大小。采用气温估算水稻需水量的公式如下：

$$E_{ti} = \beta T$$ （1-5）

或 $\qquad\qquad\qquad\qquad E_{ti} = \beta T + S$ （1-6）

式中：E_{ti}——水稻在某时段（全生育期为 E_t）的需水量，以水层深度（mm）计；

　　　T——同时段内日平均气温的累积值（℃），简称积温；

　　　β——需水系数，单位为 mm/℃；

　　　S——经验常数。

以气温为参数的方法简单，资料易获取，但此方法必须符合下述三个假定条件，才能获得较好的结果。一是假定蒸发面对太阳辐射的反射率要保持稳定；二是假定田间的水汽和风只在水平方向上流动，对作物田间需水量的影响较小；三是假定用于腾发和用于加热空气的能量比值也要保持稳定。通常要满足上述假定在任何地区都不可能实现。但湿润地区由于积温对腾发有较大的影响，用 β 值法可得到较满意的结果，而干旱地区通常不是积温而是热风对腾发起决定作用，不宜采用 β 值法。

4. 以多种因素为参数的作物需水量计算法

国内外有关以多种因素为参数推求作物需水量的经验公式很多。如有的选取以水面蒸发量和土壤含水量作参数，有的选取水面蒸发量和产量作参数，也有选取更多因素为参数的。下面以作物产量和水面蒸发量为参数的公式举例说明。

$$E_{t1} = aE_0 + bY + c$$ （1-7）

式中：E_{t1}——某时段内的作物需水量，以水层深度（mm）计；

      E_0——与 E_{t1} 同时段的水面蒸发量，以水层深度（mm）计，E_0 一般采用 80 cm 口径蒸发皿的蒸发值；

      a、b、c——经验常数。

据广西南宁等站的综合分析，晚稻的 a、b、c 值分别为 0.605、0.409、144.9。

以上公式可用于估算全生育期作物需水量和各生育时期作物需水量，也可采用阶段需水模数法来估算作物各生育时期的需水量，即先确定全生育期作物需水量，然后按照各生育时期需水规律，按一定比例分配，即

$$E_{ti}=K_i E_t \tag{1-8}$$

式中：E_{ti}——某一生育阶段作物需水量；

      K_i——某生育阶段需水模数，可以从试验资料中取得。

（二）基于作物潜在蒸发蒸腾量计算需水量的方法

气象因素、土壤因素和植物因素等均影响作物需水量。土壤水分充足时，气象因素是影响需水量的主要因素；土壤水分不足时，气象因素和其他因素均对作物需水量有较大影响。国际上计算作物需水量方法如下：

①考虑气象因素对作物需水量的影响，计算作物潜在蒸发蒸腾量或参考作物蒸发蒸腾量（E_{t0}）。

②考虑土壤水分及作物条件的影响，调整或修正作物潜在蒸发蒸腾量，计算实际需水量。

作物潜在蒸发蒸腾量或参考作物蒸发蒸腾量（E_{t0}）是指土壤水分充足，地面完全覆盖、生长正常、高矮整齐的开阔绿草地（长、宽均在 200 m 以上，高 3～15 cm）的蒸发蒸腾量。由于作物潜在蒸发蒸腾量仅受气象条件的影响，一般根据日历时段（月、旬或日）的气象参数进行计算。

1. 作物潜在蒸发蒸腾量的计算

作物潜在蒸发蒸腾量根据气象条件分阶段（月、旬或日）进行计算。

①布莱尼－克雷多（Blaney–Criddie）法：

$$E_{t0} = CP(0.46T + 8.13) \tag{1-9}$$

式中：E_{t0}——考虑月份的作物潜在蒸发蒸腾量（mm/d）；

      T——月平均气温（℃）；

      P——各月日平均昼长时数占全年昼长时数的百分数；

      C——取决于最低相对湿度、日照率和白天风速的修正系数。

②以辐射为参数的计算方法：

$$E_{t0} = CWR_s \tag{1-10}$$

式中：E_{t0}——计算时段内作物潜在蒸发蒸腾量（mm/d）；

　　　R_s——计算时段内太阳辐射，以等效水面蒸发量计（mm/d）；

　　　W——取决于日平均温度与高程的权重系数；

　　　C——取决于平均相对湿度与白天风速的修正系数。

③彭曼综合法：根据能量平衡原理和水汽扩散原理及空气的导热定律等，彭曼（H. L. Penman）于1948年提出了作物潜在蒸发蒸腾量的计算公式。

1979年联合国粮农组织考虑不同高程条件下的气压修正，将彭曼公式的形式做了一些变动，其变动后的计算E_{t0}公式为：

$$E_{t0}=\frac{\dfrac{p_0}{p}\cdot\dfrac{\Delta}{\gamma}R_n+E_a}{\dfrac{p_0}{p}\cdot\dfrac{\Delta}{\gamma}+1} \qquad (1-11)$$

其中，R_n（太阳净辐射）、E_a（干燥力）

可分别由以下经验公式计算：

$$R_n=0.75R_a\left(a+b\frac{n}{N}\right)-\sigma T_K^4\left(0.56-0.079\sqrt{e_a}\right)\left(0.1+0.9\frac{n}{N}\right) \qquad (1-12)$$

$$E_a=0.26\left(e_s-e_a\right)\left(1+Cu_2\right) \qquad (1-13)$$

式中：p_0和p——分别为海平面标准大气压和计算地点的实际气压（hPa）；

　　　Δ——饱和水汽压–温度曲线上的斜率（hPa/℃）；

　　　γ——湿度计常数（0.66 hPa/℃）；

　　　R_a——大气顶部的太阳辐射（mm/d），其值与纬度和月份有关；

　　　n和N——分别为实际日照时数和最大可能的日照时数（h）；

　　　σ——斯蒂芬–玻尔兹曼常数，当Et_0用mm/d表示时，其值为2.01×10^{-9}；

　　　T_K——热力学温度（K），其值为$273+t$（℃）t为当地气温；

　　　e_a——实际水汽压（hPa）；

　　　e_s——饱和水汽压（hPa）；

　　　u_2——2 m高处风速（m/s）；

　　　C——与温度有关的风速修正系数；

　　　a、b——经验系数，其值与地区条件有关，应根据各地辐射观测资料分析选用。

目前国内应用能量平衡法计算作物潜在蒸发蒸腾量取得了大量的成果，并绘制了作物潜在蒸发蒸腾量的等值线图，这对于灌溉工程的规划、设计与用水管理具有十分重要的价值。

2. 实际作物需水量的计算

作物潜在蒸发蒸腾量仅考虑气象因素对作物需水量的影响，实际作物需水量还应考虑土壤因素和作物因素。

①土壤水分充足时，作物需水量除了气象因素，仅与作物因素有关。即作物需水量等于作物潜在蒸发蒸腾量乘以作物系数：

$$E_t=K_cE_{t0} \tag{1-14}$$

式中：E_t——实际作物需水量（mm/d）；

E_{t0}——作物潜在蒸发蒸腾量（mm/d）；

K_c——作物系数。

作物系数 K_c 反映作物本身的生理学特性，与作物种类、品种、生育时期、作物群体叶面积相关。当土壤水分条件较适宜时，能达高产潜力时的作物系数随生育时期而变化。通常作物系数 K_c 在作物整个生育时期的变化规律为：前期和后期相对较小，生长旺盛期较大。因实际作物需水量和作物潜在蒸发蒸腾量受气象因素的影响是同步的，所以在同一产量水平下，不同水文年份的作物系数也较稳定。表1-3是联合国粮农组织（FAO）对无资料地区几种主要作物推荐使用的 K_c 值。

表1-3　不同作物各生育阶段作物系数（K_c）值

作物	生育初期	生长发育期	生育中期	生育后期	收获期
水稻	1.10～1.15	1.10～1.50	1.10～1.30	0.95～1.05	0.95～1.05
小麦	0.30～0.40	0.70～0.80	1.05～1.20	0.65～0.75	0.20～0.25
玉米	0.30～0.50	0.70～0.85	1.05～1.20	0.80～0.95	0.55～0.60
棉花	0.40～0.50	0.70～0.80	1.05～1.25	0.80～0.90	0.65～0.9

②土壤水分不足时，作物需水量的计算。作物蒸发蒸腾量不仅受到作物生理特性和蒸发条件的影响，而且还受到土壤含水量状况的影响。土壤含水量大小对作物蒸发蒸腾的影响可分为两阶段。当土壤含水量高时，土壤导水率大，土壤水分向作物根系移动（植物吸收）以及向地表移动（棵间蒸发）的速度，足以满足作物蒸发蒸腾所需水分，此为腾发第一阶段。当土壤含水量小于临界含水量后，由于土壤毛管断裂，土壤导水率下降，向根系供水和棵间蒸发的速度不能满足作物蒸腾蒸发的要求而受到抑制，此为腾发的第二阶段。

土壤水分不足时的作物需水量等于土壤水分充足时的作物需水量乘以土壤水分修正系数：

$$E_t=K_wK_cE_{t0} \tag{1-15}$$

式中：K_w——土壤水分修正系数；

其他符号意义同前。

土壤水分修正系数随土壤含水量而变化，一般采用对数形式的詹森（Jensen）公式：

$$K_w = \frac{\ln(A_w+1)}{\ln 101} \tag{1-16}$$

式中：A_w——相对有效含水量。

康绍忠等对多年灌溉试验资料的分析表明，土壤水分修正系数 K_w 也可采用幂函数形式的经验公式来计算：

$$K_w = C(A_w)^d \qquad\qquad \theta < \theta_j \tag{1-17a}$$

$$K_w = 1 \qquad\qquad \theta > \theta_j \tag{1-17b}$$

式中：θ_j——蒸发蒸腾开始受土壤水分影响时的临界含水量，可由实测资料分析确定；

C、d——经验系数与指数，由实测资料分析确定；

其他符号意义同前。

三、水稻需水规律和需水量

我国是世界上种稻大国，播种面积达 2 895 万 hm^2，居世界第二；总产量为 2.07 亿 t，居世界第一。水稻是我国主要粮食作物之一，约占全国粮食作物总产量的 30%，稻田面积占全国粮食作物种植总面积的 24%。水稻的需水特性包括生理需水和生态需水两方面。水稻蒸腾量与干物质的累积量之间有同步关系，随着水稻干物质的增加，其蒸腾量也相应增多。因此，水是满足水稻正常生理活动需要所必不可少的因素，这也是水稻喜水的生理原因。水稻的生态需水包括棵间蒸发和稻田渗漏两部分。我国传统的水稻灌溉方法，就是在稻田内维持一定的水层。稻田水层的主要作用有以下四个方面：一是以水层来调节温度，改善田间小气候。例如，低温时，可采取日浅夜深的水层，以提高水温和土温。而高温时，则采取日深夜浅的水层来降低温度。二是以水层来调节土壤养分状况，以促进水稻合理吸收养分。通过落干和晒田，促使水气交换，增加土壤中氧气含量，可以减少有毒物质的产生，改善土壤理化状况，促进养分的分解和吸收。三是水层可以起到淋洗土壤中盐分的作用。四是水层还具有抑制和部分消灭田间杂草的作用。以上是水层对稻田生理生态有利的一面，这也是人们主张水稻淹灌的主要理论，从而长期以来国内外保持了淹泡水稻的传统习惯。但也必须看到稻田长期保持淹灌水层带来的不利影响。例如，使土壤内缺乏空气，有机质分解慢，有毒物质增加，根系生长不良，吸收养分的能力减弱；茎秆细长软弱，容易倒伏；通风透光不良，棵间湿度过大，容易引起胡麻叶斑病、纹枯病、白叶枯病以及稻飞虱等危害。特别是长期淹灌水稻，增加了稻田的渗漏量，既消耗了大量水分，而且还影响水稻的产量。这些也是人们对水稻长期淹灌持异议的主要理由。

水稻需水量是指本田的植株蒸腾量、棵间蒸发量、渗漏量、秧田需水量和水稻本田的泡田用水量。

（一）水稻蒸发蒸腾量变化规律

对于各类水稻，水稻日蒸发蒸腾量在大田全生育期内的变化，基本上与气温的变化一致。南方的早稻，其生育期是从春季到夏季，气温不断上升，日蒸发蒸腾量由小增大，到后期由于稻株成熟，生理活动减弱，蒸发蒸腾下降。南方的晚稻，生育期从盛夏到秋末，气温从持续高温后逐步下降，水稻日蒸发蒸腾量前期缓慢上升，中期逐渐下降，到后期较迅速地下降。中稻与北方的一季稻，一般生育期由初夏到初秋，此阶段气温是先升后降，而水稻日蒸发蒸腾量也呈先升后降的变化过程。

根据我国各主要水稻灌溉试验观测成果的统计与分析，水稻蒸发蒸腾量变化幅度的概值如表 1-4 所示。由表可知在全国范围内，水稻蒸发蒸腾量的变化幅度，大田全生育期的日平均值为 3.0 ~ 7.8 mm/d，总量为 270 ~ 840 mm。变化规律为北方高于南方，一季稻、中稻高于早稻、晚稻，天气愈干旱，蒸发蒸腾量愈高。

（二）稻田渗漏量变化规律

稻田渗漏量，包括田面（垂直）渗漏量与田埂（水平）渗漏量。田埂渗漏量的大部分是从一块田中渗流到相邻的另一块田，对全灌区而言，它并非为全部消耗掉的水量，故在稻田渗漏量中，所消耗的主要是田面渗漏量。

稻田渗漏量主要随稻田土壤、地下水埋深、稻田所在区域的地形与稻田位置以及淹水层深度而变。土壤黏重、地下水埋深浅、淹水层浅，则渗漏量低。在山区、丘陵区，位置较高的田和岗上田渗漏量高于低田、冲垄田。根据我国南方观测，在淹灌条件下，平原地区大田全生育期稻田日平均渗漏量如表 1-5 所示。

表 1-4　水稻蒸发蒸腾量变幅概值

地区	稻类	大田生育期天数	蒸发蒸腾量					
			日平均值 /（mm/d）			全生育期总量 /mm		
			湿润年	中等年	干旱年	湿润年	中等年	干旱年
长江以南	早稻	80 ~ 100	3.0 ~ 3.9	3.4 ~ 5.0	4.2 ~ 5.7	270 ~ 350	300 ~ 460	380 ~ 520
	晚稻	90 ~ 100	3.1 ~ 4.1	3.8 ~ 5.2	4.6 ~ 5.8	300 ~ 380	350 ~ 500	440 ~ 560
	中稻	90 ~ 100	3.5 ~ 4.4	3.9 ~ 6.6	5.8 ~ 7.2	340 ~ 420	390 ~ 680	600 ~ 750
长江与淮河之间	一季稻	90 ~ 120	3.8 ~ 5.0	4.5 ~ 6.5	5.9 ~ 7.5	410 ~ 530	510 ~ 690	630 ~ 790
淮河以北	一季稻	100 ~ 130	4.1 ~ 5.3	4.6 ~ 7.0	6.2 ~ 7.8	450 ~ 600	540 ~ 750	680 ~ 840

表1-5　平原地区稻田不同土壤的日平均渗漏量

地下水埋深 /m	0.1～0.5	0.6～1.0	1.1～1.5	1.6～2.0	2.1～3.0
日平均渗漏量 / （mm/d）	黏土	0.1～0.5 （0.3）	0.5～0.8 （0.7）	0.8～1.2 （1.0）	1.2～1.5 （1.4）	1.5～2.5 （2.0）
	黏壤土	0.2～0.9 （0.6）	0.9～1.4 （1.2）	1.4～2.0 （1.7）	2.0～2.5 （2.3）	2.5～4.0 （3.3）
	壤土	0.5～1.5 （1.0）	1.5～2.6 （2.1）	2.6～3.8 （3.2）	3.8～4.9 （4.4）	4.9～7.0 （6.0）
	砂壤土	1.8～3.3 （2.6）	3.3～6.3 （4.8）	6.3～9.3 （7.8）	9.3～12.3 （10.8）	12.3～16.5 （14.4）

注：渗漏量的数值中，括号外数值为变化范围，括号内数值为设计用的参考值。

（三）秧田需水量

水稻育秧移植是我国水稻栽培的主要方式，可以充分利用季节和地力，提高复种指数，解决前、后茬的矛盾，并具有节约用水、便于集中管理等优点。

水稻育秧的方式很多，有水育秧、旱育秧、水旱育秧（前湿后旱）等多种。水育秧田的需水量包括秧田的蒸腾量、田面蒸发量和渗漏量三部分。在我国南方地区，早稻的育秧期在初春，其日蒸发蒸腾量为 3～4 mm，全生育期为 90～120 mm。中稻、晚稻以及北方水稻（一季），秧田期在早夏与盛夏，日蒸发蒸腾量为 5～8 mm，全生育期为 150～200 mm。秧田一般选在土壤渗漏强度弱的农田中，日渗漏量为 1～2 mm，全生育期为 30～60 mm。

我国各地的降水情况不同，因此各地秧田灌水量也不尽相同。一般在南方地区的早稻秧田灌水量约 100～200 mm，中稻、晚稻为 150～250 mm，北方地区水稻秧田约需灌水 200～300 mm。

秧田面积一般占大田面积的 1/15～1/10，即在水育秧条件下，按大田面积折算的秧田的灌溉用水量，一般为 10～30 mm；采用旱育秧方式，育秧的灌溉用水虽可减少一半，即按大田面积折算的秧田灌溉用水量为 5～15 mm。

（四）泡田用水量

泡田用水量指从大田灌水泡田到插秧时期的灌水量，包括大田土壤达到饱和含水量的需水量、建立泡田水层所需水量和泡田期内田间水面蒸发与渗漏的水量。我国各地的泡田用水量不尽相同。一般在南方地区，对于黏性土壤，泡田用水量为 100～150 mm，对于中等透水性土壤，泡田用水量为 150～200 mm。而北方稻田，在相同的土壤条件下，比南方高 30～60 mm。

采用旱栽秧，是将泡田用水改为移栽前的灌溉用水，可以节省原泡田灌水量的
1/3 ～ 1/2。

（五）稻田用水量

稻田用水量包括泡田用水量和整个生育期内的灌溉水量。当降水量不能满足水稻生
育期内需水量时，就需要用水灌溉。对于南方的早稻与晚稻，黏土与黏壤土稻田需水量
为 600 ～ 1 000 mm，壤土稻田需水量为 800 ～ 1 200 mm。中稻的需水量一般比早稻、晚
稻相应地高 50 ～ 150 mm。北方一季水稻，需水量比南方中稻相应地高 100 ～ 150 mm。

南方晚稻与中稻，大田生育期在旱季，对黏土及黏壤土稻田，中等年一般灌水量
400 ～ 600 mm，灌水 5 ～ 8 次；干旱年灌水量 600 ～ 800 mm，灌水 8 ～ 13 次；湿润年
灌水量 200 ～ 400 mm，灌水 3 ～ 6 次。对壤土稻田，灌水量相应高 150 ～ 300 mm。早
稻处于雨季，灌水量比中稻晚稻相应地少 150 ～ 300 mm。北方水稻需水量较南方高，
稻田生育期降水量较南方少，一般各种土壤、各种年份，灌溉用水量相应的比南方中稻
高 100 ～ 250 mm。以中等年且种稻面积较大的黏土及黏壤土为例，南方水稻一季灌溉
用水量一般为 500 ～ 700 mm，北方为 600 ～ 900 mm。

四、旱作物需水量和需水规律

以玉米为例，玉米产量高，水的利用效率也较高，全生长期的需水量随地区和品种
而异。春玉米为 4 350 ～ 6 000 m^3/hm^2，夏玉米为 3 300 ～ 4 500 m^3/hm^2。在玉米一生中，
发芽和苗期日需水量少，耐干旱。拔节以后生长快，日需水量增加，抽雄开花期需水强
度达到高峰，抽穗前 10 d 到始花后 20 d 是玉米的需水临界期，如果这个时期缺水受旱，
会对产量造成严重的影响。拔节到抽雄约占总需水量的 50%。玉米生长后期（灌浆以后）
日需水量逐渐减少。玉米各生育阶段的需水量见表 1-6。从表中可以明显地看出玉米需
水量的变化过程。

夏玉米各生育阶段需水量包括棵间土壤蒸发量与叶面蒸腾量。由于玉米是高秆稀植
作物，地表遮盖度较低，因此，棵间蒸发量自播种到收获一直都占较大的比重（图 1-2）。
夏玉米从播种到拔节期，处于气温高和大气干燥时期，此时植株矮小，叶面积系数小，
叶面蒸腾量低，棵间土壤蒸发量比例达 60% 以上，但是叶面覆盖较大的高产地块棵间土
壤蒸发量低一些。抽雄期枝叶繁茂，生理活性旺盛，叶面积达最大值，因而叶面蒸腾量
所占比例大，这个时期棵间土壤蒸发量最小，其比例为 21% ～ 40%。从整个生育期看，
玉米棵间土壤蒸发量占总需水量的 40% ～ 50%。随着产量水平的提高，棵间土壤蒸发的
比例逐渐减少。因棵间蒸发对玉米干物质量的增加及产量的形成都没有很大的积极作用，
所以应尽量减少这种无益的水分消耗。在进行玉米节水灌溉时，就应该采取相应措施，
减少棵间蒸发量。

表 1-6　玉米各生育阶段的需水量

生育阶段	春玉米				夏玉米			
	需水量 /（m³/hm²）	占总需水量比例	天数	日需水量 /（m³/hm²）	需水量 /（m³/hm²）	占总需水量比例	天数	日需水量 /（m³/hm²）
播种至出苗	112.5	3.08%	8	14.1	219.0	6.12%	6	36.5
出苗至拔节	649.5	17.76%	23	28.2	556.5	15.56%	15	37.1
拔节至抽穗	1 083.0	29.61%	26	41.7	837.0	23.41%	16	52.3
抽穗至灌浆	504.0	13.78%	10	50.4	994.4	27.81%	20	49.7
灌浆至蜡熟	1 149.0	31.42%	26	44.2	685.5	19.17%	22	31.2
蜡熟至收获	159.0	4.35%	11	14.5	283.5	7.93%	12	23.6
合计（平均）	3 657.0	100.00%	104	35.2	3575.9	100.00%	91	39.3

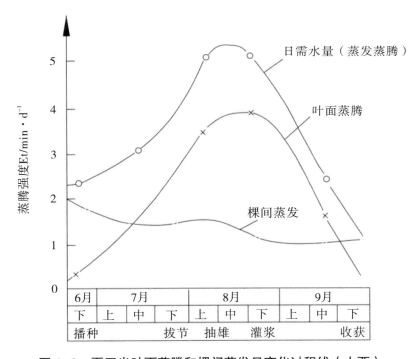

图 1-2　夏玉米叶面蒸腾和棵间蒸发日变化过程线（山西）

第四节　作物灌溉制度

一、作物的灌溉制度

作物灌溉制度包括作物播种前（或水稻栽秧前）及整个生育期内的灌水次数、灌水日期、灌水定额及灌溉定额，也就是说灌溉制度是确定什么时候灌溉和灌多少水量。具体包括：

①灌水时间是指作物各次灌水比较适宜的时间，以生育期灌水日／月表示；

②灌水次数是指作物整个生长过程中需要灌水的次数；

③灌水定额是指作物某一次灌水单位面积上的灌水量；

④灌溉定额是指作物全生育期内各次灌水定额之和。

灌水定额和灌溉定额是灌区规划及管理的重要依据，以 m^3/hm^2 或 mm 表示。

作物灌溉制度随作物种类、品种、自然条件及农业技术措施的不同而变化。在确定作物灌溉制度时，应结合当地农时的具体情况分析。在降水量少的地区，不同年份作物各生育时期的需水条件较稳定，灌溉制度也相对稳定。在降水量多以及对作物需水量的贡献较大的地区，灌溉制度也会有变化，不能采用固定模式的灌溉制度，应根据不同的水文年型分别制定适合干旱年、中等年和湿润年使用的灌溉制度。此外，还应按实际降水情况和作物生长发育情况进行调整。灌溉制度分为丰产灌溉制度和节水灌溉制度。

丰产灌溉制度是指根据作物的需水规律进行灌溉，最大程度地满足作物各个生育期的水分需要，保证作物正常的生长发育，并获得最大产量所制定的灌溉制度。丰产灌溉制度制定常不考虑可利用水资源量，它的目标是获得单位面积最高产量。通常采用丰水灌溉制度是水资源丰富和有足够的输配水能力的地区。

节水灌溉制度是在水资源总量有限，无法使所有田块都按丰产灌溉制度进行灌溉的情况下发展起来的。节水灌溉制度的总灌水量比丰产灌溉制度的总灌水量明显减少。由于总水量不足，作物生育期内必然有一些时期要受旱。节水灌溉制度要解决的主要问题是什么时期受旱和多重的受旱程度才做到节水多而减产少，以及协调总水量在各田块上的分配使有限的水资源总量得到高效利用。因此，节水灌溉制度不是以取得部分田块产量最高为目标，而是通过合理调配的水资源，追求总产量或总体效益最佳。

作物需水量和有效降水量是制定丰产灌溉制度的主要因子。制定节水灌溉制度时除了考虑这两个因子，还需考虑不同时期和不同程度缺水对作物产量的影响，不同总水量分配模式对总产量和总效益的影响。

（一）丰产灌溉制度

在灌区规划、设计以及管理中，确定丰产灌溉制度常采用以下三种方法。

①按照丰产灌水经验，确定作物灌溉制度。在长期生产实践中，已积累了适时适量地进行灌水和获取作物高产的经验。根据水文年份，调查这些年份的不同生育时期的作物田间灌水次数、灌水定额和灌溉定额，从而确定这些年份的灌溉制度。如表 1-7 所示。

表1-7 我国北方地区几种主要旱作物的灌溉制度

作物	生育期灌溉制度			备注
	灌水次数	灌水定额/（m³/hm²）	灌溉定额/（m³/hm²）	
小麦	3～6	600～1 200	3 000～4 500	
棉花	2～4	450～600	1 200～2 250	干旱年
玉米	3～4	600～900	2 250～3 750	

②按照灌溉试验资料制定灌溉制度。我国各地的灌溉试验站已从事多年灌溉试验工作，积累了一大批观测试验资料，为制定灌溉制度提供了重要的依据。如表1-8所示。

③按照水量平衡原理分析制定作物灌溉制度。按照农田水量平衡原理分析制定作物灌溉制度时，应同时参考群众丰产灌水经验和田间试验资料。

表1-8 冬小麦生育期需水量与需水模数

项目	生育阶段					
	播种—越冬	越冬—返青	返青—拔节	拔节—抽穗	抽穗—成熟	全生育期
阶段需水量（mm）	79.10	34.10	76.39	135.36	201.49	526.44
日需水强度（mm/d）	1.03	0.94	1.95	4.23	4.57	—
阶段需水模数	15.04%	6.47%	14.51%	25.71%	38.27%	—

（二）节水灌溉制度

1. 非充分灌溉

非充分灌溉，又称不充分灌溉、部分灌溉或限额灌溉等，指因灌水不充分，不能充分满足作物的需求，使作物实际用水速率小于最佳水分环境条件下的需水速率的灌溉。灌溉不充分可发生在整个生育期，也可发生在某个或几个生育时期。

在非充分灌溉条件下，作物全生长期的总需水量和各生育时期的需水量不可能得到完全满足，这将引起作物不同程度的减产。减产的程度随着不同作物、不同生育阶段的缺水程度而异。在这种情况下进行节水灌溉，首先要弄清作物不同生育阶段缺水与减产的关系，以便寻求最优的灌溉制度，既节约了水量，又使作物获得较高的产量；或者是寻求全灌区的最优配水方案，使全灌区各种作物的总产值最大或总的减产值最小。作出的最优灌溉决策，同时要考虑充分利用天然降水及土壤水分条件，确定灌水次数、灌水日期、灌水定额以及与土壤水分的最优组合，以达到节约用水的目的。

在非充分灌溉实践中，对于旱作物主要采取减少灌水次数的方式，即对作物生长和产量影响不大的时期减少灌水，在关键时期进行灌水。也有的采取减少灌水定额的方式，即灌水时使土壤仅达到田间持水量的一部分，还有的将节省下来的水量用来扩大灌溉面积，以获得最高总产量或总产值，或将节省下来的水量用来灌溉经济价值较高的作物，以获得全灌区作物的最高总产值。

综上所述，非充分灌溉的情况要比充分灌溉复杂。非充分灌溉的实施不仅要研究作物的需水规律以及什么时期缺水和缺水程度对作物产量的影响，而且还要研究经济效益，使投入最少而产出最大。由于我国对非充分灌溉条件下的节水研究还不够全面，因此，后面所述的旱作物节水灌溉制度只限于根据作物生长期各次灌水（在正常情况下）的作物，按非充分灌溉条件来讨论作物的节水灌溉制度，减少灌水次数和减少灌水定额。我国农业水资源矛盾突出，大力发展和推广应用非充分灌溉技术是我国农田灌溉技术发展的重要任务之一。

（1）非充分灌溉的理论依据

①当供水不足时，作物体内会发生生理生化变化过程以适应逆境。有的会使作物提前成熟来避开干旱；有的产生一些使植物的持水和吸水能力增强的特殊物质，利于维持正常的代谢活动；有的调节水分的散失过程，降低失水速率。这些将使作物的耐旱性增加，从而延缓干旱胁迫的发生，降低胁迫危害程度。

②受短期的适度水分亏缺后，作物生长发育过程受到一定影响。但恢复灌水后，生长过程会加快，表现出一定程度的生长补偿效应。这种现象在生育前期受到水分胁迫时表现得更明显。生长补偿效应使胁迫的影响降低，从而减少缺水对最终产量的影响。

③某些时期适度的水分亏缺可调节作物营养物质的分配，从而对个体或群体实施有效调控，为高产打下基础。棉花苗期一定程度的水分亏缺可促进根系生长，控制地上部生长，增加根冠比，利于形成适宜的株型和群体结构。适度干旱有利于玉米、小麦营养物质从叶片向籽粒的转化和运输，促进籽粒灌浆与成熟。

④一些土壤中水分的有效性在较宽的含水量范围内都几乎相等，较低的含水量不会使作物遭受明显的干旱，产量也不会显著降低。在这样的土壤上实现低定额的非充分灌溉，可起到明显的节水效果。

⑤利用最优化理论，可确定一个区域的最适宜水分分配方案，即确定什么时候灌水，灌多少水，以及什么时候实施控制，不灌水或少灌水。均有助于达到水资源供应与作物需水的最佳组合，实现有限水资源的最有效利用。

（2）作物水分生产函数

作物水分生产函数是定量表达作物用水量与产量之间关系的函数，是实施非充分灌溉的重要基础。作物水分生产函数中的用水量常用灌水量、田间总供水量（灌水量、有效降水量、土壤储水量）和作物实际蒸发蒸腾量三种指标表示。由于供给的水分并不一定全部能被作物利用，因此用前两个指标表示作物用水量并不太恰当，而最常用的指标是作物实际腾发量。

根据采集数据时对生育时期的处理方法，作物水分生产函数可分为全生育期模式和分阶段模式。

① 全生育期模式：全生育期模式表达的是作物全生育期的总用水量与产量间的关系。全生育期模式的基本形式如下：

$$Y=f(E_t) \tag{1-18}$$

式中：Y——作物实际产量；

E_t——全生育期实际用水量。

全生育期模式有很多种类，总用水量与产量之间有的呈直线关系，有的呈抛物线关系，还有呈其他类型曲线关系。这种差异与作物类型、气候条件、土壤类型及肥力、灌溉方法等不同有关。另外，即便使用同一种模式，其中的有关参数在不同地点、不同年份间也有较大变化。为了改善这种状况，全生育期模式可用相对数值表示：

$$1-Y_a/Y_m=K_y(1-E_{ta}/E_{tm}) \tag{1-19}$$

式中：Y_m 和 E_{tm}——分别为供水充足时的最高产量和全生育期用水总量；

Y_a 和 E_{ta}——分别为缺水条件下的实际产量与全生育期总的蒸发蒸腾量；

K_y——缺水的产量反应系数，也称减产系数。

一般就整个生长期而言，缺水增多时，苜蓿、花生、甜菜等作物的减产比例小些（$K_y<1$），而香蕉、玉米、甘蔗等作物减产的比例则要大一些（$K_y>1$）。表 1-9 是联合国粮农组织对无实测资料地区推荐使用的 K_y 值。

表 1-9　不同作物的 K_y 值

作物	冬小麦	春小麦	玉米	棉花	高粱	大豆	苜蓿	花生	甜菜	香蕉	甘蔗	柑橘
K_y	1.00	1.15	1.25	0.85	0.90	0.85	0.90	0.70	0.80	1.27	1.2	0.80～1.10

②分阶段模式：这类模式将整个生育期划分为若干个阶段，分阶段考虑作物用水量与产量之间的关系。这样做不仅可以定量表达水分不足程度的影响，也能同时表达供水不足发生时间的影响。式（1-19）除可表示全生育期缺水对作物产量的影响外，也可以表示各生育期缺水对作物产量的影响。假如其阶段正常供水，作物没有遭受水分胁迫，而只有第 i 阶段缺水，则式（1-19）可改写为：

$$1-Y_i/Y_m=K_{yi}(1-E_{ti}/E_{tmi}) \tag{1-20}$$

式中：Y_i——作物第 i 阶段受旱时的产量；

E_{ti}——作物第 i 阶段供水不充足时的实际蒸发蒸腾量；

E_{tmi}——第 i 阶段充分供水的最大蒸发蒸腾量；

Y_m——各阶段供水正常时的作物产量；

K_{yi}——第 i 阶段缺水的产量反应系数。

表 1-10　各种作物不同生育阶段的 K_y 值

作物种类	项目	不同生育时期						全生长期未灌溉
		1	2	3	4	5	6	
冬小麦	生育阶段	播种	封冻	拔节	孕穗	抽穗	灌浆	旱地
	K_y	0.72	0.61	0.98	1.33	1.39	0.74	1.00
夏玉米	生育阶段	播种	拔节	抽穗	灌浆	收获		旱地
	K_y	0.51	1.15	1.19	0.69			1.16
棉花	生育阶段	播种	现蕾	开花	花铃盛期	吐絮	收获	旱地
	K_y	0.80	0.97	1.60	1.43	0.69		0.76

由表 1-10 中三种作物各阶段缺水的产量反应系数 K_y 值的变化规律可以看出，各种作物前期、后期 K_y 值小，说明受旱减产系数小；中期籽实形成阶段的 K_y 值大，受旱减产系数大。冬小麦抽穗阶段、夏玉米抽雄阶段、棉花开花期的 K_y 值均大于 1。K_y 值大于 1 是对产量影响的最大时期，也是灌水增产的关键期。再分析各种作物生长期不灌水的 K_y 值，夏玉米的 K_y 值最大达 1.16，冬小麦次之，其值为 1.00，棉花最小，其值为 0.76。基本上反映出不同作物对水分的要求程度，玉米不耐旱，冬小麦次之，棉花比较耐旱。K_y 值反映了作物缺水对产量影响的敏感程度，用于指导灌溉用水，为灌区配水提供依据。在多种作物同时需要灌溉时，应根据不同作物的 K_y 值大小确定灌溉顺序，先灌溉不耐旱及缺水对产量影响最大的作物。

2. 调亏灌溉

调亏灌溉既有别于传统的充分灌溉，又有别于其他一些非充分灌溉方式。在作物生长某一时期实施调亏灌溉，灌水量减少，作物受到一定的水分胁迫。但水分胁迫不是被动接收的，而是有目的地主动施加给作物，从而获得作物节水高产。如夏玉米调亏灌溉研究主要是亏水对作物不同生育时期生长、根系活力、光合蒸腾强度、光合产物积累与分配及籽粒产量和品质的影响，探讨最佳调亏生育时期、调亏程度和生理生态指标，为实施调亏灌溉制度提供理论依据。

①对玉米生长和根冠比的影响：苗期的水分亏缺抑制玉米营养生长，中度亏缺（为田间持水量的 50%～55%），株高比对照（为田间持水量的 75%～80%）低 29.5%，茎叶干重低 67.8%，根系总干重减少，但根冠比增大。拔节期复水后 35 d 测定，株高超过对照 9.8%，籽粒重超过 16.0%，表明苗期水分亏缺复水后有利于向籽粒运输与分配。

②对玉米光合和蒸腾的影响：不同生育时期玉米叶片的光合和蒸腾作用对水分调亏的影响不同。苗期随亏水度的增加，光合强度（P_n）降低为 14.2%，而蒸腾强度（T）显著降低为 27.8%～50.6%，但复水 3～5 d 后 P_n、T 恢复快，并超过对照组，具有超补偿效应。拔节—抽穗期亏水，随着亏水度加重，P_n 降低 9.8%～43.0%，T 降低

9.6%～67.8%；复水后恢复或大于对照。抽穗灌浆期亏水，P_n、T 受到强烈抑制，P_n 降低 45.4%～74.4%，T 降低 26.6%～42.2%；复水后 P_n 部分恢复，T 与对照水平相当。灌浆成熟期亏水，P_n、T 受抑制最强，P_n 和 T 分别降低 56.8%～88.7% 和 32.4%～74.2%。

拔节前亏水和拔节—抽穗期亏水，P_n 降低均不显著，T 降低显著。复水后 P_n 有补偿效应。显然，抽穗前的水分调亏具有节水、高产、提高水分利用效率的效应。

③对玉米叶片水分参数的影响：苗期亏水阶段，玉米叶片相对含水量比对照低 17.4%，叶水势低 0.56 MPa；拔节期复水后叶片水分恢复很快，水分胁迫处理叶片含水量高于对照 1.4%，叶水势恢复到对照水平。表明了玉米复水后根系吸水具有补偿效应。

④水分调亏下玉米光合产物的积累与分配：不同时期的水分胁迫下，光合产物总量下降 3.3%～43.0%，以拔节—抽穗期下降最大，其次是抽穗—灌浆期及灌浆—成熟期，主要是降低籽粒产量。而三叶—拔节期水分胁迫生物产量较对照高 13.7%，说明适时适度的水分胁迫，玉米光合产物具有补偿或超补偿效应。三叶一心—拔节期水分胁迫籽粒质量比对照高，其余时期有不明显下降，说明水分胁迫生物产量下降是营养器官干物质下降的主要因素，水分调亏有利于光合产物向籽粒运送与分配。

⑤对玉米产量与水分利用效率（WUE）的影响：无论哪个生育时期调亏，土壤含水量控制下限越低，耗水量越小。在拔节前期，水分利用效率随调亏水分控制下限降低而提高。在其余时期，随调亏水分控制下限降低而降低。当中度调亏时，WUE 以拔节前调亏为最高，其次为拔节抽穗调亏，比对照减产不明显，但节水 11.9%～25.8%。据此，调亏灌溉的节水灌溉制度可根据上述加以具体化为，播种—三叶一心期耕层（0～10 cm）土壤含水量保持在田间持水量的 75%～80% 时不灌水，三叶一心—拔节期为节水高产调亏的关键阶段。土壤含水量大于田间持水量的 45% 时不灌水，否则灌至田间持水量的 65%。若此时降水充足，土壤含水量大于田间持水量的 75%，无法实施调亏时，可在拔节—抽穗期实施轻度调亏（田间持水量的 60%～65%）。当土壤含水量大于田间持水量的 60% 时可不灌水，否则灌至田间持水量的 65%。或根据产量目标和水资源状况采用中度调亏（田间持水量的 50%～55%），当土壤含水量大于田间持水量的 50% 时可不灌水，否则灌至田间持水量的 55%，其他生育阶段均保持正常供水条件。具体指标是，调亏时段为三叶一心—拔节期，调亏度为田间持水量的 45%～65%，历时 21 d，比对照增产 11.5%～54.2%，节水 6.7%～14.8%，WUE 提高 19.9%～80.9%；拔节—抽穗期调亏，调亏度为田间持水量的 60%～65%，历时 21 d，比对照增产 11.6%～54.2%。

二、水稻灌溉制度的确定

（一）泡田定额的确定

泡田期的灌溉用水量（泡田定额）的确定用下述公式：

$$M_1=10（a_1+S_1+e_1t_1-P_1）\qquad（1-21）$$

式中：M_1——泡田期灌溉用水量（m^3/hm^2）；

a_1——插秧时田面所需的水层深度（mm）；

S_1——泡田期的渗漏量，即开始泡田到插秧期间的总渗漏量（mm）；

t_1——泡田期的天数；

e_1——t_1 时期内水田田面平均蒸发强度（mm/d），可用水面蒸发强度代替；

P_1——t_1 时期内的降水量（mm）。

泡田定额与土壤、地势以及地下水埋藏深度等因素有关，通常由实测资料决定。如 a_1 为 30～50 mm 时，泡田定额大约为：轻砂壤土 1 200～2 400 m^3/hm^2，中壤土和砂壤土 1 050～1 800 m^3/hm^2，黏土和黏壤土 750～1 200 m^3/hm^2。

（二）水稻生育期内灌溉制度的确定

在水稻生育期中任何一个时段（t）内，农田水分的变化，可用水量平衡方程表示：

$$h_1+P+m-E-C=h_2\qquad（1-22）$$

式中：h_1——时段初田面水层深度（mm）；

h_2——时段末田面水层深度（mm）；

P——时段内降水量（mm）；

C——时段内排水量（mm）；

m——时段内的灌水量（mm）；

E——时段内田间耗水量（mm）。

若时段初的农田水分处于适宜水层（水田）上限（h_{max}），经过消耗，田面水层降到适宜水层的下限（h_{min}），这时如果没有降水则需灌溉，灌水定额为：

$$m=h_{max}-h_{min}\qquad（1-23）$$

若该时段内有降水，田面水层回升 P，如超过适宜水层上限，多余部分需排除，排水量为 C。当田面水层降至适宜水层下限，则需灌水，灌水定额为 m。当确定了各时段的适宜水层深度 h_{max}、h_{min} 以及水面蒸发强度 e_i，便可推求水稻灌溉制度。

三、旱作物灌溉制度的确定

用水量平衡分析法制定旱作物的灌溉制度时，常以作物主要根系吸水层作为灌水时的土壤计划湿润层，该土层内的储水量需保持在作物所要求的范围内。

（一）土壤计划湿润层的水量平衡方程

在旱作物任何一个生育时段（t），土壤计划湿润层（H）内储水量的变化，可用水量平衡方程表示：

$$W_t-W_0=W_T+P_0+K+M-E_t \qquad （1-24）$$

式中：W_0，W_t——分别为时段初和时段末（t）时的土壤计划湿润层内的储水量；

W_T——因计划湿润层增加而增加的水量；

P_0——土壤计划湿润层内保存的有效雨量；

K——时段 Δt 内的地下水补给量，即 $K=k\Delta t$，k 为时段 Δt 内平均每昼夜地下水补给量；

m——时段 Δt 内的灌水量；

E_t——时段 Δt 内的作物田间需水量，即 $E_t=e\Delta t$，e 为 Δt 时段内平均每昼夜的作物田间需水量；

以上各值单位均用 mm 或 m^3/hm^2。

按照作物正常生长对农田水分状况的要求，任一时期内土壤计划湿润层内的储水量应不大于作物允许的最大储水量（W_{max}）和不小于作物允许的最小储水量（W_{min}）。当在某些时期内降水少或无降水时，由于作物消耗使土壤计划湿润层内的储水量降低至接近于作物允许的最小储水量，即需灌溉，以满足作物正常生长的需要。

利用公式（1-24）确定旱作物的灌溉制度时，必须收集和整理方程中各项参数的相关资料。

1. 土壤计划湿润层深度（H）

土壤计划湿润层深度指计划调节控制土壤水分状况的土层深度，与作物种类、品种、生育阶段、土壤性质及地下水埋深等有关。对于某一作物，在生长初期，计划湿润层深度常为 30 ～ 40 cm。随着作物生长发育，需水量增大，计划湿润层也应逐渐加大。至生长末期，由于作物根系停止发育，需水量减少，计划湿润层深度应小于 60 cm。应通过试验来确定计划湿润层深度，表 1-11、表 1-12 分别是玉米和棉花不同生育阶段的土壤计划湿润层深度和适宜土壤含水量。

表 1-11 玉米土壤计划湿润层和适宜土壤含水量

生育阶段	计划湿润层深度 /cm	适宜土壤含水量（占田间持水量百分比）	
		春玉米	夏玉米
播种—出苗	30 ～ 40	75% ～ 80%	75% ～ 85%
出苗	40 ～ 50	65% ～ 75%	65% ～ 75%
拔节	50 ～ 60	70% ～ 80%	70% ～ 80%
抽雄—灌浆	60 ～ 80	75% ～ 85%	75% ～ 85%
灌浆—成熟	80 ～ 100	65% ～ 75%	65% ～ 75%

表 1-12 棉花土壤计划湿润层和适宜土壤含水量

生育阶段	计划湿润层深度 /cm	适宜土壤含水量 （占田间持水量百分比）	棉花正常生长的 土壤含水量下限指标
幼苗	30 ~ 40	55% ~ 70%	50%
现蕾	40 ~ 60	60% ~ 75%	55%
开花	60 ~ 80	70% ~ 80%	55%
吐絮	60 ~ 80	55% ~ 70%	50%

2. 土壤适宜含水量及允许的最大、最小含水量

土壤适宜含水量（$\theta_适$）是确定旱作物灌溉的重要依据，因作物种类、生育时期需水特点、施肥状况和土壤性质（含盐分状况）等而异，应通过试验或由生产实践经验确定。

土壤计划湿润层的含水量由于作物消耗、降水和灌溉等因素的影响而发生变化。为保证作物正常生长，土壤含水量应控制在允许最大和允许最小含水量范围内。允许最大含水量（θ_{max}）以灌水后不导致深层渗漏为原则，因此采用 $\theta_{max} = \theta_f$，θ_f 为田间持水量。土壤允许最小含水量（θ_{min}）应大于凋萎系数，根据经验取 $\theta_{min} = 0.6\theta_f$ 比较适宜。

3. 有效降水量（P_0）

$$P_0 = P - P_地 - P_渗 \tag{1-25}$$

式中：P——设计降水量；

$P_地$——形成地面径流的降水量，即地面径流量；

$P_渗$——由于降水过多造成超出计划湿润土层以外的深层渗漏损失水量。

但在生产实际中常用下列简化方法：

$$P_0 = \sigma P \tag{1-26}$$

式中：σ——降水有效利用系数，其值与一次降水总量、降水延续时间、降水强度、作物生长、土壤性质、地面覆盖和计划湿润土层深度等有关，一般应根据实测资料确定，根据河南、山西、北京等省（市）资料，采用 $\sigma = 0.7 \sim 0.9$。

4. 地下水补给量（K）

地下水补给量指地下水借土壤毛细管作用上升至作物根系吸水层内而被作物吸收的水量，与作物种类、作物需水强度以及计划湿润层含水量等有关。地下水补给量（K）随灌区地下水动态和各阶段计划湿润层厚度变化。

5. 由于计划湿润层增加而增加的水量（W_T）

在作物生育期内计划湿润层是变化的，由于计划湿润层增加，可利用一部分深层土壤的原有储水量，W_T（m^3/hm^2）可按下式计算：

$$W_T = (H_2 - H_1) A \theta \tag{1-27}$$

或

$$W_T = 100\gamma(H_2 - H_1)\theta' \tag{1-28}$$

式中：H_1——计算时段初计划湿润层深度（m）；

H_2——计算时段末计划湿润层深度（m）；

θ——（H_2-H_1）深度内土层中的平均含水量，以占孔隙率的百分比计；

A——土壤孔隙率，以占土体积的百分比计；

θ'——意义与 θ 相似，但以占干土质量的百分比计；

γ——土壤干容重（t/m³）。

当某时段内没有降水，其水量平衡方程可写为：

$$W_{\min}=W_0-E_T+K$$
$$=W_0-\Delta t\ (e-k) \tag{1-29}$$

式中：$W_{\min}$——土壤计划湿润层内允许最小储水量（m³/hm²）；

其他符号意义同前。

若时段初土壤储水量为 W_0，则由式（1-29）可推算出下次灌水的时间间隔为：

$$\Delta t=\frac{W_0-W_{\min}}{e-k} \tag{1-30}$$

而这一时段末的灌水定额 m 为：

$$m=W_{\max}-W_{\min}=AH\ (\theta_{\max}-\theta_{\min}) \tag{1-31}$$

或

$$m=W_{\max}-W_{\min}=100\gamma H\ (\theta'_{\max}-\theta'_{\min}) \tag{1-32}$$

式中：m——灌水定额（m³/hm²）；

其他符号意义同前。

当确定了以上各项设计依据后，即可计算旱作物的播前灌水定额，制定生育期的灌溉制度。

（二）旱作物播前灌溉定额（M_1）的确定

播前灌水是为了保证作物种子发芽及出苗所必需的土壤灌水量或者储水于土壤中供作物生育后期利用。若播前土壤水分太低，则应进行灌溉，通常仅进行一次播前灌水，可按下式计算：

$$M_1=AH\ (\theta_{\max}-\theta_0) \tag{1-33}$$

或

$$M_1=100\gamma H\ (\theta'_{\max}-\theta'_0) \tag{1-34}$$

式中：θ_0——播前 H 土层内的平均含水量，以占孔隙率百分比计；

θ'_0——意义与 θ_0 相似，但以占干土质量百分比计；

其他符号意义同前。

根据水量平衡原理确定旱作物灌溉制度时，既可采用图解法，也可采用列表方法进行计算，下面以图解法为例说明拟定旱作物灌溉制度的过程。

（三）根据水量平衡图解分析法拟定旱作物生育期的灌溉制度

采用水量平衡图解分析法拟定灌溉制度时，步骤如下：

①按照各旬计划湿润层深度 H 及作物所要求的计划湿润层内土壤含水量的上限 θ_{max} 和下限 θ_{min}，求出 H 土层内允许储水量上限 W_{max} 及下限 W_{min}（$W_{max}=AH\theta_{max}$，$W_{min}=AH\theta_{min}$），绘于图 1-3 上。

②绘制作物田间需水量（E_t）累积曲线。由计划湿润层加大而获得的水量（W_T）累积曲线、地下水补给量（K）累积曲线及净耗水量（E_t-W_T-K）累积曲线。

③根据设计年各时期的降水量求出渗入土壤的有效降水量 P_0，逐时段绘于图上。

④自作物生长初期土壤计划湿润层储水量 W_0，逐旬减去（E_t-W_T-K）值，即自 A 点引直线平行于（E_t-W_T-K）曲线，当遇有降水时再加上有效降水量 P_0，即获得计划湿润土层实际储水量（W）曲线。

⑤当 W 曲线接近于 W_{min} 时，即进行灌水。灌水时除考虑水量盈亏外，还应考虑作物各发育时期的生理要求、灌水技术、与灌水相关的农业技术措施及灌水和耕作的劳动组织等。灌水定额值也像有效降水量一样加在 W 曲线上。

⑥如此继续进行，即可得到全生育期的各次灌水定额、灌水时间和灌水次数。

⑦全生育期的灌溉定额 $M_2 = \sum_{i=1}^{n} m_i$，m_i 为各次灌水定额。

旱作物总灌溉定额 M 是播前灌溉定额 M_1 与生育期灌溉定额 M_2 之和，即 $M=M_1+M_2$。

按水量平衡方法估算灌溉制度，如作物耗水量、灌水技术有较充分的调查资料，计算结果较接近实际情况。对较大的灌区，由于自然地理条件差距较大，则应分区制定灌溉制度，并与前面调查和试验结果反复核对，以获得切合实际的灌溉制度。

（四）旱作物节水灌溉制度

以玉米为例。一般来说，在玉米全生育期内至少要有 300 mm 的水量，特别在抽雄穗前后一个月内要有 150 mm 的水量。我国各地玉米生育期间的水量分布不均，干旱、半干旱地区水量不足，常出现干旱，需要进行多次灌溉。南方玉米有时也需抗旱灌溉。各地玉米灌溉的经验很多，下面综合介绍各次灌水的作用和主要技术要求。

1. 底墒水

玉米种子发芽出苗的适宜土壤含水量为田间持水量的 60% ～ 70%。我国北方春玉米区播种时常遇春旱，应灌好底墒水，以保证适时播种，满足发芽出苗时的需水。春玉米的底墒水最好在头年封冻前进行冬灌，冬灌水量一般为 900 ～ 1 200 m³/hm²。夏玉米播种时，气温高，蒸发量大，麦收后常因土壤干旱不能及时播种，必须于播前灌水补墒。灌水方法有三种：一是在麦收前约 10 d 灌一次"麦黄水"，既可增加小麦粒重，又可在麦收后抢墒早

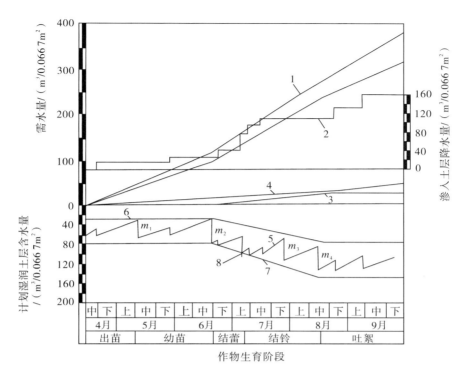

1. 作物需水量 E 累积曲线；2. 渗入土壤内的有效降水量累积曲线；3. W_T 累积曲线；4. K 值累积曲线；5. 计划湿润土层储水量 W 曲线；6. 计划湿润土层允许最小储水量 W_{min} 曲线；7. 计划湿润土层允许最大储水量 W_{max} 曲线；8. 深层渗漏的降水量。

图 1-3　棉花灌溉制度设计示意图（图中 0.066 7 hm^2=1 亩）

播玉米，随收随播；二是麦收后灌茬水，灌水定额为 450 ～ 600 m^3/hm^2，避免积水或浇后遇雨而延迟播种；三是麦收后先整地后灌水，灌水定额为 225 m^3/hm^2 左右。

2. 苗期水

玉米苗期需水不多，如已灌底墒水，苗期就不需要灌水，而应进行蹲苗，即通过控制灌水，多次中耕和扒土晒根等措施，促进玉米根系向纵深发展，扩大根系吸收水分和养分的范围，并使植株基部节间短而敦实粗壮，增加后期抗旱和抗倒伏的能力，为玉米高产打下良好基础。苗期土壤含水量以保持在田间持水量的 60% ～ 65% 为宜，若低于55% 时就适当灌水，灌水定额为 300 ～ 450 m^3/hm^2。

3. 拔节孕穗水

玉米拔节孕穗期植株生长迅速，雌穗、雄穗分化也迅速发育，而此时气温高，叶片蒸腾强烈，需要有充足的水分供应。如果干旱缺水，则植株生长不好，并影响幼穗的分化发育，甚至雌穗不能形成果穗，从而造成空秆，雄穗则不能抽出而成"卡脖旱"，造成严重减产。如能保持土壤水分在田间持水量的 70% 左右，则能使根系生长良好，茎秆粗壮，有利于穗的分化发育而形成大穗。根据各地试验资料，合理灌拔节孕穗水可增产 18%～40%。但是拔节孕穗水也必须防止灌水过多而引起植株徒长和倒伏。灌水定额应控制在 600 m^3/hm^2 左右，宜隔沟先灌一半水，第二天再换沟灌另一半水。灌前要结合施攻穗肥，灌后要结合进行中耕松土、除草，使水、肥、气、热协调。

4. 抽穗开花水

玉米抽穗开花时期日耗水量最大，是需水临界期的重要阶段。此时期土壤水分保持在田间持水量的 70%～80%，空气相对湿度 70%～90%，对抽穗开花和受精最为适宜。如果水分不足，空气湿度小于 30%，会使生育受到显著阻碍，推迟雌穗花丝抽出的时间，不孕花粉量增多。如果干旱与高温（38 ℃以上）同时发生，不仅会使雌花、雄花开花期脱节，而且会使花粉和花丝的寿命减短，花粉生产力下降，花丝也易枯萎，开花受精无法正常进行，造成严重的秃顶缺粒现象。这时，如果天气大旱，一般每 5～6 d 灌一次水才能满足抽穗开花和受精的需要。据山西的试验研究结果，抽穗期灌水的果穗秃顶仅 0.6 cm，比不灌的果穗秃顶长度减少 1/2，产量增加 32.1%。抽穗开花水的灌水定额一般为 600～750 m^3/hm^2。

5. 灌浆成熟水

乳熟期玉米植株的蒸腾作用还比较强，同化作用旺盛，茎叶中的可溶性养分会不断向果穗运送。如水分条件适宜，可延长和增强绿叶的光合作用，促进灌浆饱满。如土壤水分亏缺，会使叶片过早衰老枯黄，增加秕粒和秃顶长度，降低产量。北方群众有"春旱不算旱，秋旱减一半"的农谚，说明玉米苗期有一定的耐旱性，而后期开花灌浆阶段受旱则减产严重。河北农业大学相关研究显示，灌浆期进入籽粒的养分，灌水的比不灌水的增加 2.4 倍。玉米乳熟期的土壤水分，最好保持在田间持水量 70%～75%。灌水量不能过大，以免引起烂根、早枯或灌后遇雨而引起倒伏，一般为 450～600 m^3/hm^2。

必须指出，在充分灌溉条件下，可以按照上述各次灌水进行灌溉。但在非充分灌溉条件下，各地应根据具体情况，充分利用自然降水和土壤蓄水，并按照玉米各生育阶段对水分要求的轻重缓急适当调整、减少生育期间的灌水次数和灌水定额，力争在节水的前提下获取较高的产量。干旱对玉米产量的影响比较明显。山西省根据试验资料测算出各生育阶段玉米受旱的减产系数：春玉米苗期为 7.2%，拔节期为 10.5%，抽雄期为 11.2%，灌浆期为 9.6%；夏玉米苗期为 3.3%，拔节期为 11.2%，抽雄期为 15.2%，灌浆期为 6.8%。不难看出，无论是春玉米或夏玉米，抽雄期受旱对减产的影响最大。因此，在进行节水灌溉时，一定要保证抽雄期前后的灌水。另外，各地试验和实践普遍认为，对于春玉米，应立足于播前灌水、足墒下种，以保证玉米全苗、壮苗。

思考题

1. 农田土壤水分有哪几种主要形式，其对作物生长有效性如何？

2. 农田土壤水分不足与过多的原因是什么？控制措施有哪些？

3. 试辨析作物需水量、作物耗水量、田间需水量及田间耗水量之间的区别。

4. 影响作物需水量大小的因素有哪些？估算作物需水量有哪些途径和方法，试讨论各种方法的优缺点和适用条件。

5. 什么叫潜在腾发量？已知潜在腾发量，如何推求实际作物在充分供水和非充分供水时的需水量？

6. 什么叫灌溉制度？简述用水量平衡法确定旱作物灌溉制度的步骤。

7. 试述非充分灌溉的几个理论依据及作物水分生产函数的定义。

习　题

1. 用"以水面蒸发为参数的需水系数法"求水稻耗水量。

基本资料

（1）根据某地气象站观测资料，设计年 4 月至 8 月 80 cm 口径蒸发皿的蒸发量（E_0）的观测资料见习表 1–1。

习表 1–1　某地蒸发量（E_0）的观测资料

月份	4	5	6	7	8
蒸发量（E_0，mm）	182.6	145.7	178.5	198.8	201.5

（2）水稻各生育阶段的需水系数 α 值及日渗漏量见习表 1–2。

习表 1–2　水稻各生育阶段的需水系数及日渗漏量

生育阶段	返青	分蘖	拔节孕穗	抽穗开花	乳熟	黄熟	全生育阶段
起止日期（月/日）	4/26—5/3	5/4—5/28	5/29—6/15	6/16—6/30	7/1—7/10	7/11—7/19	4/26—7/19
天数	8	25	18	15	10	9	85
阶段 α 值	0.784	1.060	1.341	1.178	1.060	1.133	
日渗漏量/（mm/d）	1.5	1.2	1.0	1.0	0.8	0.8	

要求

根据上述资料，推求该地水稻各生育阶段及全生育阶段的耗水量。

提示

计算出各生育阶段的 E 值（注意：取同期的 E_0 值计算），然后加上同期的渗漏量，即为各生育阶段的耗水量，将各生育阶段的耗水量累加，即为全生育阶段的耗水量。

2. 用"以产量为参数的需水系数法"求棉花需水量。

基本资料

（1）棉花计划产量：籽棉 4 500 kg/hm²。

（2）根据相似地区试验资料，当产量为籽棉 4 500 kg/hm² 时，棉花需水系数（K）为 1.37 m³/kg。

（3）棉花各生育阶段的需水量模比系数见习表 1–3。

习表 1–3   棉花各生育阶段的需水量模比系数

生育阶段	苗期	现蕾	开花结铃	吐絮	全生育阶段
起止日期 （月/日）	4/11—6/10	6/11—7/6	7/7—8/24	8/25—10/30	4/11—10/30
天数	61	26	49	67	203
模比系数	13%	20%	49%	18%	100%

要求

计算棉花各生育阶段需水量累积值，以备在用图解法制定灌溉制度时绘制需水量累积曲线之用。

提示

首先求出全生育阶段总需水量，然后用模比系数法求各生育阶段的需水量，将阶段需水量逐阶段累加，即可得各生育阶段的累积需水量。

3. 农田土壤有效含水量的计算。

基本资料

某冲积平原上的农田，1 m 深以内土壤质地为壤土，其孔隙率为 47%，悬着毛管水的最大含水率为 30%，凋萎系数为 9.5%（以上各值皆按占整个土壤体积的百分数计），土壤容重为 1.40 t/m³，地下水面在地面以下 7.0 m 处，土壤计划湿润层厚度定为 0.8 m。

要求

计算土壤计划湿润层中有效含水量的上下限，具体要求：

①分别用 m³/hm² 和 mm 表示有效含水量的计算结果；

②根据所给资料，将含水率转换为以干土质量的百分比及用孔隙体积的百分比表示（只用 m³/hm² 表示计算结果）。

提示

（1）计算土壤含水量的方法有：

①当土壤含水量以占土壤体积的百分比表示时：

$$W = \Omega H \theta$$

②当土壤含水量以占干土质量的百分比表示时：

$$W=\Omega H \gamma_{\pm} \frac{1}{\gamma_{水}} \theta'$$

③当土壤含水量以占孔隙体积的百分比表示时：

$$W=\Omega H n \theta''$$

上列各式中的符号意义如下：

W——土壤含水量，以单位面积上的立方米计；

Ω——计算面积，一般以公顷（10 000 m^2）为单位；

H——土壤计划湿润层深度（m）；

θ——按体积比计的土壤含水量，即土壤中的水分体积与整个土壤体积的比值；

θ'——按质量比计的土壤含水量，即土壤中的水分质量与干土质量的比值；

θ''——按孔隙体积比计的土壤含水量，即土壤中的水分体积与孔隙体积的比值；

$\gamma_{\pm}$——土壤容重（t/m^3）；

$\gamma_{水}$——水的容重，在一般情况下，纯水的容重为 1 t/m^3；

n——土壤孔隙率，即土壤中孔隙体积与整个土壤体积之比。

（2）土壤含水量亦可以像降水量、蒸发量一样，用毫米水深计，其公式为：

$$W=1\,000H\theta \quad （mm）$$

式中，1 000 为单位从 m 换算成 mm 的倍数，其他符号同前。实际上 m^3/hm^2 的量纲与 mm 的量纲相同，皆可与之换算，即 1 m^3/hm^2=1/10 mm，1 mm=10 m^3/hm^2。

第二章 水资源及其开发利用

第一节 水资源状况

广义的水资源指自然界所有以气态、固态及液态等形态中的水，如地球上的地面水体（海洋、湖泊、沼泽及冰川等），存在于岩石圈中的土壤水及地下水，生物圈里的生物水以及大气圈里的气态水。水资源储量巨大，但能为人们所利用的仅是其中的一小部分淡水。

《英国大百科全书》对水资源的定义是"自然界中全部形态的水，包括气态水、液态水及固态水"。《中国大百科全书》对水资源的定义为"地球表面可供人类利用的水，指每年可更新的水量资源，包括水量（质量）、水域以及水能源"。还有专家认为，水资源是人类生产生活不可替代的自然资源，在经济技术条件下，能为社会直接利用或有待利用，参与自然界的水分循环，影响经济活动的淡水。

狭义上讲，是人类直接利用的淡水；广义上讲，是能作为生产和生活资料，有使用价值和经济价值的各种形态的水和水中物质。因此，狭义的水资源含义为，水资源在人类生存发展中既是不可替代的自然资源，又是环境的基本要素，是人类可利用的、逐年可得到恢复以及更新的淡水量，大气降水是它的补给水源。

①水资源"不可替代"性是由水的物质特性决定的。人类及一切生物所需要的养分，全靠水溶、输移；水的密度在 4 ℃时最大，才能使水生物得以越冬生存；水是植物进行光合作用的基本材料；水是生命之源，生物体中大部分为水，脱水意味着死亡。水是循环冷却、蓄热、供热、传递压力的最好介质，水的汽化热及热容量是所有物质中最高的，其热传导能力在所有液体中（除水银外）是最高的；水是国民经济各部门中不可替代的、用途广泛的重要生产要素，水资源状况制约着工农业的发展和布局。另外，在所有液体中水的表面张力是最大的，并具有特强的汽化膨胀性、不可压缩性以及渗透性等。

②水资源是环境的基本要素。水是最好的溶剂，最易被污染又最易清污；水影响着全球的海陆分布及气候变化；水通过冲蚀、搬运等作用不断改变着地形、地貌。

③水资源是人类可利用的水。包括符合人类不同用途相应水质标准的淡水量；通过工程措施或净化处理等可能利用的水，才算水资源。深层的地下水及净化代价过高的海水等，通常不作为水资源。

④水资源是逐年可得到恢复和更新的。说明水资源是再生资源，通过水循环可得到

恢复和更新。水循环受日地运行规律所制约，其具有大体以年为周期和季节交替的特点，所以特别加上"逐年"两字，通常指的水资源量是年资源量。

水资源含义中强调大气降水是它的补给来源，是说明一个区域（或流域）的水资源在该区域内，当地大气降水补给下的产物。本区域当地大气降水补给的地表、地下产水量（动态水量）才是本区域的当地水资源量或者区域水资源量。流经本区域或非本区域大气降水补给的地表、地下水量，称为过境水资源量或入境水资源量。本区域可以开发利用的水资源量包括当地水资源量和过境（入境）水资源量。

一、全球水资源状况

地球上水的总储量达 14 亿 km^3，从数字上看，水资源是丰富的，但实际上可利用的淡水资源是极其有限的，仅占总储量的 2.5%，约 0.35 亿 km^3，其余的 97.5% 以盐水的形式存在于海洋中（96.5%）和地下（1.0%）。在地球上的淡水总储量中，目前人类还未能开发利用的有被固定在地球两极和高山的固体冰雪和埋藏在地层深处的淡水，分别占69.0% 和 16.9%，只有 14.1% 的淡水资源能被人类利用，约占全球水总储量的 0.03%。因此，可供人类利用的淡水资源非常有限。

地球水圈中可利用淡水所占比例微小，但从总体上看还是不缺水的，世界人均占有的实际水资源量为 7 340 m^3，是缺水上限定额 3 000 m^3 的 2 倍多；折合地表径流深为296 mm，亦是生态缺水线 150 mm 的 2 倍左右。可是全世界淡水资源的地理分布极不均匀，除欧洲因地理环境优势水资源较丰富外，其他各大洲均存在一些严重缺水地区，最明显的是非洲撒哈拉以南的内陆国家，那些国家均出现严重缺水的问题，亚洲也同样存在。随着人类生产的快速发展和生活水平的逐渐提高，全世界的用水量以每年约 5% 的速度增长，即每 15 年用水量就要翻一番。由于水资源几乎不能进入国际市场进行调配，多数缺水的发展中国家不能承受海水淡化及融冰化雪的经济代价，应用高科技经济有效地解决水资源问题也未取得突破性进展，因此届时缺水国家及地区将面临水资源危机。

二、我国水资源状况和分布

根据水利部 2023 年水资源调查评价成果，我国水资源总量为 25 782.5 亿 m^3，比多年平均值少 6.6%，地表水和地下水资源量分别为 24 633 亿 m^3 和 7807.1 亿 m^3，两者不重复量为 1 149.0 亿 m^3。

（一）降水量和蒸发量

我国有明显的季风气候特点，大部分地区受东南季风和西南季风的影响，冬季风主要来自西伯利亚和蒙古草原，寒冷干燥，向南逐渐减弱。由于受季风及地形的影响，气候要素年际间变化很不稳定，我国是世界上干旱和洪涝灾害发生很频繁的国家之一。

我国平均年降水量 648 mm，降水总量 6.19 万亿 m³。年降水量分布极不平衡，总趋势从东南沿海向西北内陆逐渐减少。东南沿海和西南部分地区年降水量超过 2 000 mm。长江流域 1 000～1 500 mm，华北 400～800 mm，西北内陆地区年降水量显著减少，一般不到 200 mm。新疆塔里木盆地、青海柴达木盆地及吐鲁番盆地年降水量一般仅为 50 mm，盆地中部不足 25 mm，是我国降水量最小的地区。我国的降水落地后，约有 56% 的水量为陆面蒸发和植物蒸腾，只有 44% 水量转化为地表和地下水资源。

我国多年平均水面蒸发量的地区变化很大，年最低值只有 400 mm，最高值可达 2 600 mm。低值区一般多在山区，高值区多在平原和高原地区，800～1 500 mm 的中值区分布很广，主要为东北平原大部分、华北平原南部和长江流域大部分地区。陆地蒸发量地区分布与降水量相似，总的趋势是由东南向西北递减。淮河以南、云贵高原以东广大地区，陆地蒸发量大都为 700～800 mm，海河、黄河中下游和东北大部分地区为 400～600 mm，青藏高原及西北地区，一般均低于 300 mm。

（二）河流

河川径流是水资源的主要组成部分，我国河川径流总量为 26 000 亿 m³，占全国水资源总量的 94.4%。世界各国均将河川径流量作为动态水资源，代表近似的水资源量。我国河川径流量约占全球的 5.8%。我国平均径流深度为 284 mm，全球平均年径流深度为 314 mm，占世界的 90%。从世界范围看，我国河川径流总量还是非常丰富的，但人均占有量仅为世界的 1/4。径流的总趋势和降水相同，总的特点是江河数量多，水系多样，水量丰沛，资源丰富，季节差异大，地区变化大以及含沙量多。我国天然河流总长 43 万 km，可绕地球 10 圈半，每平方千米面积上平均有 0.04 km 河流流过（河网密度），南方为 0.5 km，珠江三角洲大于 2.0 km，长江三角洲为 6.7 km。

我国河流各季节径流特点：夏季丰水（一般占全年总水量的 40%～50%，最高 60%～70%），冬季枯水（一般占全年总水量的 10% 以下，最高达 25%），春秋居中（一般 20%～25%，最高达 40%）。地区分布上水量变化也很大，如黄河流域面积为珠江的 1.66 倍，长度为珠江的 2.5 倍，而水量仅为珠江的 1/6；黄河面积为闽江的 12 倍多，但水量仅及闽江的 92%；松花江流域面积比珠江大 1/5，水量不及珠江的 1/4。

我国河流含沙量高，黄河居世界之首，干流年均含沙量为 37.7 kg/m³，长江、西江和闽江分别为 0.57 kg/m³、0.32 kg/m³ 和 0.14 kg/m³，黄河含沙量为闽江的 260 多倍。

江河水的补给，东北河流降水、地下水及冰雪融水分别占 50%～70%、20%～30% 和 10%～15%。华北河流雨水补给占 90%，华中和华南雨水补给占 70%～80%，太行山和黄土高原地下水占 40%～60%。中国七大河流年径流量见表 2-1。

表 2-1　中国七大河流年径流量

项目	松花江	辽河	海河	黄河	淮河	长江	珠江
流域面积 / 万 km²	55.7	22.9	26.4	75.2	26.9	180.9	44.4
河长 / km	2 308	1 390	1 090	5 464	1 000	6 300	2 214
年均降水深 / mm	527	473	559	475	889	1 070	1469
年均径流量 / 亿 m³	762	148	228	658	622	9 513	3 338

河流具有分布广、水量多、循环周期短、暴露在地表和取用方便等特点，是人类依赖的最主要的淡水水源。河川径流量是水资源是否丰富的重要标志，但径流中的水不能得到完全利用，真正可利用的水量远远小于江河的实际径流量。因此，增加可利用的水资源要减少入海径流量。

（三）湖泊

湖泊是陆地上天然洼地的蓄水体系，是天然水调节设施。湖泊水是最重要的水资源，它不仅是一种静态水资源，而且也反映了动态水的蓄积量。

我国是一个多湖泊的国家。湖泊总面积为 7.2 万 km²，约占国土面积 0.8%，面积在 1 km² 以上的湖泊有 2 300 多个，储水总量 7 088 亿 m³，其中淡水储量 2 260 亿 m³，占储水总量的 31.9%。西藏自治区湖泊最多，湖面面积为 25 152 km²，蓄水 3 696 亿 m³，其中淡水湖只占 16.9%。青海次之，湖面面积 12 335 km²，蓄水量 1 690 亿 m³，淡水占 20.7%。新疆湖面面积为 5 086 m²，蓄水量 520 亿 m³。

中国外流区湖泊以淡水湖为主，湖泊 3.07 万 km²，储水量 2 145 亿 m³，其中淡水储量约 1 805 亿 m³；在内陆河区，湖泊面积约 4.11 万 km²，储水量 4 943 亿 m³，其中淡水储量 455 亿 m³。内陆河区除青藏高原尚分布有一些淡水湖泊外，其他多为咸水湖或盐湖。

按蓄水量来看，我国前五大淡水湖是鄱阳湖（蓄水量约 259 亿 m³）、玛旁雍错湖（蓄水量约 202 亿 m³）、抚仙湖（蓄水量约 189 亿 m³）、洞庭湖（蓄水量约 178 亿 m³）、鄂陵湖（蓄水量约 108 亿 m³）。太湖、洪泽湖和巢湖面积虽较大，但蓄水量都在 50 亿 m³ 以下。

由于气候周期性影响、泥沙淤积、不合理的围垦及河流上中游用水量的增加等原因，许多湖泊面积萎缩。我国最大的高原湖泊青海湖水位已下降了 100 多米，甚至有的湖泊已经消失，如罗布泊。

内陆的湖泊，因干旱少雨，降水量小于蒸发量，湖水不断浓缩，含盐量增加，矿化度高，多为咸水湖（矿化度 1 ～ 35 g/L）和盐湖（矿化度大于 35 g/L），这些湖都很浅。如柴达木盆地的达布逊盐湖，矿化度达到 300 g/L，青海湖矿化度为 13.1 g/L。有些盐湖已干涸，如察尔汗盐湖区总面积为 5 856 km²，有 600 亿 t 以氯化物为主的盐类，其中钾盐储量为 1.5 亿 t，仅次于死海（20 亿 t）；食盐储量 426 亿 t。

（四）冰川

冰是固体形态的水。冰川是水循环的结果，又是水循环的重要过程。由于冰川的相对稳定性，对水循环的作用没有液态水和气态水大。但是，对江河水量的调节和补给，减少入海径流，提高水资源利用率以及保持大陆面积等均有深远意义。

我国是世界上中低纬度山岳冰川最多的国家之一。我国山地冰川较多，冰川总面积约为 5.87 万 km^2，占亚洲冰川总面积的 50% 左右，占全球山地冰川总面积的 25%，占我国国土面积的 6%；冰川总贮水量约 5 万亿 m^3，多年冰川融化水量约 550 亿 m^3，占全国平均径流量的 2%。我国冰川总面积的 61% 分布在内陆河流域，其冰贮量占总冰量的 69%，而融水径流占 40%。西藏冰川面积为 27 253 km^2，占全国冰川面积的 47%；新疆冰川面积约 25 752 km^2，占全国冰川面积的 44%。冰川是大多数河流的补给源，但冰雪融化也会造成洪涝灾害。1922 年和 1934 年冰岛格里梅斯沃特恩河，两次融冰洪水流量达 50 000 m^3/s，出现大灾；新疆喀喇昆仑山的叶尔羌河在 1961 年 9 月发生我国最大一次冰洪水，流量达 6 670 m^3/s，比多年平均流量多 40 ~ 50 倍。

我国西北部干旱少雨，液体淡水资源少，严重地制约该地区经济发展，冰川资源一定会在今后该地经济发展中发挥重要作用。另外，冰川水更新周期长，一般在 1 400 ~ 1 600 年。在祁连山冰川中我国还发现了 4 700 年的冰层，所以冰川具有多年调节水的作用，有相对稳定性。冰川水还有需要大量用水时（夏天）恰是冰雪消融最多的特点，即有用时则融，不用（少用）时则贮的特点。同时冰川没有污染，矿化度低，是优质淡水。干旱区河川径流量中冰川融水所占比重大，一般约为 50%。冰川融水补给较稳定，使西北干旱区河流的流量比北方其他河流流量稳定。

（五）地下水

地球不仅表层有大量水，而且地球内部各层都含有丰富的水，并且多于地表水。但能被人类和生物界利用的地下水，仅是深度小于 3 km 的浅层地下水。浅层地下水（统称为地下水）是受气候及地形因素影响的补给性水资源。它存在和运动于岩土层中，参与水的总循环，是大陆总水资源的主要部分。地下水有四种来源：一是来自大气降水和地表水的渗入；二是来自岩浆上升凝结时放出来的水汽沿着裂隙上升凝结成的水——岩浆水，又叫原生水；三是来自古海洋变成大陆时包含海水的沉积物封住的一部分古海水，故这种水又叫囚水；四是从附近地表水源渗透而来，特别是从河流、湖泊、水库、灌溉渠道等渗透而来。河水是地下水的主要补给水源。地下水干净卫生，受污染少，含有多种有益的微量元素，它受气候变化影响小，分布广泛，是地球上第二大优质的水资源。

我国地下水总补给量为 8 288 亿 m^3，其中 6 200 亿 m^3 补给河流。长江流域及其以南地区地下水约有 4 800 亿 m^3；北方约为 2 900 亿 m^3，其中京、津、晋、豫、冀五个经济发达地区还不足全国地下水总量的 10%，只有 700 亿 m^3。北方五区（东北诸河、淮河、海河和黄河、山东半岛诸河、内陆诸河）地表水资源量相对较少，而平原地区地下水资源量比较丰富，约为 1 500 亿 m^3，占全国平原区年地下水资源量的 78%。

土壤水是地表土层中能被植物直接利用的地下水。土壤水从大气降水和大气中的水汽得到补给，它又经过蒸发和蒸腾变成水汽，回到大气中。所以土壤水是水总循环中联系地下水、植物水和大气水的一个环节。每公顷耕作层砂土含水量 75 ～ 225 t，壤土为 225 ～ 450 t，黏土为 450 ～ 600 t；1 m^3 的土壤中可储水 0.1 ～ 0.4 m^3。

（六）海洋

海洋是地球上最低洼的地方，是水循环的发源地和归宿地，是世界上最大的连续水体。我国海洋面积有近 500 万 km^2，其中渤海面积为 9 万 km^2，黄海为 41 万 km^2，东海为 80 万 km^2，南海 369 万 km^2。由于海水盐水浓度高，利用难度大。当前海水淡化只能成为沿海城镇昂贵生命的救助手段，而无法解决全球水危机，在可预测的未来，难以在增加全球淡水资源供应中做出什么明显贡献。

（七）大气水和生物水

水在地球上的循环从蒸发和蒸腾开始，由大气输送进行。大气中的水以云、雾、冰粒、水汽等形式存在。若大气中的水都降落到地面，能形成 27 mm 的水层。大气水最不稳定，变幻万千，它在水循环中起着桥梁的作用，同时也是天气变化的重要因素。

生物水是地球上水量最少的水种。水是生物的重要组成部分，如黄瓜、菠菜含水量达 95%，西红柿为 90%，苹果为 85%，细菌含水量为 81%，人体中平均含水量为 70%。水在生物体中的作用包括输送物质、吸收养分、排除废物、维持营养平衡、调节体温等。

三、我国水资源的时空变化

我国水资源具有地区分布不均、多年变化、季节分配不均等特点。

（一）地区分布

因受海陆位置、水汽来源及地形条件的影响，我国水资源的地区分布非常不均匀，总趋势是由西北内陆向东南沿海递增。

降水量是水资源的补给来源。年降水量 400 mm 等值线自大兴安岭西侧起，经多伦、呼和浩特、兰州以南，绕过祁连山、青藏高原东南部，至中不（不丹）边境，斜贯中国大陆，将全国分为湿润区和干旱区两大部分。此线以东多数地区湿润多雨，为主要农业区，其中东北长白山区年降水量为 800 ～ 1 000 mm，秦岭、淮河一带为 700 ～ 800 mm，长江中下游以南年降水量在 1 000 mm 以上，大部分山丘区为 1 400 ～ 1 800 mm，东南沿海一些山丘区、台湾大部分地区、海南岛中东部以及西南部分地区超过 2 000 mm。此线以西除阿尔泰山、天山等山区年降水量为 600 ～ 800 mm 外，绝大部分地区干旱少雨，多草原、荒漠，为主要的牧业区。我国降水量最少的地区为新疆塔里木盆地和青海柴达木盆地，年降水量不足 25 mm。

河川径流的地区分布趋势基本与降水一致，但受下垫面因素的影响，地区分布更加不均匀。按年降水量和年径流量，全国大致划分为五个水资源条件不同的地带：

1. 多雨—丰雨带

多雨—丰雨带为年降水量大于 1 600 mm，年径流深大于 800 mm，年径流系数大于 0.5 的地带。包括福建、浙江、广东、台湾等省的大部分，云南西南部、广西东部、西藏东南部及湖南、江西、四川西部的山区。其中西藏东南部和台湾东北部的局部地区是我国水资源最丰富的地区，年径流深高达 5 000 mm。此地带气温高，无霜期长，全年降水日数大于 160 d，是我国双季稻主产区和热带、亚热带经济作物区。

2. 湿润—多水带

湿润—多水带为年降水量为 800 ～ 1 000 mm，年径流深为 200 ～ 800 mm，年径流系数为 0.25 ～ 0.5 的地带。包括淮河两岸和沂沭河下游地区，长江中下游地区，秦岭以南汉水流域，云南、四川、贵州、广西等大部分地区及长白山地区。此地带夏季高温多雨，全年降水日数为 120 ～ 160 d，无霜期较长，盛产水稻，棉花、冬小麦、油菜、烟叶等作物。

3. 半湿润—过渡带

半湿润—过渡带为年降水量 400 ～ 800 mm，年径流深 50 ～ 200 mm，年径流系数为 0.1 ～ 0.25 的地带。包括东北三省、黄淮海平原，陕西、山西的大部分地区，青海和甘肃的东南部，新疆西北部的山地，西藏东部和四川西北部。此地带属半干旱、半湿润气候，冬春季寒冷干燥，夏秋季降雨集中，全年降水日数为 80 ～ 100 d，是我国主要的小麦、棉花产区，还有杂粮、油料、糖料等多种作物。

4. 半干旱—少水带

半干旱—少水带为年降水量 200 ～ 400 mm，年径流深 10 ～ 50 mm，年径流系数在 0.1 以下的地带。包括东北西部，宁夏、内蒙古、甘肃的大部分地区，西藏、新疆的西北部及青海部分地区。该地带气温低，气候干燥，全年降水日数只有 60 ～ 80 d，大部分地区为草原和半荒漠，是我国主要的牧业区，农作区面积很小，灌溉是农业生产的必要条件。

5. 干旱—干涸带

干旱—干涸带为年降水量小于 200 mm，年径流深不足 10 mm，甚至有的为无流区的地带。包括宁夏、内蒙古、甘肃的荒漠，新疆的塔里木盆地，青海的柴达木盆地以及准噶尔盆地，西藏北部羌塘地区。该地带降水稀少，全年降水日数常少于 60 d，沙漠盆地不够 20 d，除小部分地区受地下水影响草类生长较好外，其余大部分是植被稀疏或者是寸草不生的荒漠。

（二）多年变化

水资源一般以丰枯变化规律反映多年的变化过程，以变差系数（C_v）或极值比（K_m）表示年际变差幅度。

1. 丰枯变化规律

根据我国 53 个长期监测站的年降水和年径流资料分析模比系数差积曲线，丰枯变化规律类型可归纳为三种：

①有较明显的 60 ～ 80 年长周期。属于该类的监测站最多，约占总分析站数的 58%，特点是上升段及下降段很长，通常为 25 ～ 35 年，最长达 50 年。在地区上南北方不同步，大约相差半个周期，南方为下降段，北方则处于上升段，南方为上升段，北方则处于下降段，反映出我国常常出现的北涝南旱及南涝北旱的规律。

②有较明显的 30 ～ 40 年短周期。属于该类的监测站较少，约占总分析站数的 10%，特点是上升段及下降段均较短，常为 15 ～ 20 年。

③无明显的周期变化规律。该类型的特点是上升段及下降段很短，且无规律。属于该类的监测站约占总分析站数的 32%。

2. 连丰期和连枯期

丰水年为频率小于 37.5% 的年份，枯水年为频率大于 62.5% 的年份。从分析计算连丰期和连枯期平均年降水量与多年平均年降水量的比值 $\overline{K_\text{丰}}$ 和 $\overline{K_\text{枯}}$ 可知：北方河流的连丰期和连枯期常比南方河流长，丰、枯期的径流量差异大。大于 5 年的连丰期有永定河、松花江、长江、滹沱河、西江等，最长为永定河达 10 年。大于 5 年的连枯期有黄河、长江、永定河、松花江、滹沱河及额尔齐斯河等，最长为黄河达 11 年。

3. 极值比

年降水量或年径流系列中最大值与最小值的倍比值称为极值比（K_m）。它与变差系数（C_v）值之间有对应关系，可以作为反映降水径流年际变幅的指标。

根据 76 个长系列实测雨量资料统计分析，全国年降水 K_m 值有从西北向东南逐渐减少的趋势。西北内陆大部分地区可达 6 倍，华北地区一般为 4 ～ 5 倍，东北地区为 3 ～ 5 倍，淮河、秦岭以南广大地区为 2 ～ 4 倍，西南地区为 2 倍左右。

年径流的 K_m 值除受气候因素的影响外，还与流域面积大小和下垫面条件有密切的关系，其地区分布规律与年降水有些差异。半干旱、半湿润地区全国年径流 K_m 值较大，潮白河苏庄站为 19.3，淮河中渡站为 14.7，嫩江富拉尔基站为 14.0。西北的内陆河受冰川融水补给，年径流 K_m 值较小，伊犁河雅马渡站为 1.8，黑河莺落峡站为 2.0。年径流 K_m 值与流域面积大小有关，一般随流域面积增大而减小。

4. 变差系数

降水、径流的年际变化大小，也可以用系列的变差系数（C_v）来表示。C_v值大，表示年际变化大，反之则小。

年降水量变差系数的地区分布，与极值比的分布规律大体一致，K_m值大的地区，C_v值也大。西北内陆地区，除阿尔泰山、天山、伊犁河谷、祁连山等地区的C_v值较小外，大部分地区C_v值在0.4～0.6，干旱盆地超过0.6。东北地区C_v值在0.2～0.3之间，西部略大于东部。秦岭、淮河以北部分地区的C_v值为0.25～0.4，而燕山、太行山迎风坡和黄河河套平原在0.4以上。秦岭、淮河以南广大多雨地区C_v值较小，一般在0.2～0.25之间，部分地区小于0.15。

河川径流受气候、下垫面、补给来源、流域面积等多种因素的影响，年际变化较降水更为剧烈。C_v值的地区分布也更为复杂，以降水补给为主的中等河流，年径流变差系数一般大于年降水变差系数，两者的分布趋势大体相似。长江以南地区年径流C_v值一般为0.3～0.4，局部地区为0.5～0.6。淮河、海河流域大部分地区年径流C_v值在0.6～0.8之间，华北平原在1.0以上。黄河流域兰州以东地区年径流C_v值一般为0.6～0.8，局部地区在1.0以上。东北地区年径流C_v值一般在0.4～0.6之间，松辽平原、三江平原可达0.8，内陆河的年径流C_v值的地区差别较大，天山西段、祁连山为0.2左右，阿尔泰山、天山东段为0.3～0.5，内蒙古东部、阴山北部超过1.2。

以冰雪融水或地下水补给为主的河流，年径流的年际变化较小，变差系数C_v一般为0.1～0.3，接近或小于当地年降水的变差系数。大江大河因各支流丰枯不同步有相互补偿作用，年径流变差系数比中小河流要小。

（三）季节分配

我国降雨以夏季最多，冬季最少，春季和秋季介于冬、夏季之间。春雨及冬雨各地有差异，春雨较多的是多气旋过境的地方，秋雨较多的是多台风过境的地方。

各地雨季开始的迟早和持续时间的长短，与季风的进退有关。由于季风的来源和受影响的程度不同，降雨的季节分配在地区上有明显的差异。长江以南地区，受东南季风影响时间长，雨季一般达半年之久，降雨较多的4个月的雨量可占全年降水量的50%～60%。华北和东北地区，雨季出现较迟，多雨季节为6～9月，最大4个月雨量约占全年降水量的70%～80%，其中华北降雨更为集中，7、8月的雨量可占全年的50%～60%，且多以暴雨的形式出现。西南地区的降水主要受西南季风的影响，有明显的雨季（5～10月）和旱季（1～4月和11、12月），6～9月4个月雨量约占全年降水量的70%～80%。新疆的伊犁河谷、塔城及阿勒泰一带，水汽来自大西洋和北冰洋，降水量虽然不多，但四季分配较为均匀，冬季降水量约占全年的20%～30%。此外，台湾东北部因受东北季风的影响，冬季降水量占全年的30%以上，为我国特殊的冬雨区。

河川年径流的季节分配由河流的补给条件决定。根据我国河流的补给状况，大致可分为三个区域。

①秦岭以南河流为主要雨水补给区域，受降水季节分配的影响，河川径流的季节变化以夏汛较为突出。因流域的调节作用，河流多水季常比多雨季滞后约 1 个月。

②东北地区、华北部分地区、黄河上游及西北部分河流为雨水及冰雪融水补给区域。有春汛和夏汛，年径流过程呈现双峰型。但春汛水量不大，多数河流占年径流量约 5%，很少大于 10%。

③西北内陆区的祁连山、阿尔泰山、天山、昆仑山及青藏高原部分河流为高山冰雪融水补给区域，径流的变化与气温关系密切，年内分配较均匀。

河川基流量由地下水排泄量补给，除北方少量由暴雨形成的季节性河流外，所有河流几乎都有一定量的地下水补给。地下水补给大的河流，径流的季节分配相对较均匀。北方平原地区的地下水以潜水蒸发和开采消耗为主，排入河道的水量很少，故径流年内分配非常集中，如黄淮海平原和辽河平原最大 4 个月径流量占全年径流量的 80% ~ 90%。大江大河因承受不同地区径流的水汇集和大面积地下径流的补给，季节分配比中小河流均匀。

此外，雨热同期是我国水资源的突出特点。我国水资源和热量的年内变化具有同步性，称作雨热同期。每年 3 月以后，气温持续上升，大体上雨季也在这时候来临，水分与热量的同期有利于作物的生长发育。但雨热同期也仅就全国宏观而言，如南方有些地区，7 ~ 9 月是作物生长旺盛期，但高温少雨，成为主要的干旱期。

水在循环过程中，与其他条件相互联系、相互依存、相互制约，构成一个有机整体。开发利用水资源，人为地改变水资源的数量、质量及时空分布，必然引起水资源与其他自然要素之间原有平衡状态的变化。任何流域和地区的水资源，不可能完全被开发利用。实践证明，一个流域的水资源开发利用程度为 40% ~ 50%，就会出现水体自净能力降低、水质变坏、河口自然环境恶化等问题。国际环境组织为了保持生态平衡，对水资源开发规定了"不过量开发可更新的淡水资源"的原则，警告人们不要过度开采水资源。

第二节　我国水资源特点和主要问题

一、我国水资源特点

受我国所处地理位置、气候、降水、地形、地貌等自然条件，以及人口、耕地与矿产资源分布的影响，水资源具有以下特点。

（一）水资源总量较丰富，人均地均拥有量少

我国水资源总量虽较丰富，但按人口和耕地面积平均分配时却非常有限。我国人均水资源量为 2 200 m³，为世界平均水平的 1/4。我国的人均水资源量排在联合国公布的 149 个国家中的第 109 位，属于世界上 13 个贫水国家之一。按照国际标准，人均水资源量不足 1 700 m³ 为用水紧张的国家。因此，我国水资源的形势是非常严峻的。我国水资源按耕地面积平均，每公顷耕地平均占有量为 28 320 m³，约为世界平均值的 4/5，低于巴西、加拿大、印尼和日本。

将人均、地均水量进行比较，北方人均水量为 938 m³，其中海滦河流域只有 430 m³，而南方人均水量为 4 170 m³，其中西南诸河高达 38 431 m³。北方地均水量 6 810 m³/hm²，其中海滦河流域只有 3 765 m³/hm²，而南方地均水量 62 010 m³/hm²，其中西南诸河高达 326 745 m³/hm²。与北方相比，南方人均水量为 464 倍，地均水量为 9.1 倍；西南诸河与海滦河相比，人均水量为 89 倍，地均水量为 87 倍。

根据专家对我国在人口峰值时期用水量的计算，最低限度 7 000 多亿 m³，最高限度 10 000 多亿 m³。目前我国的供水量为 5 650 亿 m³，不管与最低限度还是最高限度相比均有较大缺口。

（二）水资源时空分布极不均衡

我国水资源受降水因素影响，其时空分布特点是年内、年际变化大及区域不均。我国水资源的地区分布很不均匀，南北水资源相差悬殊，北方匮乏，南方较丰富。长江及其以南地区水资源总量占全国的 80.9%，而流域面积仅占全国总面积的 36.5%。西北内陆地区及额尔齐斯水资源量仅占全国的 4.6%，而河流域面积占全国的 63.5%。北方的水资源量均低于全国平均水平，如海滦河区占全国的 1/2。黄河区还未达到全国的 1/3。据水利部水资源调查估算，我国各省、自治区及直辖市的水资源量，最丰富的为四川、西藏、云南和广西等地区，每年水资源量均大于 1 800 亿 m³，宁夏、上海、天津、北京、河北、山西、甘肃等地区，每年小于 280 亿 m³，宁夏年水资源量最低，仅为 10 亿 m³。

水资源年内、年际变化大，经常面临水灾旱灾。受东南季风气候影响，我国降水量年内分配非常不均匀，大多数地区年内连续 4 个月降水量约占全年的 70%，南方水资源区常出现在 4～7 月，北方常出现在 6～9 月。我国水资源年际变化大，七大江河具有连续丰水年或枯水年的周期性变化，丰水年与枯水年水资源量的比值南方水资源区为 3.0～5.0，北方水资源区最大达 10.0。水资源时间分配不均，造成北方干旱灾害和南方洪涝灾害经常发生，也使南方区常常出现季节性干旱缺水。

（三）水资源与人口、耕地分布不匹配

我国水资源空间上分布不均与全国的人口及耕地分布差异，是我国水资源与人口和

耕地不匹配的基本特点。

1. 水资源与人口组合特点

北方片区人口占全国总人口的 2/5，但水资源低于全国水资源总量的 1/5，南方片区人口占全国的 3/5，而水资源占全国的 4/5，北方片人均水资源量为 1 127 m³，为南方片人均的 1/3。全国有 13 个省区人均水量大于 2 000 m³，其中南方占了 10 个，而北方仅有 3 个；有 10 个省区低于 1 000 m³，其中北方占了 8 个；有 6 个省区在 1 000～2 000 m³ 之间，其中南、北两片各有 3 个。

在南、北两片区中，北方片的华北区人口稠密占全国的 26%，而水资源量仅占全国的 6%，人均水量仅为 566 m³，不到全国人均的 1/4，目前是全国缺水严重地区之一。南方片的西南区人口不到全国的 20%，而水资源量却占全国的 46%，西南区人均水量是华北区的 10 倍，达 5 722 m³。在各片中，各省区的资源组合状况差异性也很大。如北方片的西北区，青海和新疆地广人稀，人均水量分别高达 13 978 m³ 和 5 774 m³，仅次于西藏人均 201 892 m³，居全国各省区人均值的第二和第三位，分别是全国人均水量的 5.8 倍和 2.4 倍。在南方片中，东南区的上海和江苏，人均占有当地水量分别只有 201 m³ 和 481 m³，仅及全国人均水量的 8% 和 20%，不及西藏的 0.1% 和 0.24%。

长江流域及长江以南地区，江河径流量占全国径流总量的 81%，而耕地只占 36%。黄河、淮河、海河流域径流量只占全国的 6.5%，耕地却占 42%，黄河流域每公顷耕地每年只有 2 500 m³ 的水，不及全国均值的 1/10。又如华北地区（京、津、冀、豫、晋）人口密集，大城市多，人口的密度为全国的 3 倍，工业总产值占全国的 1/4，耕地只占 17%，棉花产量却占 43%，粮食产量占 15%，而水资源仅占全国的 2.3%，上述 5 个流域人均水资源只有 900 m³。全国有 18 个省市区人均占有水量低于全国平均水平，其中北方有 9 个省市区低于 500 m³，海滦河流域、淮河流域更少，在 400～600 m³ 之间，每公顷占有水量只有南方的 1/10。当然，这些地区也有个别地方水资源比较丰富，如安徽池州地区，人均和每公顷均占有水量都高于安徽省和全国的平均值。其中石台县人均占有水量达 17 476 m³，每平方千米占有水量达 61.6 万 m³。

就一个地区而言，水资源分布是分散的，而人口往往相对集中。人口分布状况受自然条件和其他资源条件以及社会经济发展进程的影响，除水资源条件外，一般分布在便于居住、有可耕作的土地、交通便捷的地区，尤其在城市化过程中，人口集中程度愈来愈高，并形成一些以大城市为中心的城市群。例如：北方片，东北以沈阳为依托的辽南地区城市群；华北以京津为依托的京津唐城市群；西北以西安为依托的关中城市群，以太原为依托的汾河盆地城市群。这些地区城市分布集中，人均水资源量很少，难以满足当地社会经济需求，往往要通过区域水资源调配解决。此外，有的地区即使未形成城市群，但当人口集中程度超过当地承受能力时，也会出现水资源严重不足，如乌鲁木齐。这种类型的缺水城市往往要实施区域水资源调配予以解决。

2. 水资源与耕地组合特点

我国水资源地区分布很不均匀，水、土资源的配置不相适应。我国水资源南多北少，相差悬殊。

黄河、淮河、海河三流域，土地面积占全国的 13.4%，耕地占 39%，人口占 35%，工农业生产总值（GDP）占 32%，而水资源量仅占 7.7%，人均约 500 m^3，地均低于 6 000 m^3/hm^2，是我国水资源最为紧张的地区。西北内陆河流域，土地面积占全国的 35%，耕地占 5.6%，人口占 2.1%，GDP 占 1.8%，水资源量占 4.8%。该地区虽属干旱区，但因人口稀少，水资源量人均约 5 200 m^3，耕地平均约 24 000 m^3/hm^2。如果合理开发利用水资源，并安排相适应的经济结构和控制人口增长，可以支持发展的需要，但必须十分注意保护包括天然绿洲在内的荒漠生态环境。北方片耕地面积占全国耕地总面积的 3/5，水资源总量只占全国的 1/5；南方片耕地面积占全国 2/5，而水资源量却占了全国的 4/5。南方片每公顷耕地水量为 28 965 m^3，而北方片仅为 9 485 m^3。全国每公顷耕地水量大于 30 000 m^3 的 11 个省区和 15 000 ～ 30 000 m^3 之间的 3 个省区中，北方片只各占 1 个；每公顷耕地水量不到 1 500 m^3 的 15 个省（区）中，北方片就占了 13 个。

在各大区中，西南区每公顷耕地水量高达 92 292 m^3，而最少的华北只有 5 646 m^3，前者是后者的 16 倍多。华北区土地平坦、肥沃，土地垦殖率达到 16.2%，而西南区仅 5.4%。华北区中除内蒙古外，其他区为全国单位耕地水量最少的地区。水量不足是该地区耕地资源生产能力进一步提高的主要制约因素之一。目前该地区水资源开发程度已超 70%。

在各省（区）中，西南区每公顷耕地水量超过 60 000 m^3 的有西藏、青海、福建、云南、广西、广东、海南和江西。其中每公顷耕地水量超过 150 万 m^3 的有西藏，其单位耕地水量高于全国平均值的 70 倍。然而在西藏耕地集中的雅鲁藏布江支流年楚河流域，因降水量偏少，流域内每公顷耕地水量也只有 28 425 m^3，还略低于全国平均水平。

此外，我国有 1 333 多万 hm^2 可利用后备荒耕地，主要集中在北方的东北区及西北区（特别是西北区），受当地水资源的制约，开垦难度大，投入高，必须注意水土资源优化配置的研究。

综上所述，我国水资源与人口、耕地的组合状况非常不理想。特别是北方地区耕地资源，人口稠密，而水资源占有量低，限制了北方地区资源开发利用和可持续发展，应系统深入研究区域资源优化配置和水资源合理调配，确保社会经济发展对水资源的需求。

（四）水土流失和江河高泥沙含量是我国水资源的一个突出问题

中国是世界上水土流失最为严重的国家之一。目前，中国水土流失面积达 367 万 km^2，占国土总面积的 38.2%，其中水力侵蚀面积 179 万 km^2，风力侵蚀面积 181 万 km^2。我国的水土流失面积每年还在以 1 万 km^2 的速度增加。我国水土流失以黄土高原、长江流域和南方丘陵山地最为突出，其中黄河流域流失面积占总面积的 67%，年均侵蚀量约 16 亿 t。长江流域水土流失面积已达 56 万 km²，年侵蚀土壤 24 亿 t。

我国每年因水土流失损失耕地约 0.13 万 km²，每年流失土壤约 50 亿 t，相当于全国耕地平均被剥去 1 cm 厚的肥沃土层，流失量占世界的 1/5。流失的土壤带走了大量农作物需要的养分，仅黄河、长江一年流失的氮、磷、钾就是 4 400 万 t，超过了我国化肥一年的施用量。水土流失造成了土壤有机质的迅速下降、土壤结构的破坏以及肥力的普遍衰减。据统计，目前大部分地区的土壤有机质含量仅 1%，西北、黄淮海平原有些地区下降至 0.6%，即使是土地肥沃的黑龙江、吉林等省土壤有机质含量也由原来的 7%～10% 下降到 1%～2%。

水土流失造成我国大部分河流含沙量大，泥沙淤积严重，以北方河流最突出，且泥沙易吸收其他污染物，加重水污染，使水资源开发利用及水环境防治的难度增加。我国每年被河流输送的泥沙量约为 34 亿 t。其中外流直接入海的泥沙约为 18.3 亿 t，外流出境泥沙约为 2.5 亿 t，内陆诸河输沙量为 1.8 亿 t。

由于地表植被受到破坏，造成水土流失及土地沙化，这已经成为我国十分重要的生态环境问题，如 1998 年的大洪水和 2000 年北方地区连续发生的扬沙及沙尘暴天气。还有，水土流失造成土壤贫瘠、土壤层变薄以及农业低产，给水资源开发利用带来很多困难。如黄河下游泥沙床不断抬高，增加了防洪的难度。所以，除了开源节流、合理利用水资源，还应加强水土保持工作。

（五）气候变化对我国水资源的影响较大

通过调查资料分析，我国近 20 年来呈现北旱南涝的局面，南方的水资源总量有了一定的增加，而北方的水资源总量却有了一定的减少，特别是海河、黄河、辽河及淮河等流域的水量减少明显，地表水资源总量减少了约 20%，水资源总量减少了 13%。其中，海河流域水资源减少情况最为明显，水资源总量减少了约 25%，地表水资源总量减少了 40% 左右。北方的水资源短缺现象已经从周期性转变为绝对性。我国水资源所表现出的特点也显示出了我国整体干旱缺水的问题。

根据有关研究，未来 50 年由于人类活动产生的温室效应，全球年平均气温可能升高，但预测值相差很大。气温升高将使地表蒸发量提高，水资源量将相应减小，对未来全球变暖背景下我国水资源变化趋势的预测还存在一定的不确定性，还需进行更加深入的研究。

二、我国水资源面临的主要问题

由于我国对水资源高度重视，在四个方面取得了较好的成绩。一是战胜了长江、东北三江、太湖及海河等流域的洪水，成功防范了大部分罕见洪水和严重秋汛；二是水资源供给能力提高显著，建成了南水北调、引黄入青、引滦入津等工程，实施了节水供水重大工程，较好满足了社会经济发展的需求；三是水资源配置及保障能力大幅度提高，完成三峡主体工程建设，南水北调东线和中线工程等发挥重要作用，水资源管理体制机制更加完善，国家水安全保障能力大幅度提高；四是华北地区地下水水位总体回升，2021年治理区浅层地下水即深层承压水分别比2018年平均回升了1.89 m和4.65 m。永定河等大部分断流多年河流恢复通水，京杭大运河实现百年以来首次全线贯通。近年来，我国用水总量基本保持稳定，以仅占全球6%的淡水资源养育了世界约20%的人口。2021年全国水土流失面积为267.42万km³，比2011年减少了27.49万km³，水土保持率达72.04%。然而，根据我国经济发展总目标及水资源供求发展趋势，我国还将面临以下问题。

（一）水资源紧缺与用水浪费并存

1. 水资源供求矛盾突出

随着人口持续增长及经济高速发展，工农业和生活用水持续增加，使水资源供求矛盾日益突出。表现为：①供求总量更不平衡，需水量增长速度大于供水量的增长速度，供水状况趋于严峻；②地域性水资源供求矛盾是巨大的人口压力对发展耕地灌溉提出更紧迫的要求，而且工业城市也要增加用水量。用水量剧增，将对农业灌溉用水造成严重的威胁。

从用水量增长情况分析，2021年全国用水总量在6 100亿m³内，万元国内生产总值用水量和万元工业增加值用水量为51.8 m³和28.2 m³，比2012年分别下降45%和55%。从用水结构上来看，农业用水量从占用水总量的88%，下降为73%，即工业和城市生活用水量的增加而挤占了农业用水。

按我国目前农业灌溉用水量4 500亿m³的现状统计，遇中等干旱年，全国共缺水358亿m³。其中，黄淮海地区缺水147亿m³，长江片缺水90亿m³，华南地区缺水35亿m³，东北地区缺水20亿m³。农业灌区缺水300亿m³，工业城市缺水58亿m³。从完成新的国民经济和社会发展奋斗目标的大局出发，统筹兼顾，优化水资源配置，需要新增供水能力600亿～800亿m³，才能缓解严重缺水地区的供需矛盾，基本满足重点工业开发区、经济开发区、能源、原材料基地和新增灌溉面积的用水需求。此外，我国668个城市中有400多个城市缺水，其中严重缺水的城市达到110余个，缺水影响人口达到4 000万。

据统计，按目前的正常需要及不超采地下水，全国缺水总量为300亿～400亿m³。一般农田受旱面积600万～2 000万hm²。从总体上说，因缺水造成的损失大于洪涝灾害。由于缺水，许多地区造成工农业、城乡及地区之间争水、超采地下水和挤占生态水。

随着人口增长、区域经济发展、城市用水需求不断加大，使水资源缺乏供应、用水短缺问题已成为制约社会经济发展的主要障碍与阻力。

2. 用水浪费惊人

我国一面供水量不足，另一面又用水浪费，用水效益低，使全国性水的供需矛盾难以化解。

尽管我国水资源短缺，但在利用上，特别是农业灌溉用水的浪费现象非常惊人。农业是我国用水的第一大户，农业用水量占全国总用水量的 73%，而农田灌溉用水量又占农业用水量的 95%。渠灌区水的利用率仅 40% ～ 50%，有的地区只有 20% ～ 30%，在农田灌溉中有 50% ～ 80% 的水在渠道的输水及配水过程中被渗漏、蒸发而损失掉了。而先进国家水利用率为 70% 甚至 80%。据资料介绍，陕西省的泾、洛、渭三大灌区，每年渗漏损失的水量约 328 亿 ～ 398 亿 m^3，可以灌溉 8.7 万 ～ 1.03 万 hm^2 耕地，相当于一个大型灌区。在农田灌溉中，造成用水浪费的主要原因是水利工程设施不完整，农田灌排系统不配套，用水管理水平低，灌溉农田不平整，灌水定额和灌溉定额过大，灌水方法及灌溉技术落后等。如西北一些地区每公顷灌水超过 15 000 m^3。印度吨稻耗水是 1 000 t，而我国吨稻耗水 1 500 t。因此在我国农业用水中，必须大力推行节水灌溉，改进常规的灌水方法，提高灌溉水的利用率，这是解决我国缺水的重要战略措施和唯一的有效途径。不少学者研究指出，我国现在农业用水，如能采取有效节水措施，可望节约用水量约 1 000 亿 m^3，潜力非常大。

我国大多数城市工业用水仍严重浪费，平均重复利用率仅为 30% ～ 40%，用水器具及自来水管网的浪费损失率也高达 20%，只有北京、天津、青岛、大连、西安等城市的水重复利用率达 70%，其余大部分城市在 30% ～ 50% 之间，而日本、美国等发达国家用水的重复利用率超过 75%。若我国工业用水效率达到发达国家水平，工业用水紧张局势可得到一些缓和。城市生活用水也因各种条件的限制，人均日用水量仅为 177 m^3，乡镇人均日用水量则更低，仅有 50 ～ 60 m^3，特别是公共用水部分浪费仍然非常严重，居民生活也存在用水浪费问题。

（二）水土资源过度开发，造成对生态环境的破坏

我国水资源和土地资源由于缺乏统筹规划均出现过度开发的现象。全国水资源的开发利用率并不算高，但地区之间十分不平衡，北方的海河、黄河、淮河开发利用率超过 50%，其中海河达 90%。部分内陆河的开发利用率超过了 40%，超出了国际公认的合理限度。在土地利用方面，草原滥垦过牧，山区开荒毁林，江河行洪滩地被侵占，湖泊湿地被围垦，均破坏了生态环境，加剧了水旱灾害。由于水资源被过度开发利用，造成河湖干涸，黄河下游断流，甚至淮河中游也出现罕见的断流现象。

由于地下水的持续超采，带来了严重后果。因过量开采地下水，我国华北地区形成世界最大"地下水漏斗"。仅河北境内就出现了多个漏斗区，与北京、天津连成一片，影响面积达 5 万 km^2。地处渤海之滨的河北沧州市，由于缺水，只能通过超采地下水，

导致形成了我国"成长"最快的一个地下漏斗群。由于缺乏地表水,地下水就被超采,导致部分地区发生地基下沉、地面沉降、海水入侵等多种生态问题,而对于河流水的过度开发会造成河流断流等后果,从而影响水资源的利用。

(三)水质污染仍然严重

1. 整体有改善,污染仍严重

社会经济加速发展,给人们生活带来便利的同时也导致了严重的水污染,主要在农业灌溉排水、生活污水以及工业废水方面。农田灌溉排放的水中含有残留的农药化肥,入渗到地下水,使之遭受严重污染。工业用水量大,且集中在江河沿岸及人口密集区,如果废水治理不当,就会造成城市下游段江河水质的污染,导致水环境恶化。水土流失使其区域内的河流含沙量增多,且将土壤中的有害物质携带到河流中,造成河水污染。近几十年来,尽管我国大力开展治理水环境工程,大江大湖的水环境恶化基本得到有效控制,水质变好,但污染的整体状况仍然十分严重。据统计,我国有 1/4 人口的饮用水不符合水质卫生标准,"水污染"已成为我国最主要的水环境问题,成为"水荒"的原因之一。

大量废水、污水的排放导致城市水体污染非常严重,人民健康和工农业生产受到严重威胁。根据调查结果显示,在全国 118 座大城市里,浅层地下水受到不同程度污染的城市占 97.5%,其中重度污染的城市占 40%。此外,46.5% 的河长受到污染,水质仅达四、五类,10.6% 的河长受到严重污染,水质为超五类。从全国情况看,水污染正从东部发展至西部,从支流延伸至干流,从城市蔓延至农村,从地表渗透至地下,从区域扩散至流域。

据水利部门调查分析,主要是城市及工矿企业的点源污染导致了我国江河污染。一个入河排污口造成一大片污染,形成大江大河岸边污染带;在支流小河,一个工厂的污染就造成整条河流的污染,成为"排污沟"。由于乡镇企业的盲目发展,部分山区、农村的小河小湖污染加剧,应要高度警示。

2. 污染源增多,治理进度慢

根据我国环境监测总站提供的资料,近年来我国的水污染成分变化显著:无机污染下降,有机污染增加;工业污染下降,生活及面源污染增加。

我国人口众多,居民生活垃圾数量很大,但生活垃圾再利用率很低,大部分垃圾堆放在地面产生许多病菌,导致空气和地下水污染,威胁饮水及农产品安全。当前水污染治理技术没有立竿见影的效果,若某个水域发生污染,只能防止人们饮用污染水,但不能控制污染水下渗,在此期间内,地下水源可能遭受到污染。如此一来就会增加治理难度,进入治理的冗长期,还会浪费大量人力、物力及财力,同时还可能会出现一系列不良现象。

另外,农田施用农药化肥以及水土流失造成的污染也十分严重,农业面源污染已经成为水环境污染及湖泊库富营养化的重要影响因素。如太湖流域内的农田每公顷施用化肥大于 600 kg，而平均利用率仅约为 35%，不少化肥及农药随地面径流流入河流湖泊。很多畜禽养殖场排放的总氮、总磷远大于工业污染源的排放量。

专家认为，太湖、淮河及巢湖的水质之所以改善不大，主要原因就在于城市生活污水处理和农业污染治理滞后。少数工业污染源偷排废水也不容忽视。

严重的水污染又带来了一系列的不利后果。严重的水质污染不仅使水资源无法利用，而且也使农产品受到污染，严重影响人们的健康。在地区之间存在水源分配的矛盾还未解决的情况下，又增加了地区之间排放污水的矛盾，以及增加了地区之间的社会冲突与不安定因素。环境保护工作需要投入巨大资金，因此，环境质量还不可能得到根本的改善，局部地区仍将趋于恶化。水质污染将导致一些地区可用水资源的减少。

（四）防洪安全仍缺乏保障

中华人民共和国成立以来，党和国家始终高度重视水利工作，进行了大规模的防洪体系建设，建设一批防洪骨干工程，如建设长江流域主要蓄滞洪区、黄河下游防洪治理工程等；开展大规模的中小河流治理工程、除险加固水库工程以及农田灌溉工程建设等，但由于洪涝灾害频繁，我国防洪面临的形势依然严峻，迫切要求增强防洪减灾能力。

从长远看，由于我国地表径流年内分配非常不均，必须大力兴建大中型控制水库，不断提高径流的控制水平，提高可供水量，充分发挥防洪、供电、发电以及航运等综合效益。但应充分看到，北方地区，尤其是黄河流域、海滦河流域和辽河流域，控制程度已很高，近期除必要兴建新的蓄水工程外，主要应大力根治已建的病险工程，提高现有工程的效益，增加蓄水能力。南方河流径流控制能力低，除加固现有工程提高其蓄水能力外，应根据社会经济条件，积极兴建新的大中型蓄水工程。

第三节　水资源与农业发展的关系

一、水与灌溉

人类可利用的水资源是指某一地区逐年可恢复及更新的淡水资源。而水资源是非常有限的。天然状态的水资源（河流、湖泊、土壤水和地下淡水）还需要通过人类修建储蓄、提取、输送和调节工程才能加以控制利用，成为可利用水资源。如汛期暴雨形成江河洪水，如果没有水库对洪水的拦蓄、调节，不仅不能变成可利用的水资源，反而会酿成洪水灾害。因此一个地区的水资源量，在一定技术经济前提下，只有通过各种工程措施加以开发利用的水资源才能成为可利用水资源。

我国降水有明显的地域性，季节分配不均匀，年际变化大，而且在降水愈少的地区和降水愈少的季节，降水量在年际之间的变化也愈大。从各地最大最小年降水量的比较可以看到，在我国南方多雨地区，丰水年的降水量一般为枯水年降水量的 1.5～3 倍；而北方少雨地区，丰水年的降水量一般为枯水年的 3～6 倍。

我国幅员辽阔，水土资源分布和组合也不平衡，各地的作物组成和农业生产条件差异很大，对灌溉多有不同的要求。且由于我国降水特点，地域差异很大，年内分配又极不均匀，致使降水和作物需水之间很不协调，造成不仅在北方或西北干旱缺水地区必需发展灌溉，以保证稳产、高产，即使在南方水稻产区也急需进行补充灌溉，以保证作物正常生长。

按照我国不同地区作物对灌溉的要求不同，可分为常年灌溉地带（平均年降水量不足 400 mm）、不稳定灌溉地带（平均年降水量 400～1 000 mm）以及水稻灌溉地带（平均年降水量超 1 000 mm）三个地带。

1. 常年灌溉地带

主要包括西北地区的干旱及半干旱降水区，约占全国土地面积的 45%，由于没有足够的雨量淋洗，该地带的土壤多为碱性，发展农业必须进行常年灌溉。灌溉需要指数（灌溉水量比农作物需水量）常大于 50%。除了作物生长期需要灌溉，还常用大定额的水量进行冬灌储水，以便春季播种时有足墒保证出苗。其可分为两个亚区：

①西北内陆地区，含新疆、青海、甘肃河西走廊及内蒙古阿拉善高原，土地面积 337 万 km²，占全国土地面积的 35%。该地区远离海洋，雨量很少，尤其是平原地区，年降水量小于 200 mm，大部分地区甚至不足 100 mm，但年蒸发量却为 2000～3 000 mm，是我国最干旱的地区。水资源是该区社会经济发展的最主要的制约因素。全区河流径流总量 1 164 亿 m³，绝大部分由高山冰川及融雪形成。不管是从提高耕地产量还是扩大耕地面积，该区域仍有一定的潜力，如果能合理开发利用，农业及畜牧业将会有很好的发展前景。比如新疆南部及中部地区大力发展棉花种植。因该地区的生态系统非常脆弱，应注意上下游用水分配，维护及合理改善生态环境。

②黄河中上游地区，含甘肃、宁夏、陕西、山西及内蒙古大部分地区。土地总面积 73 万 km²，占全国土地面积的 7.6%，全地区有耕地约 1 340 万 hm²，人口 9 000 多万。该地区多为黄土高原，黄河及其支流两岸的河川盆地灌区历史悠久，如宁夏沿黄灌区、河套灌区等。平均年降水量从西部 200 mm 向东部逐渐增至 400 mm，70%～80% 降水量集中在 8～9 月，且多为暴雨，对土壤入渗补给的有效降雨甚少，十年九旱，必须灌溉作物才能正常生长，黄河泥沙的主要来源是水土流失。该地区是沿黄河的一些引黄灌区，因引水方便，人们习惯大引大排，单位面积用水量有的高达 15 000 m³/hm²，灌溉用水的效率极低。应大力开展水土保持、发展节水灌溉及雨水的集蓄利用，提高沿黄灌区的用水效率及效益；还应有效合理利用有限的水资源发展经济，维护黄河水资源的优化配置，

还要注意平原灌溉的排水治碱。

2. 不稳定灌溉地带

平均年降水量为 400 ～ 1 000 mm 的地带，主要包括黄淮海地区和东北地区。黄淮海地区的降水量由北向南递增，而东北地区从西向东递增，因季风的强烈影响，降水时空变化大，导致农作物对灌溉排水的要求不确定。在黄淮海地区的北部及东北地区的西部，旱作物对灌溉的要求很高，干旱年更高，灌溉需要指数超过 50%。总的来说，这一地区的旱作物可以实施雨养农业，但由于降水十分集中，河道排水不畅，春旱、秋涝、旱涝交错，又因排水不畅，涝后又引起盐碱化，因此必须要有排涝设施。为了达到高产稳产，还须发展灌溉；为减少排灌投资，有灌溉保证的低洼易涝地区可发展水稻。因农业和工业过量抽取地下水，不少地方形成大面积的地下水降落漏斗，应引起重视，并力求使地下水资源能维持良性的持续开发利用。这一地带又可分为两个亚区：

①黄淮海地区，包含河北、河南、山东、江苏北部、安徽北部、北京、天津，土地总面积 67 万 km^2，占全国国土面积的 7%。除西部和北部山区外，多属黄河、海河和淮河下游冲积平原。平均年降水量为 500 ～ 900 mm，汛期多集中在 6 ～ 9 月份，降水的年内及年际分布极不平衡；但光热资源丰富，可一年两熟，是我国粮棉主要产区。这一地区是全国水资源最紧张的地区。为满足工农业的用水要求，须在大力发展节水的基础上寻求新的水源。

②东北地区，包含吉林、辽宁、黑龙江三省和内蒙古东部地区，土地总面积 129 万 km^2，占全国土地面积的 13.5%。土壤肥沃，地势平坦，海拔低于 200 m。东北农业最发达、机械化较高的地区为中部松辽平原；东部的三江平原海拔低，沼泽洼地面积大，排水不畅，渍涝危害严重；南部的辽河平原农业也很发达。全地区年降水量为 300 ～ 900 mm，从东向西递减，降水在年内分布不均衡，7 ～ 9 月占全年降水的 60% 以上，而 4 ～ 5 月只占 10% ～ 15%，春旱持续时间长且较严重，农作物生长期短，大多为一年一熟。该地区的水利工程应旱涝兼治，山丘以治旱为主，平原洼地则以除涝为主，改良沼泽地，适当发展灌溉，解决春旱及发展水稻。

3. 水稻灌溉地带

含长江中下游地区，珠闽江地区及西南部分地区。该地区雨量充沛，平均年降水量大于 1 000 mm，土壤多属酸性，该地区是水稻的主产区。因降水在年际内及季节分布不均衡，水稻需进行补充灌溉，双季水稻更需要补足水量，灌溉需要指数为 30% ～ 60%。在湿润年旱作物一般不需灌溉，而在干旱年仍需补充灌溉，灌溉需要指数为 10% ～ 30%。该地区农作物的排涝要求通常高于前两个地带，排水模数为 20 ～ 50 mm。该地带的灌溉是为增加水稻种植面积和提高复种指数，排水是农作物稳产的基本保证。该区又可分为三个亚区：

①长江中下游地区，含湖北、湖南、浙江、上海、江苏，以及江西、安徽的大部分地区。全地区属于亚热带气候，温暖潮湿，多年平均降水 800 ～ 1 800 mm，降水集中在 4 ～ 10 月，7 ～ 9 月为汛期，洪水峰高，持续时间长，低洼地区遭洪涝灾害。因降水时空分布不均衡，常常发生伏旱及秋旱影响作物生长，为保证水稻高产稳产必须进行灌溉。该地区的主要水利工程是在丘陵山区发展灌溉，排渍防洪，而在低洼区防洪除涝。

②珠闽江地区，含广东、广西、海南及福建。该地区地处亚热带及热带、属于湿热多雨的季风气候区，气温高，日照及无霜期长，年降水量为 1 000 ～ 2 000 mm。该地区的主要水利工程在平原地区防洪排涝，而在丘陵坡地发展灌溉。

③西南地区，含四川、云南、贵州和西藏，地貌主要为高原山地。该地区属于亚热带和热带气候类型，年降水量为 1 000 ～ 1 500 mm。该地区光、热、水资源丰富，因地形地貌复杂及降水时空不均，干旱威胁着农业生产，保证水稻高产稳产必须灌溉。

综上所述，我国各地区的气候和水土资源条件虽有很大差异，但要达到农业的高产稳产，都必须搞好农田水利，解决好灌溉排水问题，这也正是我国灌溉排水事业历史悠久并得到持续发展的根本原因，特别是中华人民共和国成立以来，更是得到迅速发展，使得我国用占世界 7% 的耕地养活了占世界 22% 的人口，这和农业的成就和灌溉事业的发展密不可分。

二、水与洪涝

我国洪涝灾害有着发生频率高、历时长、地区广及危害大的特点。洪涝分布与降雨的时空分布高度一致，东部多、西部少，沿海多、内陆少，平原湖区多、高原山地少，夏季多、冬季少，中、东部地区为主要洪涝集中区域，受灾最严重的是长江、黄河、海河、淮河、松花江、辽河和珠江的中下游平原区。我国七大河流流域面积约占全国国土总面积 45%，耕地面积约占全国耕地总面积的 80%，径流量约占全国的 55%。洪涝灾害对社会经济造成巨大影响，特别是对农业生产危害更加严重，过去 20 年的洪涝灾害影响了 9 亿人，占全世界受洪灾影响人口的 55%。农业洪涝灾害在夏季发生频繁，是我国非常严重的自然灾害。城市洪涝灾害常常是多种因素共同作用导致的，暴雨是最直接、最主要的驱动因素。另外，城市建设、水利工程等人为活动打破了原有的城市水循环平衡。一旦遭遇暴雨，有限的排水能力远远不能满足排涝需求，因此常出现"逢雨必涝"现象。

三、水与土地盐碱化、沙漠化

土地资源中最主要的要素为水资源，农业生产是利用水土资源对生物资源进行开发利用的活动。没有土地，仍然可进行农业生产，如无土栽培、水上养殖，但如果没有水，只有土是无法进行农业活动的。因此，水土适度配合是农业发展的重要条件。

地表水资源主要来自大自然降水，因降水在时空上分布不均，导致地球上许多可耕缓坡地未得到最低限度的水分而变为干旱区或沙漠。我国是全球土地荒漠化程度较严重的国家，荒漠化土地面积达 262.3 万 km²，占国土面积约 27.3%。我国荒漠化土地面积正以每年 2 460 km² 的速度增长。

在一些古冲积平原上，因干旱、气温高，含有盐分的地下水沿着土壤毛细管上升至地表，蒸发后在地表上形成一层盐壳（盐碱地）。因海水对土壤长期浸渍及潮水侵蚀，海滨地区也同样形成盐碱地。在局部区域内土地盐碱化不能排出过多的水资源，导致土地次生盐碱化，影响着农业生产，严重时会导致寸草不生，土地荒芜。我国土地次生盐碱化主要发生在东北丘陵平原、黄土高原、黄淮平原以及西北内陆地区。盐碱地区通常气候较好，阳光充足，地势平坦，农作物适宜生长，只要减少盐碱，就可成为良田，土地资源得到有效利用。在淡水较丰富区域，利用淡水洗盐来降低盐碱。此外，还可在盐碱区挖深沟，降低地下水位，使盐分下沉，表土得到改良，适宜种植。

四、水与农业发展

我国农业用水面临的主要问题有五个方面：①全国总用水量增长，而农业用水处于停顿状态。②工业及城镇的迅速发展，挤占了农业用水的问题难以解决，南方尤为突出。③农业灌溉用水严重受到工业及城镇污水排放的影响引起水质下降。④地下水超采，使水位下降，造成大部分机井干枯，不断增加提水成本。⑤灌区水利设施逐渐老化失修，管理水平落后，供水能力降低，渗透及漫灌严重，灌溉水利用系数低。

因我国降水时空不均衡，东中部湿润半湿润地区降水不能全满足作物生长的需求，须进行补充灌溉；西部干旱半干旱地区，基本为灌溉农业、雨养农业，没有水源，只能等天吃饭。所以大力开发利用水资源，发展灌溉，对提高农作物产量及提高草场的承载能力发展畜牧业具有十分重要的意义。

我国以补充灌溉为主。据调查，全国灌溉农田比非灌溉农田单产增产效果显著，一般可增产 4 倍左右。由于灌溉事业的加速发展，我国农业生产条件得到了大大改善。中华人民共和国成立时，我国的有效灌溉面积仅 1 533.33 万 hm² 左右，至 2021 年，有效灌溉面积发展到 6 962.23 万 hm²，粮食产量达 6 828.48 亿 kg，每增加 1 000 hm² 有效灌溉面积，我国粮食产量就会增加 773 万 kg，当前中国耕地灌溉率达 51%，为世界平均水平的 2.68 倍。

我国农业灌溉形势严峻。一方面，因我国工业、城市发展，用水量大，缺乏供水水源，不得不转向利用原来供给农业灌溉的水源，减少了农业灌溉供水量，直接影响农业生产；另一方面，随着人口的不断增加，不断增加食物及纤维的需求量，需要提高单产，即提高现有灌溉农田单产或进一步发展灌溉面积提高单产，灌溉面积增加越多，需灌溉水源就越多。因此，为了保证农业持续发展，应进一步合理开发利用水资源，增加农业可供水量。

五、水资源与农业生态环境

水资源的变化会对生态环境产生正或负效应，反过来生态环境的变化也会改变水资源的量和质。因此，水资源与生态环境是既相互依存又相互制约的关系。

（一）水资源对生态环境的影响

1. 水质对生态环境的影响

水质包括水流中可溶物质和泥沙。水质是水资源的主要组成部分，不仅影响其开发利用，而且影响环境质量及人体健康。我国以河流多沙著称于世。多沙河流的河道冲淤现象使生态环境也随之改变。一些水库的库容由于泥沙的不断淤积而减小，降低了效益；中下游河道的河床升高，面积缩小，湖泊变浅，使得调蓄洪水的能力降低，洪水位上升。另外，水流中的污染物可附着泥沙滞留及堆积在水体内，水流的自净能力下降，并且会成为新的污染源，使生态环境发生不利影响，人类生存受到威胁。但在一定条件下，河流泥沙又可使生态环境转向人类有利的方向，例如肥田造地、打坝淤地、引洪淤灌、引洪淤堤，治理和开发利用河口三角洲及沿岸滩涂，利用开发土地资源。

我国河流的水质，总体看是相当好的，主要江河干流河水矿化度和硬度都比较低。但在内陆流域的准噶尔盆地、塔里木盆地、柴达木盆地、内蒙古高原北部及黄土高原的部分地区，河水及地下水的矿化度与硬度都很高，多在 1 000 g/L 以上，不仅人畜不能饮用，用于农业灌溉也会造成土壤盐碱化。

2. 干旱缺水对生态环境的影响

我国华北和西北是水资源比较缺乏的干旱、半干旱区，大部分为生态系统较脆弱的地带，由于人口数量快速增长及经济加速发展，该地区水资源愈来愈紧缺，因而带来一些生态环境恶化的矛盾。干旱、半干旱区的湖泊、水库和河流中下游的河道水面渐渐缩小，乃至干涸、消亡而变成荒漠。有些湖泊湖面缩小，湖水日益浓缩，不断提高矿化度，由淡水湖变成咸水湖或盐湖，湖泊失去改善生态环境的功能，引起一系列不良生态环境现象。

3. 洪涝旱灾对生态环境的影响

水资源年内及年际分配不均衡而发生的旱灾或洪涝，使我国生态环境遭到严重破坏。旱灾造成的土地干化、龟裂，赤地千里。被洪涝旱灾破坏的生态环境数年内难以恢复。中华人民共和国成立以来，由于兴建了大量水利工程，在很大程度上遏制了灾害对环境的破坏，但是，在局部地区造成的生态环境破坏仍十分严重。我国旱灾十分普遍，为抗御旱灾，过分开采地下水而导致地下水位下降，水源枯竭，以及因渍涝而使地下水位上升，土壤盐碱化等，给生态环境带来灾害性的影响。

（二）生态环境对水资源的影响

工业（包括乡镇企业）及城镇产生的废水、废渣及废气向乡村直接排放，或经大气干湿沉降而进到农田，加重农业生态环境污染问题。这些污染物直接使农作物受害，一些重金属及难于降解的有害物质富集在生态环境中，对农业生物造成长久的危害，威胁农作物的产量和质量，威胁农业生态系统的持续发展。地表与地下水水质受到污染，不仅对人们的饮用水、渔业及灌溉用水造成非常大的危害，威胁人民健康，还破坏了水源，进一步减少可利用水资源，加快了水资源短缺与环境恶化的状况。

此外，滥垦、滥伐、滥牧，使我国森林、植被资源遭到严重破坏，表土剥蚀，可致水土流失严重。2021 年全国水土流失面积 267.42 万 km^2，较 10 年前减少 27.49 万 km^2，强烈及以上等级水土流失面积占比由 33.8% 减少至 18.93%。另外，水土流失治理使得农业生产条件及农村人居环境得到有效改善，促进地方经济社会的发展。

（三）水资源利用与生态环境的关系

人类为了利用水资源，拦截河流、淤地坝、修筑闸坝、水库，开采深藏地下水，跨流域调水等。这些水资源的利用及对环境的改造，改善了人类的生产及生活，但同时也破坏了原有的水量平衡，对生态环境产生诸多新问题。

1. 水利工程建设对生态环境的影响

水利工程设施有防洪兴利的极大效益，比如拦蓄削弱洪峰，减少下游洪涝灾害；水库可以改善库区与相邻小气候，发展水生生态系统与水产养殖，拦截泥沙，减少下游河道淤积及稳定河槽；引水工程有效改善干旱缺水环境质量等。但同时也对生态系统产生了负面效应。如水库库区地下水位增高引起盐碱化，库区产生库岸坍塌；排水工程加速了地表水的流失，减少了土壤水分入渗。

2. 地下水开发利用对生态环境的影响

适度开发利用地下水，有利于交换地表及地下水体，弥补地表水变化太大而不能满足用水需要的缺点，有利于生态环境变化，特别是在地下水位较高的地方，开发利用地下水可以防止或减轻土壤盐碱化。但过度开采地下水，当开采量大于总补给量时，则会带来很多的生态环境问题。如地下水位呈现无法恢复的渐渐下降趋势而使可供水量减少；出现大面积地下水位下降形成漏斗及地面下沉，海水入侵或者上层咸水入渗到下层淡水致使地下淡水被破坏，或污水入渗到地下水致使地下水被污染等。我国华北地区因地下水超采，引起生态环境严重破坏。因此，杜绝超采地下水，是保护生态环境迫切需要解决的问题。

3.地表水开发利用对生态环境的影响

因河流上游兴建大量蓄水工程，层层拦截地表水，导致河流下游和平原地区地表径流下降。如北方大多地区的河道只在丰水年的汛期起着泄洪作用，常年处于干涸状态的河道成了污水沟，丧失了河流调节流域水沙平衡和水盐平衡的能力以及内河航运之利，破坏了水生生物繁衍的环境。干涸的沙质河床又成为危害四周的风沙的来沙场所。而地表水开发过度可使入海河流水量锐减，入海淡水的减少会对沿岸生态环境产生许多不利影响。

第四节　水资源的开发利用技术

一、充分利用降水资源

我国对降水利用有着悠久的历史。如黄土高原地区人们为了抵抗干旱创造了无数的雨水利用技术，如土窑（窖）、蓄水塘及屋顶集水等用水技术。此外，传统的耕作措施如粮草轮作、修筑梯田、休闲晒垡等就地蓄水措施，在农业上也发挥了很大的作用。

（一）雨水资源集蓄技术

雨水资源集蓄技术指在经过特别处理的集水区域上截留雨水径流并储存下来的技术。雨水集蓄利用不仅可将雨水径流作为人畜饮水，进行农作物补充灌溉，促进农业稳产、高产的有效措施，还能使水土流失减少，保护水土资源以及改善小流域的生态环境，尤其是在缺水干旱的山区、丘陵区经济效益、社会效益及生态效益更显著。同时，建造雨水集流工程还促进了庭院经济的发展，提高了当地农民的收入，对减少当地的水土流失和改善生态环境也有重要作用。我国西北干旱、半干旱地区，因降水分配不均衡，利用率低，仅约为降水量的30%～40%，降水生产效率只有 0.3～0.6 kg/m³，地面径流及无效蒸发损失了 60%～70% 的降水，雨水利用的潜力非常大。由于该地区人口密度小，人均土地多，而且大部分为丘陵坡地，坡度超过 7° 的坡地占土地面积的55%，给建造雨水汇集场带来了有利条件。

目前，我国雨水资源集蓄利用的范围不只局限于西北干旱、半干旱地区，而且已延伸到降雨丰富的浙江、广东、广西等省区。雨水利用模式已从传统的蓄用水发展到旱作物和庭院经济的灌溉。在蓄水工程的修筑、集流面材料，截流输水工程和灌溉方法上都积累了不少经验并有所创新。根据我国经验，凡年有效降水量在 250 mm 以上的地区，都可以开发雨水资源，其利用前景十分广阔。

1.雨水的汇集和集流面的处理

雨水集蓄工程指通过人工措施，高效收集雨水，并加以蓄存及调节利用的微型水利工程。它主要为了解决人畜饮水及发展庭院经济和小片区节水灌溉所需的水源。众所周知，一切形式的水资源都来自雨水。在这里所说的雨水集蓄利用是指对雨水直接加以收集利用，也可以称为对雨水的一次利用。

选择雨水汇集场需考虑当地的地形、植被和土质等自然条件。凡具有一定产生径流面的山坡、道路、庭院、场院和屋顶面都可以作为集水场，也可以人工修建集水场。以发展作物灌溉为主要目的的集流面工程，应首先利用已有的各种集流面，如沥青公路路面、农村道路、场院及天然土坡集流面。如集流面水量不足时，可修建人工防渗集流面补充。在有条件的地方，可结合小流域治理，利用荒山荒坡作为集流面，并修筑截流沟把水引入蓄水池，或修建谷坊塘坝拦蓄雨水。

雨水集蓄工程由汇集雨水的集流面、输水系统、蓄水设施、蓄用水供水设施及灌溉设施等部分组成。集水场面积的大小与当地降水量的大小、地形、庭院及房屋面积、集水的容积和集水场的表面植被、人口、牲畜数量及其饮用水量、拟灌溉的作物种类、面积及其灌溉水量等相关。人畜饮用水量可参照表2-2的定额确定。

表2-2　人畜饮用水定额

项目	单位	不同保证率年份用水定额	
		50%（平水年）	95%（特殊干旱年）
人	kg/（人·d）	10	6
大牲畜	kg/（头·d）	30	20
小牲畜	kg/（头·d）	5	3

农业灌溉用水量应按节水灌溉的标准估算，表2-3为甘肃省提供的资料，可供参考。

表2-3　各种作物不同年降水量及灌水方法的灌水次数与灌水量

灌水情况	降雨及灌水方法	粮食作物		果树	蔬菜瓜果
		夏作物	秋作物		
灌水次数	年降水量 300 mm	3～4	3～4	4～5	8～9
	年降水量 400 mm	2～3	2～3	3～4	6～8
	年降水量 500 mm	2～3	1～2	2～3	5～6
每次灌水定额/（m³/hm²）	滴灌、膜孔灌	150～225	150～225	120～225	150～225
	点浇、根际注水灌	75～150	75～150	75～120	75～150

全年单位集流面积上的可集水量可按下式估算：

$$V_p = R_p \cdot \alpha /1\,000 \qquad (2-1)$$

式中：V_p——保证率等于 p 的年份单位集水面积全年可集水量（m³/m²）；

R_p——保证率等于 p 的全年降水量（mm）；

α——某种材料集流面全年集流效率（%）。表2-4为甘肃省提供的资料，可供参考。

蓄水设施的总容积应按年需用水量进行计算：

$$V = a \cdot W_{max} \tag{2-2}$$

式中：V——蓄水设施总容积（m^3）；

a——容积系数，取0.8；

W_{max}——不同保证率年份的最大用水量值，人畜饮用水工程可取平水年的用水量。

表2-4　各类材料集流面在不同年降水量及保证率情况下的全年集流效率

多年平均降水量/（mm）	保证率	集流效率								
		瓦				水泥土	塑膜覆沙	黄土夯实	沥青路面	自然土坡
		混凝土	水泥瓦	机瓦	青瓦					
400～500	50%	80%	75%	50%	40%	53%	46%	25%	68%	8%
	75%	79%	74%	48%	38%	51%	45%	23%	67%	7%
	95%	76%	69%	39%	31%	41%	36%	19%	65%	6%
300～400	50%	80%	75%	49%	40%	52%	46%	26%	68%	8%
	75%	78%	72%	42%	34%	46%	41%	21%	66%	7%
	95%	75%	67%	37%	29%	40%	34%	17%	64%	5%
200～300	50%	78%	71%	41%	34%	47%	41%	20%	66%	6%
	75%	75%	66%	34%	28%	40%	34%	17%	64%	5%
	95%	73%	62%	30%	24%	33%	28%	13%	62%	4%

雨水集蓄利用的关键是要采用工程措施提高集流效率。过去，西北地区水窖的集流面都是天然集流面，由于自然地面的降水入渗率较大，一般的小雨不能形成径流，全年平均的集流效率只有7%～8%，水窖常常是空的。而大雨和暴雨时的水流又挟带着大量泥沙和污染物质，使水质变得很差。另一个问题，就是要修建一定容积的蓄水工程（水窑和水窖），集蓄作物非生长期的雨水供生长期利用，蓄存下来的雨洪季节水量供旱季时利用。为了提高集流效率，必须对集流面进行防渗处理。常用的处理措施有混凝土面处理、水泥土夯实处理、水泥瓦、机瓦、青瓦、三七灰土夯实处理、原土夯实处理、钠盐处理、石蜡处理、沥青处理、有机硅处理和铺设塑料薄膜处理等，其集流效率如表2-4所示。选择集流面材料应遵照就地取材、因地制宜、提高集流效率、降低工程成本的原则。为解决人畜饮水及发展庭院经济灌溉的集流面工程，可利用有机瓦或青瓦屋面集流。如现有屋面为草泥时，应改建为瓦屋面。如屋顶集流不能满足供水要求时，不足部分可在庭院内铺筑混凝土集流面作为补充。

（1）混凝土集流面

根据甘肃、宁夏等地的试验，混凝土面处理的集流效果较好，集流效率随时间的变化较稳定。甘肃省许多农户在庭院内铺设混凝土，集流效率可达 75% 以上，且收集的雨水比较清洁。由于雨水收集面为地面，因此蓄水工程一般为地下蓄水池、水窖或水窑等。

（2）水泥土集流面

水泥土可以采用当地土料，因而可节约运输费用。配置水泥土的土料可以用砂、粉土或黏土以及它们的混合物。水泥用量为干混合料的 10% ～ 20%，加水量等于或略小于土壤的塑限含水量。水泥土充分拌和后，用重锤夯实，再铲刮平整，表面抹一层水泥浆，稍干后即洒水。水泥土的干容重应不小于 1.55 t/m³。水泥土的厚度可采用 5 ～ 8 cm，土基处理与混凝土相同。

（3）塑膜防渗集流面

可分为裸露式和埋藏式两种。一般以埋藏式为好，即在铺设的塑膜上覆盖草泥、细砂，厚度以 4 ～ 5 cm 为宜。在铺设塑膜以前，应将地基上的杂草清除、整平或夯实。塑膜可采用搭接方法，搭接 30 cm，或搭接 10 cm 再用恒温熨斗焊接。

（4）原土夯实集流面

这是一种完全就地取材的集流面。做法是把土刨松 30 cm，除去杂草，按最优含水量加水分 2 层夯实。当土料太湿时就要适当晾干后再进行夯实。地表面要有 5% ～ 10%的坡度。原土夯实面集流效率较低，在土地面积较多时可以采用，以节省费用。

（5）屋顶集流面

这是最常使用的集流面。为利于集流，屋顶宜作成斜坡式。屋面材料有机制瓦和青瓦两种。前者比较贵，但集流效率高。近来有些地方制成了水泥瓦。每平方米屋面要用水泥瓦 16 叶、水泥 8 kg、砂 0.02 m³。水泥瓦可以就地取材，集流效率是机制瓦的 1.5 倍，当地产砂时，价格与机瓦相当。当用屋面收集雨水时，有条件的地方，可以修建镀锌钢板制成的檐沟，但造价较高。也可用水泥薄壳 U 形槽代替，造价较低。甘肃省的山区群众，在正对屋檐的混凝土庭院地面上，开一条线沟，雨水从屋檐掉下时顺沟流向蓄水建筑物，效果很好，花钱较少。

2. 截流输水工程

利用天然土坡作为集流面时，可在坡面上每隔 20 ～ 30 m 沿等高线方向修筑截流沟。截流沟可采用土渠，坡度为 1/50 ～ 1/30。再在垂直等高线方向修筑输水沟，使截流沟与输水沟相连接。输水沟可采用矩形混凝土渠或装配式的 U 形渠道，尺寸按集雨流量确定。

3. 蓄水工程

蓄水工程的建造是为了储存收集的雨水并人为进行调配利用，解决降雨时空不均衡及供需错位的矛盾，做到秋雨春用，蓄余补欠，是雨水集蓄利用工程的重要组成部分。

蓄水工程主要有水柜、蓄水池、塘坝、涝池、水窖和水窑等形式。现仅将南方蓄水工程、水窖和水窑介绍如下。

（1）南方蓄水工程

由于南方红黄壤地区降水不均匀，伏秋旱频率较高，因此必须改善或修建蓄水工程，以防御或减轻伏秋干旱的危害。蓄水工程除了传统的水库、池塘外，还有蓄水坑和小型地下蓄水池。蓄水坑是在坡地果园行间挖大小 1 m² 左右、深 1.0 ～ 1.2 m 的土坑，坑内垫塑料薄膜防渗，坑口盖塑料薄膜防蒸发，用以蓄积雨季降水，以备旱期使用。其所蓄 1.0 ～ 1.2 m³ 水可供邻近 4 棵果树的抗旱浇灌。这种小型的封闭性截流储水方法的特点是就地可建，分散且简单易行，投资少而效果较好。地下蓄水池有长条隧洞式、圆形坛罐式、方形坑式和简易敞口式等类型。长条隧洞式蓄水池多建在傍岩、坝脚，蓄水容积 30 ～ 80 m³。在地表 2 m 以下挖道池，宽 1.5 m、深 2 m 或更深，一般每公顷修建 15 个池。池壁四周用水泥砂浆防渗，地道口 0.5 m 左右，雨季将地表水沿排水沟沉沙后引入池内，蓄满后加盖防蒸发。圆形坛罐式蓄水池一般在较高位置的平台或坡地、地角修建，蓄水容积 30 ～ 60 m³。地表向下挖深 5 m，直径 4 m，池壁用混凝土或砖块衬护防渗，池口加盖防蒸发。方形坑式蓄水池是圆形坛罐式蓄水池的改进型，蓄水容积，适宜在岩层或土质疏松的平台或无坡地上兴建。地表向下挖深 5 m、长 5 m、宽 2 m，四壁用混凝土浇筑，距地表 1 m 处用预制件封口，留 0.5 m 左右出口，预制件上盖土 1 m，恢复原有耕地。简易敞口式蓄水池有长方形、圆形等，特点是投资少，简单易行，但占地多、蒸发大、易损坏。

（2）水窖

水窖是干旱地区群众创造的一种蓄水设施。水窖在黄河流域有悠久历史，它是在地下挖成瓶、罐、窖等形式，用以蓄积地表径流，解决人畜用水及农田灌溉的微型蓄水工程。

①位置选择。一般选在有较大来水面积和径流集中的地方。饮用水窖选在庭院内、场边和村庄附近。供生产用的水窖则多选在地头、路边。修筑水窖处应有深厚的土层。以土质均匀、渗漏小的黏性黄土为宜，并要有良好的地形和环境条件。窖址要远离陷穴、沟头、沟边，也不应修在有沙砾层、裂缝、树根较多的地方，以免影响水窖的安全和窖水渗漏。供饮用水的水窖，不要选在粪坑、厕所、牲畜圈舍和坟墓附近，以保证饮水清洁卫生。为了充分利用各种水源，满足生产、生活用水需要，应尽可能将水窖布置在临近井、渠、涝池和抽水站等水利设施附近，可以余缺互济，增加水窖的复蓄次数。

②结构形式。西北黄土高原的水窖有井窖和窑窖两种，而以井窖最为普遍。井窖有瓶式和坛式两类，都是口小肚大，以防止蒸发。瓶式窖身上下基本一致，容积较小，蓄水深而水量少；坛式容积较大，一般只能蓄水至窖的中部，有效容积相对较大。

修筑水窖，关键是要解决好防渗问题。群众在这方面有丰富经验。常用的有捶泥法和抹泥法。用红黏土捶泥防渗，可就地取材，成本低。其具体做法是：a. 掏玛眼。玛眼就是在窖壁上挖的小洞，用以填塞红黏土泥条，使防渗层与窖壁紧密镶嵌在一起。玛眼成"品"字形排列，左右距离 15～25 cm，上下间距 12 cm。b. 在最高蓄水位处挖一条深 10 cm、宽 10 cm 的环形沟，称为扣带。c. 窖壁扣泥以前，先用水洒湿，然后将泥条逐个塞入玛眼，外留 3～4 cm，再在窖壁上扣泥压平，逐片用木槌打实，直至表面光滑密实为止。d. 窖底加 30 cm 厚的黏土，压平、捶实。当地群众也有用三合土、水泥抹面进行防渗的。随着科学技术的发展，近些年来在水窖结构和施工技术上有很大改进。甘肃省研制的混凝土拱底顶盖水泥砂浆抹面水窖主要由弧形顶盖、窖壁、窖基、窖底、窖颈等部分组成。顶盖围混凝土现浇，壁面用水泥砂浆抹面，窖基用灰土夯实，窖底为现浇拱形混凝土。

随着水窖灌溉的发展，要求灌溉的面积愈来愈大，现有蓄水量为 30～50 m³ 的水窖已不能满足灌溉需求。因此，开发研究蓄水量较大且经济合理的新型水窖显得尤为重要。

③辅助工程。水窖辅助工程有沉沙池、进水管和窖台等。沉沙池修筑在水窖的进口处，用以防止泥沙淤塞水窖。其大小由来水量决定，一般采用长 2～3 m，宽 1.5～2 m，深 1 m，高于水窖进水口，并距窖口 2～3 m 远，以防渗水造成窖壁坍塌。进水管多用陶瓷、水泥、硬塑料及竹管或木料做成的暗管，口径约 10 cm 与窖身联结，伸入窖内约 30 cm。进水口处设拦污栅，防止杂物进入水窖。窖台是修筑在窖口周围的一个工作平台，高出地面 30～50 cm，平时用木板盖或水泥板将窖口盖好，以防污物进窖池。窖底应设石板或混凝土消能，以防水流冲坏窖体防渗层。

④日常管理。下雨前清理好进窖的水路，下雨时及时引水入窖，水蓄满后封闭进水口；定期清理沉淀池和水窖的池底，对采用黏土防渗材料的水窖，不得将水用完，以保持窖内湿润，防止窖壁干裂而造成防渗层脱落；用于生活用水的水窖，根据经验，必须建立在地面以下 5 m 或水深 6 m 以上，以保证水质符合饮用标准。

（3）水窑

水窑形式与西北地区群众生活窑洞相类似，由工作窑和蓄水窑两部分组成。工作窑用于建窑时出土，建成后进水和取水用。蓄水窑为蓄水用，窑的形状可采用抛物线或半圆形加直墙。水窑可以具有较大的深度，容积可达 600 m³。水窑一般在土崖上掏挖成形，然后把窑底、两壁和拱顶上的土基拍光砸实后，再用 1：3 水泥砂浆抹 3 cm；也有在平地上开挖一个矩形坑，再用砖砌成底，两边的墙和拱顶、窑的内壁砖口上抹水泥砂浆，然后再回填土而成。

4. 供水及灌溉工程

为人蓄饮用水的水窖应布置在庭院内，窖口宜安装手压泵提水，尽量避免吊桶直接打水，以免污染水质。有条件时，可把屋顶集水直接输入高位水池，实行自压、供水。

利用窑窖灌溉应采用节水灌溉方法，如担水点浇、坐水种，地膜穴灌、地膜下沟灌、滴灌等方法，特别是简单的微型滴灌系统，可以取得节水又增产的效果。

（二）农业蓄水利用技术

1. 等高耕种，拦蓄雨水

等高耕种最重要的就是修建水平梯田。在约 2° 坡耕地上，等高耕种比顺坡耕种的径流减少 51.4% ～ 57.4%，在 0 ～ 70 cm 土层内，土壤水分比顺坡耕种增加 2.8% ～ 9.6%，保水能力比顺坡耕种的高 2.5 倍。另外，水平梯田就地入渗，没有水土流失，土壤含水量比坡地高 6% ～ 11%；大旱时比坡地高 20% ～ 60%。

2. 平整土地，修建梯田

对于防御季节性干旱，平整土地，修建梯田是为了防止或减轻降水对土壤的冲刷，提高土壤的蓄水量，在种植橡胶的田里，水平梯田比不修梯田的土壤冲刷量下降 98.1%，0 ～ 40 cm 土层年平均含水量增加约 31.0%。

3. 深耕蓄水保水技术

深耕蓄水保水技术是经过深耕加厚活土层，疏松土壤，增加土壤孔隙度，从而提高了土壤雨水的蓄水保水能力。同时翻耕阻断了土壤水分向地表移动的通道，达到蓄水保水的效果。据试验，深耕 23 cm 时可多接纳雨水 11.25 mm，并且入渗水量在 15 min 内可达 10 cm，浸润深度为 70 cm；耕深 30 cm 比耕深 20 cm 的 0 ～ 30 cm 土壤蓄水量可增加 5.9 ～ 7.5 mm，而 0 ～ 200 cm 土层可多蓄雨水近 30 mm。且深耕翻时间越早，接纳雨水越多，如 6 月下旬耕翻，2 m 土层蓄水 448.2 mm，入渗深度 2 m；7 月下旬耕翻，2 m 土层蓄水 421.2 mm，入渗深度 1.6 m；8 月上旬翻耕，2 m 土层蓄水 417.3 mm，入渗深度 1.4 m。根据山西运城试验，6 月 21 日、7 月 5 日和 8 月 15 日深耕，0 ～ 15 cm 土层土壤含水量依次为 17.8%、14.7% 和 12.6%。一般深耕在 6 月下旬至 7 月上旬进行，耕深 25 ～ 30 cm 比较适宜。此外，在休闲地上宜采用深松耕作法，只松地不翻地，深松深度 20 ～ 30 cm。雨前深松增加蓄水量，雨后耙糖保墒，为下茬作物提供充足的底墒。

4. 调整作物布局的适水种植技术

不同作物耗水量与降水量相比均有盈有亏，提高水分利用效率及增加产量的重要途径是调整作物种植结构，做到适雨种植、栽培。如利用黄土高原地区春夏多旱，秋季多雨的降水特点，多种植深根系作物及秋季作物，以提高作物的雨水利用效率：冬小麦根系深至 2 ～ 3 m，能利用深层土壤水；秋季作物生长在雨季，不易受旱，可获得高产稳产。在宁夏南部山区，秋粮作物的产量显著高于夏粮，且秋粮作物的受灾减产明显小于夏粮，因此，应该适当压缩夏粮作物面积，扩大秋粮作物面积，以充分利用自然降水资源，提高作物系统的整体水分转化效率。

5. 坡地粮草轮作、粮草带状间作和草灌（木）间作减少雨水径流

根据陕西安塞水保站测定，粮草轮作可减少农田径流 1/10 ～ 1/3，增加储雨 12.0 ～ 14.4 mm。草灌（木）间作，可减少坡面径流 1/3 ～ 1/2，减少径流 15 ～ 30 mm。而粮草带状间作适用于山地、丘陵区坡耕地和需要开垦的荒地，在较陡的坡地上效果更好。根据陕西绥德、甘肃定西、山西吕梁等试验站采用草木樨和玉米、谷子、高粱等实行带状间作，比作物单作减少径流 30% ～ 80%，减少土壤冲刷 76% ～ 94%，并提高了作物产量。

6. 防旱保土耕作技术

华中地区人们总结出"春不耕""夏浅耕""冬深耕"的耕作经验：春季多雨，容易造成水、土、肥流失，在小麦等冬作物的行间套种大豆、花生等春播作物，不全面翻耕，当小麦等作物收割后，深翻土并埋入麦茬，可使土壤疏松，土壤有机质增加，地表径流减少，雨水有利于入渗；夏季气候干燥炎热，蒸发量高，雨后进行浅锄、勤锄，可以防止土壤板结，还可以切断表土的毛细管，保持土壤水分减少蒸发，提高作物抗旱能力；在种植冬作物之前，进行深耕改土，配合施肥，使土壤疏松多孔，提高土壤渗水蓄水能力。

二、开发利用土壤水

土壤水是地球水体的一个重要成分，是自然界水循环过程中，储存及运移于地表向下延伸至潜水面以上的土壤中的水分。陆地上植物所利用的水分主要直接从土壤中吸收。土壤水的存在、更新、补给及平衡，对农业、林业、畜牧业以及自然生态环境与水资源平衡有着特别重要的意义。土壤水虽不能像地表水、地下水集中分布或聚集，也不能被人工直接提取、运输，但人们能通过间接的方法利用，如可通过作物（植物）直接吸收利用，从而成为人类生产生活资料的天然来源的重要成分。

土壤水主要来自大气降水及凝结水、灌溉水、地下水在毛管上升运动时补给等，而被消耗于植物蒸腾和蒸发。表现为土壤水分不断地补给与消耗的动态过程，具有以下四个特点：

①土壤水资源可供充分利用的独特之处是其普遍存在于陆地表面的包气带中，具有分布上的广泛性及连续性；

②土壤水资源是可更新的动态资源，更新快，具有不断补给与消耗的特点；

③土壤水资源不是重力水，虽具有"液态"特性，但不能被人工直接提取、运送或作其他用途；

④土壤水的变化过程与作物的生长过程相适应。

土壤水是农业用水中十分重要的水资源，而且土壤水具有一定的调蓄能力，当降水大于作物耗水量时，多出的水量以土壤水的形态存储在土壤中，当降水量满足不了作物耗水时，存储于土壤中的土壤水可供给作物吸收利用。利用土壤水的调蓄能力，能有效

解决降水间断性及作物需水连续性的矛盾。不同土壤对水分的调蓄能力也不同。一般来说，壤土调蓄能力较强，砂性土调蓄能力较差。另外，土壤中的储水量，在任何水文年份也不可能全部被作物吸收和利用，也就是说，在最旱的年份和最干旱的季节，2 m 深处的土壤水也不可能全部下降到凋萎湿度。如在冬春季，冬小麦耗水，使土壤水库造成亏损，到汛期又由降水对土壤进行补充恢复；夏播作物生长在雨季，多数年份降水量基本满足作物对水分的需求。但自然降水是间断地进行的，作物耗水是连续发生，所以必须依靠土壤对水分的调节才能适应作物对水分的需求。由于降水分布不均，土壤水满足不了作物对水分的需求，靠人工灌水来调节土壤水状况，此时，由于土壤水状况发生了变化，作物耗水情况也发生变化，一般情况，水浇作物耗水量要大于旱地。因此，通过覆盖栽培，施用保水剂及水分蒸发抑制剂、深松耕土及增施肥料等调节土壤水的保蓄能力，对提高水分利用效率具有十分重要的作用。

三、劣质水资源利用

劣质水常指水质达不到农业用水标准但加以处理后可利用的水，如工业废水、生活污水、微咸水及回归水等。随着干旱加剧和农业淡水资源的减少，开发利用劣质水，已成为未来农业用水的重大课题。国外如以色列等干旱突出的中东地区，污水和微咸水的研究与大范围农业灌溉应用已有数年，并取得丰富的经验和成效。我国水资源紧缺，城市生活用水和工业用水不断占用农业用水，江河水污染日渐严重，许多地区存在的微咸水资源还远未开发利用。因此，污水处理和微咸水的农业利用，已成为我国面向未来必须重视的研究与开发领域。

很多专家对再生水、微咸水及回归水等的安全利用进行了研究与实践。在劣质水灌溉导致土壤及地下水污染、作物生长受抑制等方面，已经得到初步的结论，但较多局限于定性研究。对于安全性评价、灌溉方式等诸多研究还有些欠缺，仍难以有效解决劣质水利用的安全问题。劣质水资源化利用，对我国农业用水短缺问题具有十分重要的意义，而且只要合理利用，可将其危害控制在安全范围内。因此，必须加强劣质水安全利用的研究，坚持"低风险高产高效"的安全利用理念，保证农业灌溉能安全高效利用劣质水，促进大面积推广应用。

（一）污水灌溉

我国污水已成为城镇近郊灌溉用水的一个重要水源。城镇污水中大部分均有一定的肥效，据统计，我国城镇污水中总氮为 26.7 ～ 90 mg/L，氨氮为 22 ～ 48 mg/L，磷为 3.2 ～ 3.9 mg/L，钾为 5.2 ～ 40 mg/L。由此可见，污水灌溉可解决作物对水肥的两大需求，有显著的增产效果。通常情况下，污水灌溉旱作作物可增产 50% ～ 150%，水生作物如水稻增产 30% ～ 50%，蔬菜增产 50% ～ 300%。利用污水灌溉除节约肥料、增加产量外，还能够利用污水中的有机质改良土壤和提高土壤肥力。同时，它还能够减轻水体的污染负荷，有利于保持良好的生态平衡。此外，这种灌溉方式还有助于节省人力成本。在缺水地区，污水更有抗旱防灾的重大作用。因此利用污水灌溉农田，经济效益和环境效益十分明显。但工业废水及城市生活污水含有一定量的重金属元素、有机化合物及有害的无机物、病原生物等，须经严格处理达到灌溉水质标准才能用来灌溉。若污水灌溉利用不当，反而会使作物减产、土壤恶化、生态平衡被破坏，危害经济发展及人类健康等。

1.污水灌溉原理

在我国污水灌溉的农田有旱地和水田之分，其净化过程和作用也各不相同。

①旱地污水灌溉。其净化过程是由表层土的截留过滤、土壤颗粒的贮存吸附、微生物的分解氧化与吸收转化、作物吸收及土壤胶粒的交换等一系列过程组成，并在此过程中持续地补充新的有机物质，促进污水的利用及净化过程。因此在农业污水灌溉中，污水的利用与净化是同时进行的，并且互为因果地结合在一起。另一方面，旱地污水灌溉应受到一定的限制：一是对水质的限制，应在排放前进行无害化处理，尤其是对含有有毒物质的工业废污水；二是对灌溉水量的限制，灌溉污水量不能大于作物需水量，否则会造成大量污水的深层渗漏，地下水受到污染，影响环境卫生等；三是在雨季和作物非生长期，不要进行污水灌溉。

②水田污水灌溉。其净化作用是由藻菌共生、大气复氧、作物吸收等几部分组成，净化效果较高。当污水在水田中的停留时间为 $3\sim 8$ d 时，水中的五日生化需氧量（BOD_5）均在 20 mg/L 以下，最低可达 1 mg/L，BOD_5 的去除效果达 90% 以上，有的甚至高达 98.9%，细菌总数去除率为 50%～96%。

2.污水灌溉应注意的问题

（1）严格水质管理

用于灌溉农田的污水，各项指标均应符合《农田灌溉水质标准》（GB5084—2021）中的规定。生活污水在灌溉前应沉淀两小时，去除粗大悬浮物及寄生虫，沉淀的污泥仍可再利用作肥料。工业废水用于灌溉时，必须慎重，尤其是当有害物质浓度超出规定范围时应禁止用于灌溉。

（2）加强田间管理

我国在农田污水灌溉方面长期以来积累了丰富的经验，小麦、水稻和玉米的污水灌溉定额分别为 1 500～2 250m³/hm²、9 000～15 000 m³/hm² 和 750～300 m³/hm²。

污水灌溉水稻应选栽耐肥品种，水肥调配，间歇晒田。按照水稻不同生育时期，调配合理的污水浓度，使各部分田块水肥均匀分布。采取间歇晒田方式，改善土壤通气状况，提高地温，提高有机物降解能力，促进作物生长。

污水灌溉玉米、小麦，应以污水作为底水基肥，控制好作物不同生育时期的需肥需水量。并按照土地肥力、作物生长状况，确定灌水量及灌水次数，每次灌水后进行松土保墒。对于盐碱土壤，不灌溉或尽量少灌。

污水灌溉蔬菜，应先用清水育苗，配合基肥，分散进水。种菜之前应平整土地，先以污水作为底水基肥，幼苗期不宜污水灌溉，避免心叶部分沾染污水，清晨及傍晚灌水，忌在炎热时灌水。收获前 10 d 和生食蔬菜，不能用污水灌溉。

（3）污水灌溉对地表水的污染及污水终年利用

城市污水是一年四季连续排放，而农田却不需连续灌溉。当农田不需灌溉时，污水任意排放，导致地表水被污染，反而达不到治理污水的目的。所以，污水灌溉农田须从保护环境及人民健康出发，不能只着眼于增产，妥善合理地利用及解决二者间的矛盾，协调处理和利用，做到终年污水利用。

根据国内外的实践经验，对于利用和处理之间的矛盾，一般可从以下途径加以协调：

①根据农业栽培技术的要求，建立妥善的灌溉制度，合理制定并执行既满足农业要求又保证污水净化以及环境卫生需要的轮作周期，合理组织轮灌，平衡灌区的灌水量。

②建调节池或沉淀调节池，接纳夜间污水。

③因地制宜地设置备用场地，以收容播种期、除草期和收割期所剩余的污水。

④在严寒地区，可修建污水库，在冬季和雨季接纳污水，进行调节；在缺水地区，可进行冬灌空闲地；在丰水地区，灌区内多建养鱼池塘、水田，特别是喜水好肥的水生蔬菜田，以做到污水充分利用和终年利用。

（4）污水灌溉对地下水污染的问题

据调查发现，与污水灌区邻近灌区的浅层水均受到一定程度的污染，水位升高，尤其是灌溉定额高、无防渗措施的渠灌及砂土灌区污染较严重。因此，灌溉定额必须合理，应尽量按定额低的灌溉；渠灌要有防渗措施；在具有浅层地下水的砂土地区应禁止污水灌溉。

（5）污水灌溉对农作物及土壤的影响

污水灌溉对农作物的影响主要源于工业生产的污水中含有的有毒物质。据调查，用含砷、铬的污水灌溉后，砷、铬会在作物体内显著积累，有些甚至已超出允许范围。用没经过处理的污水灌溉以后，寄生虫卵对农作物的污染也很严重，污水灌溉 1 d 后每 100 g 蔬菜中蛔虫卵就增加至 50 个。在土壤方面，主要是土壤盐碱化及重金属等有害物质对土壤的污染和积累。所以，污水灌溉必须因地制宜，具备条件的地区才能进行。

（6）污水灌溉对灌区环境卫生的影响

污水灌区通常臭味大，蚊蝇滋生，传染病的发病率高，因此污水灌区应远离居民区，建立防护林带，另外，坚持用灌溉定额低及采取清、污轮流灌溉方式，减少上述问题的影响。

（二）微咸水利用

含盐量 0.2%～0.5% 的水或矿化度（即每升水含有的矿物质含量）在 2～5 g/L 的水称为微咸水。利用微咸水灌溉农田，在突尼斯、阿尔及利亚、印度、巴基斯坦、美国及苏联等国家都有不少成功经验。我国西北、华北一些地区，淡水资源不足而有大量的微咸水资源可以开发利用，并已利用了多年，取得了丰富的经验。

1. 微咸水的水质指标与作物耐盐能力

利用微咸水灌溉，需从两个方面进行判定，即水质和所灌作物的耐盐能力。对于水质，除了依据国家灌溉水质标准，还应根据水中含盐的数量、盐分种类及组成提出多种判定标准，主要指标有灌溉系数、盐度、碱度、矿化度、钠吸附比以及综合危害系数等。利用微咸水灌溉成败的关键除注意水质外，还需严格掌握作物各生育时期的耐盐能力。衡量作物耐盐能力常采用的指标是土壤含盐量、含氯量及土壤溶液浓度。如小麦在返青期耐盐能力最差，小麦受盐害大量死苗多是在返青期，因此小麦返青期不能使用含盐高的微咸水进行灌溉。

2. 微咸水灌溉对土壤盐分的影响以及与作物产量的关系

利用微咸水灌溉，既能降低土壤溶液浓度和渗透压，增加土壤湿度，有利于作物吸收水分，又能增加土壤中的盐分。土壤盐分的增加，取决于灌溉水的矿化度、灌水次数及灌水量。若无淡水灌溉条件，主要靠降雨来淋洗，不同水文年、一次降雨的量及雨型对土壤脱盐的影响非常大。用微咸水灌溉后，在蒸发过程中，0～20 cm 尤其 0～5 cm 土层积盐明显。若经集中降雨淋洗，土壤会有所脱盐。在排水情况下，当雨淋洗盐量与所灌微咸水积累的盐量相差不大时，可周年不积盐，在雨季（次）降雨量大或丰水年时还可脱盐。在发生土壤积盐后，可改栽耐盐作物、利用雨水淋盐、减少微咸水灌溉次数等方式进行土壤脱盐。

干旱时，用微咸水灌溉比不灌溉的作物显著增产，如河南省虞城县通过连续 5 年试验，证明了用 3.1～3.5 g/L 的微咸水灌溉粮食作物可增产 24.7%。河北省黑龙港地区利用 2～5 g/L 微咸水抗旱浇麦，一般都增产 20%～30%，利用微咸水抗旱夏播和灌溉棉花也都获得一定成效。

3. 微咸水利用与改造的方法

（1）直接利用微咸水灌溉

直接利用微咸水灌溉的地方比较广，但需注意以下六个方面：

①严格把握水质标准。通常 pH 为 7.0～8.0 的中性或弱碱性，阳离子中的钠含量不大于 60%，以氯化物盐或硫酸盐为主，矿化度不超过 5 g/L 的咸水可用于抗旱灌溉。

②灌水时间宜晚，灌水次数要少，灌水量应因地制宜。在非盐碱及轻盐碱地上，可在作物需水关键期灌水 1～2 次，最多不超过 3 次，灌水定额为 600～900 m^3/hm^2，在

中度或重度盐碱地上，可增加灌水定额进行压盐灌溉。

③需有排水条件。在一年内，使土壤不积盐或者呈脱盐状态。

④应与农业措施紧密结合。一是平整土地；二是施肥，增施有机肥及磷肥有利于增产及抑制返盐；三是灌后及时翻锄，以降低水分蒸发，防止强烈的土壤返盐。

⑤选栽耐盐作物。

⑥应测定土壤水分，采取必要的人工冲洗措施。

（2）微咸水与淡水混合灌溉

咸淡水混合，既可淡化微咸水，又可改善水中的溶解物质。如深层地下水为咸淡水，水中CO_3^{2-}及HCO_3^-与咸水中的Ca^{2+}及Mg^{2+}结合产生沉淀，从而克服了碱性危害。咸淡水混合后水的矿化度的计算，可采用下式：

$$C=(C_1V_1 + C_2V_2)/(V_1 + V_2) \qquad (2-3)$$

式中：C——混合后水的矿化度（g/L）；

C_1、C_2——分别为混合前咸水、淡水的矿化度（g/L）；

V_1、V_2——分别为混合前咸水、淡水的体积（L）。

为了充分利用咸水资源，应先清楚咸淡水的矿化度及水化学类型，然后按最佳的混合比例灌溉。

微咸水与淡水轮灌也有较好的效果。为了防止土壤积盐，在有河水的地方，汛后利用河水秋季洗盐或者采取大灌溉定额冬灌压盐。若用微咸水灌后土壤有积盐时，有必要用淡水压盐与洗盐。

（3）排咸换淡改造微咸水

利用浅井深沟，把地下一部分微咸水抽出排走，同时引入淡水，加上降雨入渗补给地下水，达到改造微咸水、淡化地下水、增加可利用水资源的目的。

通过抽排地下水，腾出地下库容，有利于防涝防返盐，并可利用抽出的微咸水抗旱。有资料表明，在以下两季抽排咸水，效果较明显。

①早春抽咸。因在秋冬大水压盐，上部矿化度高，早春抽水降低水位，抑制土壤返盐。

②雨季抽咸。由地下水位埋藏深度确定在雨季前或雨季过程中抽咸。

（三）回归水利用

回归水主要指灌溉中流经渠系及田间的地表水流和地下入渗到下游沟渠或河道中的灌溉余水。世界上仅有50%的灌溉水被作物所吸收利用，其余50%作为回归水，最后回归于河流或地下含水层中。有研究发现，部分水稻灌区或漫灌区的回归水量占引水量约50%，部分灌区的回归水对本区域水资源及水环境影响很大，如宁夏引黄灌区种植大量水稻，大大利用了黄河水。

1. 回归水的特点

（1）来水时间符合当地农作物需水时期

因回归水源为上游灌区农作物的余水，所以要与当地农作物的需水期相一致。来水量大又集中，随着不断地下泄，河道中能保持一定的水量。在来水不能满足要求时，利用这部分水能使作物得以适时灌溉。

（2）具有较高的养分

回归水在汇集或下泄过程中溶进许多能被作物吸收利用的营养元素，如氮、磷、钾等元素，具有较高的肥力。据分析，回归水中的 NH_4^+、NO_3^- 及磷的含量分别比直接引用的黄河水约高 2.2 倍、17.8 倍和 3.6 倍。因此回归水在增加营养元素的同时也增加了土壤盐分使水的矿化度增高。

2. 利用回归水的意义

（1）提高水的利用率，扩大灌溉面积

充分利用回归水是对水资源合理优化配置的有效方式之一，有效提高水分利用率，扩大灌溉面积，实现作物高产稳产。

（2）蓄存水源，提高排涝能力

利用拦蓄工程使降雨产生的地面径流不用同时汇集到下游河道中，减缓了河道的排涝负担，同时还能储存雨水并加以利用。

（3）调节水量

本次灌溉后按照气候、作物需水等条件可将回归水蓄存，为下次适时灌溉备足灌溉用水，对于下游灌区是非常必要的。如冬小麦冬灌后蓄存的水用于小麦返青的灌溉水；灌完返青水后储备的水源又能及时用于灌浆水，从而保证冬小麦高产稳产。

（4）降低灌溉成本

利用回归水灌溉可缩短灌水周期，降低引水水电费，有利于节水。利用措施蓄存回归水后，依靠连通的排水沟，将水输送到田间，十分有利于分散提水设施，同时提水灌溉使周期大大缩短。这些提水设施大多采用塑料软管输水，降低了水量损失，提高了水的利用率，有利于节水节能。

（5）缓解上下游灌区的用水矛盾

下游灌区利用回归水后，腾出的水量可使上游的农作物得到充分的适时灌溉，缓解了上下游的用水矛盾。一定程度上也减少了由于争水带来的一些社会不和谐因素。

现阶段对回归水的研究主要在水质和水量两大方面，并深入研究农田、灌区、流域等大空间尺度间的相互影响及内在联系，建立回归水模型等，但除了借鉴水文学及农田水循环理论，还应积极引入大数据、同位素跟踪等先进的理论方法，保持回归水研究的先进与活力。

思考题

1. 简述中国水资源地区分布特点及五个地带。

2. 试述中国水资源特点和主要问题。

3. 试述雨水径流集蓄灌溉工程的组成与类型。在我国南方缺水山丘区，利用当地雨水径流集蓄灌溉有何重要意义？

4. 试述农业利用劣质水资源的意义和应注意的问题。

第三章 灌溉水源和取水方式

第一节 灌溉水源的基本要求

灌溉水源是指可用于灌溉的水资源，主要包括河川径流、当地地面径流、地下径流及城市污水等水体。目前大量利用的是河川径流及当地地面径流，地下径流也被广泛开采应用，城市污水及回归水也逐渐成为重要的灌溉水源。为了提高农田灌溉率及扩大灌溉面积，必须充分开发和利用地面水、地下水、城市污水及回归水等各种灌溉水源，保证农业的高产稳产及可持续发展。

灌区的开发，首先选择水源，除了考虑水源的位置要尽量靠近灌区、附近的地形及地质条件便于引水之外，还对水源的水质、水位及水量有一定的要求。

一、灌溉对水源水位及水量的要求

灌溉对水源水位的要求应保证灌溉所需要的控制高程，对水量的要求应满足不同时期灌区的用水需求。灌溉水源（河流、湖泊、当地地面径流、地下水）未经调蓄之后，都是受自然条件（降雨、蒸发、渗漏等）的综合影响而不断变化，不仅各年的流量过程有异，而且相同年份各时期流量过程也不一样。而灌溉用水则有它自己的规律，所以未经调蓄的水源与灌溉用水常发生不协调的矛盾，即作物需水较多时，水源来水可能不足，或灌溉需要高的水位时，水源水位却较低，这就使水源不能满足灌溉要求。因此，人们经常采取一些措施，如修建必要的蓄水设施如水库，以调蓄水量及抬高水源的水位；修建抽水站，把所需的灌溉水提高至所要求的控制高程；采用节水灌溉技术、调整灌溉制度，以符合灌溉对水源水量的要求，使之与水源状况相适应。

二、灌溉对水质的要求

水质主要指水的物理、化学性状，水中含有的物质成分及含量，等等。灌溉水质应符合作物生长发育的要求，不破坏土壤理化及生物学性状，不产生土壤污染及地下水污染，并能使农产品质量达到国家食品卫生标准的要求，还需达到人畜饮用及鱼类生长的要求等。

1. 灌溉水中的泥沙

对灌溉水中的泥沙要求主要是泥沙的数量及组成。悬浮在水中的泥沙，粒径超过

0.1 mm，不仅不含有养分，且非常容易沉淀淤积于渠道中，因此不允许引进渠道及送入田间。泥沙粒径不大于 0.005 mm 的，常含有一定的养分，应适量输入田间。但若过量引入田间，造成大量淤积，可能会降低土壤的透水性及通气状况。泥沙粒径为 0.05 ~ 0.1 mm 的可少量输入田间，借其粒径较大的特点，可减轻土壤的黏性，改善土壤结构，但养分含量并不高。为避免淤积渠道，引入灌溉渠道的河水的含沙量应在渠道的输沙能力范围内。为了减少泥沙入渠，可选择合理的引水口，设置沉沙池及加大渠道等。还可在汛期引洪淤灌，将肥沃的浑水引入碱地、沙地、低洼地等改造低产田。

2. 灌溉水的含盐量

对灌溉水中的盐类要求主要是含盐量及有害盐类的含量。灌溉水中含有的种化合物等可溶性盐类总量称为矿化度，以 g/L 为单位。若矿化度低于 2 g/L 时，对作物是无害的；矿化度为 2 ~ 5 g/L 时，应测定盐分的含量及种类；矿化度大于 5 g/L 时通常不宜灌溉。允许矿化度的大小与土壤状况、盐类成分、农业技术及灌水方法等有关。良好的土壤透水性及排水条件，高的土壤肥力及先进的农业技术，采用滴灌技术时允许矿化度可略高，反之则应降低。

灌溉水中不仅要求无害的盐类含量不应大于允许的浓度，还要求不能含有对作物有害的盐类。地下水中存在以下有害盐类，根据所含盐类对多数作物危害程度递减顺序排列如下：

$$MgCl_2 > Na_2CO_3 > NaHCO_3 > NaCl > CaCl_2 > MgSO_4 > Na_2SO_4$$

盐分中以钠盐较高，危害较大，钠盐对大多数作物相对危害性如下：

$$Na_2CO_3 ： NaHCO_3 ： NaCl ： Na_2SO_4=10 ： 3 ： 3 ： 1$$

因此，灌溉水中钠盐含量不能过高，一般要求 Na_2CO_3 含量小于 1 g/L，NaCl 含量小于 2 g/L，Na_2SO_4 含量小于 5 g/L。关于钠盐的含量标准，还用钠与钙、镁的含量比，钠吸附比、残余碳酸钠和交换性钠百分数等指标来评价碱性淡水的可用性。

3. 灌溉水中的有害物质含量

城镇生活污水和工业废水或污染的水源中含有一些有毒物质，如重金属汞、铅、镉、铬和非金属砷、氟和氯等。这类有毒物质有些可直接使作物、牲畜或鱼类中毒，有些会通过食物链渐渐在较高级的生物体内富集累积，造成慢性中毒。因此，灌溉用水尤其是工业废水中的有毒物质的含量必须严格控制。

生活污水中含有各种各样的有机化合物，有些是无害的，如蛋白质、脂肪及碳水化合物等；有些是有毒的，如酚、醛等。它们在微生物的作用下最终均分解成二氧化碳和水。在此过程中需要消耗大量的氧，其称为生化需氧量。但在正常的气压和温度下，水中氧的含量是一定的。水中有机化合物过多，势必造成缺氧以致脱氧，用于灌溉就会对作物生长以至鱼类的正常生活产生不良影响。因此，适宜的灌溉水质对有机物的含量有一定限制。另外，污水中所含的大量病原菌及寄生虫卵未经消除和消毒以前，不得直接灌入农田，尤其不允许灌溉生食蔬菜。对于含有霍乱、伤寒、痢疾、炭疽等流行性传染病菌类的污水，则必须禁止直接灌溉农田。如要利用，必须设立沉淀池或氧化池，经过沉淀、氧化和消毒等净化处理后，才能用于灌溉。

　　回归水在流返河沟中淋溶了一定量的可溶性盐类及农药等，使水的矿化度变高，污染水质。为此，利用回归水应严格监测水质，水质好的可以直接利用，水质差的掺混水质良好的水使用或通过净化处理后再使用。我国发布《农田灌溉水质标准》（GB5084—2021）对于水稻、旱地作物和蔬菜灌溉用水的水质要求列于表3-1。表3-2为联合国粮农组织制定的国际灌溉水质指标。

表 3-1　农田灌溉水质基本控制项目限值

序号	项目	作物种类		
		水田作物	旱地作物	蔬菜
1	pH	5.5～8.5	5.5～8.5	5.5～8.5
2	水温 /℃	≤ 35	≤ 35	≤ 35
3	悬浮物 /（mg/L）	≤ 80	≤ 100	≤ 60[a]（15[b]）
4	化学需氧量 /（mg/L）	≤ 150	≤ 200	≤ 100[a]（60[b]）
5	五日生化需氧量 /（mg/L）	≤ 60	≤ 100	≤ 40[a]（15[b]）
6	阴离子表面活性剂 /（mg/L）	≤ 5	≤ 8	≤ 5.0
7	氯化物（以 Cl⁻ 计）/（mg/L）	≤ 350	≤ 350	≤ 350
8	硫化物（以 S⁻ 计）/（mg/L）	≤ 1	≤ 1	≤ 1
9	全盐量 /（mg/L）	≤ 1 000（非盐碱土地区）［2 000（盐碱土地区）］		
10	总铅 /（mg/L）	≤ 0.2	≤ 0.2	≤ 0.2
11	总镉 /（mg/L）	≤ 0.01	≤ 0.01	≤ 0.01
12	铬（六价）/（mg/L）	≤ 0.1	≤ 0.1	≤ 0.1
13	总汞 /（mg/L）	≤ 0.001	≤ 0.001	≤ 0.001
14	总砷 /（mg/L）	≤ 0.05	≤ 0.1	≤ 0.05
15	粪大肠菌群数 /（MPN/L）	≤ 40 000	≤ 40 000	≤ 20 000[a]（10 000[b]）
16	蛔虫卵数 /（个 /10L）	≤ 20	≤ 20	≤ 20[a]（10[b]）

　　a. 加工、烹调及去皮蔬菜。

　　b. 生食类蔬菜、瓜类和草本水果。

表3-2　农田灌溉水质选择控制项目限值

序号	项目	作物种类		
		水田作物	旱地作物	蔬菜
1	氰化物（以 CN⁻ 计）/（mg/L）	≤ 0.5	≤ 0.5	≤ 0.5
2	氟化物（以 F⁻ 计）/（mg/L）	≤ 2（一般地区），≤ 3（高氟区）		
3	石油类 /（mg/L）	≤ 5	≤ 10	≤ 1
4	挥发酚 /（mg/L）	≤ 1	≤ 1	≤ 1
5	总铜 /（mg/L）	≤ 0.5	≤ 1	≤ 1
6	总锌 /（mg/L）	≤ 2	≤ 2	≤ 2
7	总镍 /（mg/L）	≤ 0.2	≤ 0.2	≤ 0.2
8	硒 /（mg/L）	≤ 0.02	≤ 0.02	≤ 0.02
9	硼 /（mg/L）	≤ 1.0[a]（2.0[b]，3.0[c]）	≤ 1.0[a]（2.0[b]，3.0[c]）	≤ 1.0[a]（2.0[b]，3.0[c]）
10	苯 /（mg/L）	≤ 2.5	≤ 2.5	≤ 2.5
11	甲苯 /（mg/L）	≤ 0.7	≤ 0.7	≤ 0.7
12	二甲苯 /（mg/L）	≤ 0.5	≤ 0.5	≤ 0.5
13	异丙苯 /（mg/L）	≤ 0.25	≤ 0.25	≤ 0.25
14	苯胺 /（mg/L）	≤ 0.5	≤ 0.5	≤ 0.5
15	三氯乙醛 /（mg/L）	≤ 1	≤ 0.5	≤ 0.5
16	丙烯醛 /（mg/L）	≤ 0.5	≤ 0.5	≤ 0.5
17	氯苯 /（mg/L）	≤ 0.3	≤ 0.3	≤ 0.3
18	1,2- 二氯苯 /（mg/L）	≤ 1.0	≤ 1.0	≤ 1.0
19	1,4- 二氯苯 /（mg/L）	≤ 1.0	≤ 1.0	≤ 1.0
20	硝基苯 /（mg/L）	≤ 2.0	≤ 2.0	≤ 2.0

a. 对硼敏感的作物，如黄瓜、豆类、马铃薯、笋瓜、韭菜、洋葱、柑橘等。

b. 对硼耐受性较强的作物，如小麦、玉米、青椒、小白菜、葱等。

c. 对硼耐受性强的作物，如水稻、萝卜、油菜、甘蓝等。

4. 灌溉水的温度

水温对作物生长有一定程度的影响：水温过低会抑制作物的生长；水温高会减少水中溶解氧的含量且提高有毒物质的毒性，作物无法正常生长，甚至还会灼伤作物。因此，灌溉水的温度必须适宜作物生长。通常小麦的适宜水温为 15 ～ 20 ℃，水稻的适宜水温不低于 20 ℃。井水、泉水及水库底层水，往往水温过低，应采取合适的措施如利用温度较高的水库表层水实行迂回灌溉，延长输水路线或设置晒水池等以达到水温升高的目的。因此，应按照不同作物及作物各生育时期对温度的要求和各地的自然气候特点采取适宜的措施。

第二节 灌溉取水方式

灌溉水源不同，取水方式也不一样。山区丘陵区常利用当地地面径流灌溉，可修建水库、塘坝。我国各地具有很丰富的地下水资源，可打井取水灌溉。利用河川径流灌溉的取水方式，按照河川来水及灌溉用水的平衡关系和灌区的具体情况，可有不同的结构和形式，最常用的有无坝取水、有坝取水、抽水取水及水库取水四种类型。

一、河流水源的取水方式

河流水源是最常用的灌溉水源。天然河道的水位、流量和含沙量等在一年内的变化很大，而且相差非常悬殊。汛期一般水位高、流量大、含沙量多，而在枯水期则相反，难以满足农田灌溉的需要。因此，必须修建用以调节水源及自水源的取水枢纽，其因位于灌溉渠道的首部，又称渠首工程。

1. 无坝取水

无坝取水是一种最简单的自流取水方式，如四川成都都江堰和广西兴安灵渠。当附近的灌区河流水源丰富，河道枯水期的水位及流量能满足灌溉需求时，可在河岸上选择合适的取水口，修建取水建筑物，从侧面河流引水，所建取水建筑物叫无坝渠首。在山区丘陵区，灌区位置比较高，水源水位不能满足自流引水灌溉要求，也可自河流上游水位较高处（如图3-1中的A点所示）引水。此时，引水口一般距灌区较远，引水干渠常有可能遇到难工险段。

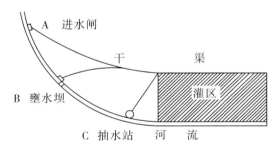

A. 无坝取水；B. 有坝取水；C. 抽水取水。

图 3-1 灌溉取水方式示意图

无坝取水工程较简单、投资少、工期短、施工易、收效快，但不能控制河道水位，常常受到河水涨落、泥沙运动及河床变迁等的影响。枯水期或河道主流偏离取水口时，引水往往得不到保证；严重时，取水口甚至被泥沙淤塞不能使用。而且在引水的同时，会引入大量泥沙，使渠道淤积而不能正常使用。无坝渠首位置的选择，对于保证灌区用水，减少泥沙入渠起着决定性作用。在选择位置时，必须详细了解河岸的地形地质情况、河床洪水特性，含沙量及河床演变规律等。无坝渠首一般应设在河岸坚固、河床较稳定、河流弯道的凹岸。因为河槽主流总是靠近凹岸，还可利用弯道横向环流的特点，引取表层较清的水流，避免泥沙淤积渠口及底沙进入渠道。一般取水口宜设在凹岸中点的偏下游处，这里横向环流作用最强，同时避开了凹岸水流顶冲的部位。

此外，渠首位置还应选在干渠路线较短，而且不经过陡坡、深谷及坍方的地段，以减少土石方工程量，节约工程投资。引水渠轴线与河道水流所成的引水角为锐角，一般为 30°～45°。

若受到灌区位置及地形条件影响，不能把渠首布置设在凹岸而须设在凸岸时，可将渠首放在凸岸偏上游的中点处。此处泥沙淤积较少。

无坝渠首通常由进水闸、冲沙闸及导流堤组成。由进水闸控制入渠流量，冲沙闸冲走在进水闸前的淤积泥沙，导流堤主要导流引水及防沙，枯水期时可切断水流，确保正常引水。因此，应统一考虑渠首各部分工程的位置，主要原则为利于防沙取水。

2. 有坝取水

当河流水源虽然比较丰富，但水位较低无法满足引水灌溉要求时，则必须在河床上修建拦河坝（又称壅水坝、溢流坝或滚水坝）使水位抬高，便于自流引水灌溉（如图 3-1 中的 B 点所示）。该引水方式叫有坝（或者低坝）取水，所建工程称为有坝渠首。已确定灌区位置的情况下，有坝取水与有引渠的无坝取水相比，虽增加了拦河坝（闸）工程，但通常引水口离灌区较近，可减少干渠长度，缩小工程量。

有坝渠首位置通常选择在灌区的上游，以便减小坝高，使大部分灌区农田能自流灌溉。渠首位置越向上游，拦河坝愈低，但总干渠则愈长；反之，渠首位置越向下游，则坝愈高而干渠愈短。故应根据灌区地点及地面高程，结合具体地形、地质、水文和施工等条件，选择 2～3 个位置，进行不同方案的技术经济比较，然后选择最经济的方案。

有坝渠首由拦河坝（闸）、进水闸、冲沙闸等组成。拦河坝是有坝渠首的主要建筑物之一，主要起抬高水位的作用，不能蓄水调节流量。河道若水量多余或遇汛期洪水，可经坝顶溢流，泄至河道下游，所以其具有壅水及泄水两个方面的作用。进水闸处于坝端河岸上，用来控制入渠流量。为防止泥沙入渠，进水闸的闸底应该比河床高 0.5～1.0 m。冲沙闸是多泥沙河流有坝渠首中必不可少的组成部分。其任务是将存留在进水闸前的淤泥及砂石等冲刷到下游河道，防止泥沙入渠并可直泄部分洪水，尚可使河道主流趋向进水闸，保证进水闸引取所需流量。故冲沙闸闸底一般较进水闸闸底低 0.5～1.0 m，比下游河床略高以利排沙。

有坝渠首的布置方式，根据对泥沙的不同处理，一种采用正面排沙、侧面引水方式。这种方式布置和构造都很简单，施工容易，造价经济。但这种取水方式，防止泥沙进入渠道的效果很差，通常仅用于含沙量较小的河道。另一种采用正面引水、侧面排沙的方式。这种方式可在引水口前激起横向环流，使水流分层，进入水闸的是表层清水，底层含沙水则流向冲沙闸而被排出。

3. 抽水取水

当河流水源丰富，但灌区位置较高，不易修建其他自流引水工程或者修建成本过高时，可就近采用抽水取水方式。这种方式干渠工程量小，但机电设备及年管理费用会有所增加（如图 3-1 中的 C 点所示）。

4. 水库取水

当河流来水与灌溉用水不适宜时，即河流的流量和水位都不能满足灌溉要求时，须在合适的河流地点修建水库调节径流，解决来水及用水之间的矛盾，且可综合利用河流水源。采用水库取水方式，必须修建进水闸、大坝、溢洪道等，工程量高，且损失较大的淹没库区，故须认真选择库址，但水库能充分利用河流水资源，这比其他几种取水方式更好。

以上取水方式，可单独使用，也可综合使用，引取多种水源，形成蓄、引、提相结合的灌溉系统。

二、地下水的取水方式

埋藏在地面以下的地层如岩层、砂砾土、砾石及砂等孔隙中的重力水，称为地下水。根据地下水埋藏条件的不同，可将地下水分为潜水、层间水、裂隙水、溶洞水和泉等。平原地区的地下水主要类型为潜水和承压层间水。

地下水便于取用时，可就地开采利用，不需大而长的渠道，投资少、效果优；地下水位较高时，利用地下水还可以降低地下水位，减少土壤盐碱化与沼泽化。地下水是一种广泛存在的灌溉水源。尤其是在干旱、半干旱地区，开发利用地下水源具有特别重要的意义。但利用地下水也存在有一定的困难，如地下水埋藏较深，难以勘测，其出水量常常不稳定且较小，有的矿化度较高等。

因不同地区地质地貌及水文地质状况有差异，开发利用地下水的方式与取水建筑物的类型也不同。根据地下水的埋藏条件及开采方式，可分为垂直取水建筑物、水平取水建筑物、双向（联合）取水建筑物和引泉工程。

1. 垂直取水建筑物

垂直取水建筑物为垂直钻取地下水的各类型的井。按照井径大小和结构不同可分为管井和筒井；依井凿进含水层的程度不同可分为完整井与非完整井；依开采含水层的类别不同而分为潜水井与承压水井。

①管井。管井在开采利用地下水中应用最广泛。它不仅适用于开采深层承压水，也可开采浅层水。井径在生产中多取 200 ～ 300 mm，而 300 ～ 500 mm 管井深度多为 50 ～ 200 m。由于管井出水量大，一般采用机械提水，故称为机井。

②筒井。习惯上将直径较大、形似圆筒的井称为筒井。井径超过 2 m 的又可称为大口井。筒井具有结构简单、施工容易、可就地取材等优点。但由于井径太大，井不宜过深，一般多用于开采浅层地下水。其深度一般为 6 ～ 50 m。

2. 水平取水建筑物

水平取水建筑物为水平截取地下水的建筑物，有坎儿井及截潜流工程等，仅能开采埋藏较浅的及能自流引出地面的潜水或层间水。

①坎儿井。这种井主要分布在我国新疆地区山前洪积扇下部和冲积平原的耕地上。高山融雪水经过洪积冲积扇上部的漂砾卵石地带时，大量渗漏为潜流。人们采取开挖廊道的方式，引取地下水，当地称为坎儿井。坎儿井由竖井、地下廊道和明渠组成。竖井为廊道开挖的工作井，地下廊道为截取地下潜流及输水的通道。坎儿井的下游与引水明渠相接，可自流灌溉。

②截潜流工程。在河床有大量冲积的卵石、砾石和砂等山区之间河流，或者某一些常干涸断流但有较丰富潜流的河流中下游，以及山前隘出带附近潜流集中处，如地形及坡度适宜，即可在河床中筑截水墙以拦截地下水潜流。这种截流的建筑物均称为截潜流工程。

3. 双向（联合）取水建筑物

双向（联合）取水建筑物为前两种类型结合的取水建筑物，如井塘（池）、辐射井、水柜等。

4. 引泉工程

引泉工程是根据泉水出露的特点，予以扩充、收集、调节与保护等的引取泉水建筑物，多数用于供水及医疗。若泉水的水质及流量适宜时，可用于灌溉。

第三节　灌溉设计标准

一、灌溉设计保证率

灌溉设计标准是反映灌区效益达到某一水平的重要技术指标之一，常用灌溉设计保证率表示。我国南方地区水稻小型灌区也可根据抗旱天数进行设计。

灌溉设计保证率指灌区灌溉用水量在多年间能得到充分满足的概率，常用设计灌溉用水量全部获得充分满足的年数占计算总年数的百分比表示。

$$灌溉设计保证率 = \frac{设计灌溉用水量全部获得满足的年数}{计算总年数} \times 100\% \qquad （3-1）$$

灌溉设计保证率常用 P 表示。例如，保证率 $P=75\%$，指平均在 100 年中可能有 75 年满足设计灌溉用水要求，它同时反映了水源供水及灌区用水两个方面。对大、中型灌区可采用时历法计算灌溉设计保证率，时历年系列常大于 30 年。

设水源供给灌溉用水的数量不小于灌区灌溉用水量的年份为 m 年，计算系列的总年数为 n 年，灌溉设计保证率可以用下列公式：

$$P=\frac{m}{n+1} \times 100\% \qquad (3-2)$$

灌溉设计保证率的选择会影响工程建筑物的规模（如库容、坝高、抽水站装机容量及渠系建筑物的尺寸等）或灌溉面积。因此，取过高过低的灌溉设计保证率都是不经济的，应根据水源状况、灌溉面积的大小及工程技术方案，计算出各个灌溉设计保证率相应的灌溉工程净效益，如没有其他约束条件，设计标准应选定一个经济效益最佳的保证率。

确定合理又经济的灌溉设计保证率是相当复杂的工作，工作量也很大。一般情况下，灌溉工程可参照表 3-3 确定灌溉设计保证率。

表 3-3　灌溉设计保证率标准参考值

灌水方法	地区	作物种类	灌溉设计保证率
地面灌溉	干旱地区	以旱作为主	50% ～ 75%
	或水资源紧缺地区	以水稻为主	70% ～ 80%
	半干旱、半湿润地区	以旱作为主	70% ～ 80%
	或水资源不稳定地区	以水稻为主	75% ～ 80%
	湿润地区	以旱作为主	75% ～ 80%
	或水资源丰富地区	以水稻为主	80% ～ 95%
喷灌、微灌	各类地区	各类作物	85% ～ 95%

二、抗旱天数

抗旱天数指在作物生长过程中遇到持续干旱时，灌溉设施能够保证用水要求的天数。抗旱天数为我国灌溉工程设计标准的一个表达方式，是灌溉工程抗旱能力的反映。抗旱标准随着抗旱天数越长也变得越高。我国南方地区水稻以当地水源为主的小型灌区适合这种灌溉工程设计标准。

用抗旱天数作为设计灌溉工程标准时，双季稻灌区抗旱天数可为 50 ～ 70 d，单季稻及旱作物灌区可为 30 ～ 50 d。

有两种不同的抗旱天数统计方法：一为持续无雨日数，有的地区规定无雨日为日降水量小于 2 mm 或 3 mm，有的地区为日降水量小于 5 mm；二为持续无透雨日数，即间隔两次透雨的日数。

抗旱天数的确定还应比较经济效益。过高的抗旱天数，虽然作物受到旱灾的概率小，但水资源不充分利用，工程规模大、投资高，可能不是最经济的选择；反之，过低的抗旱天数，虽然水资源利用较充分，工程规模小、投资低，但作物受到旱灾的概率大，也不一定经济。因此，应根据当地水资源、作物种类和经济状况，确定符合实际的抗旱天数以达到经济效益最优的目的。

思考题

1. 灌溉对水源和水质有哪些基本要求？

2. 什么叫灌溉设计保证率？其值的大小对灌溉工程规划设计有何影响？你认为应该如何合理确定？

第四章　渠道输水系统

第一节　渠道输水系统的规划

一、渠道输水系统的组成

渠道输水系统指从水源取水，经过渠道及其附属建筑物输、配水，由田间工程进行农田灌溉的工程系统。渠道输水系统通常包括水源及引水系统，输、配水渠道系统，田间工程，渠系建筑物和排、泄水系统等部分（如图4-1所示）。

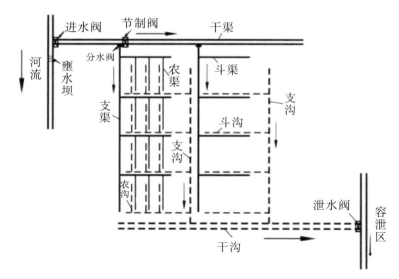

图 4-1　渠道输水系统组成示意图

1. 水源及引水系统

主要包括水源（河流、湖泊、水库及井等）及与水源条件相匹配的引水建筑物（如具有调节能力的闸坝及抽水站）等。

2. 输、配水渠道系统

从水源把水按照计划输、配送到田间的各级渠道系统。这类渠道是多年使用的永久性渠道，称为固定渠道。根据灌区的地形条件、控制面积及渠道设计的流量，灌溉渠道通常分为四级固定渠道，即干渠、支渠、斗渠和农渠。干、支渠称为输水渠道或骨干渠系，主要起输水作用；斗、农渠称为配水渠道，主要起配水作用。渠道输水系统一般不设置越级配水渠道。地形平坦的小型灌区可少于四级，地形复杂的大型灌区也可加设总干渠、分干渠、分支渠等渠道。

3. 田间工程

土地平整工程、田间道路、临时性或永久性的末级固定渠道（指农渠）与农沟范围内的灌排设施的总称。包含临时性田间灌水渠道（即毛渠和灌水沟、畦），量水设备和分水口，水稻田埂和格田及明沟、暗管或者明暗相结合的田间排水系统等。

4. 渠系建筑物

承担着水量的输送及分配、渠道水位的控制、渠道过水流量的量测，灌区多余水量的宣泄及交通的便利等任务。包含分水闸、泄洪闸、节制闸、跌水、渡槽、陡坡、农桥、涵洞、倒虹吸管及量水建筑物等。

5. 排、泄水系统

任务在于排除因降雨过多而形成的积水和多余的灌溉水，以及降低地下水位以保证灌区土地的持续生产能力。由田间排水沟、排水农沟、斗沟等沟道和容泄区组成。是完整的灌溉系统不可缺少的一个部分。排水沟道通常包括干、支、斗、农四级固定沟道，如图4-1所示。容泄区即容纳排泄出去的多余水量的场所，根据地形可以是河流、湖泊、池塘、水库或井孔等。

二、渠道输水系统的布置

（一）渠道输水系统的规划布置原则

干、支骨干渠系灌区的规划布置要求做到合理控制、保证安全、便于管理及力求经济等。具体规划时，应根据水源、地形、地质等及原有水利条件，并遵循以下原则。

①干、支渠道布置的要求需符合总体规划，干渠应布置在灌区的最高地带，以使其控制的灌溉面积达到最大。干渠以下各渠道也应布置在自控范围内的最高地带，保证灌溉时逐级自流，通常不设置越级配水渠道。

②灌溉渠道位置的确定应参照行政区域的划分，尽量使各个用水单位均有独立的灌溉渠道，以便管理，且需为上、下级渠道的布置创造好的条件。

③严格控制工程量及费用。通常渠线应尽量短直，以减少占地及工程量且尽量不要穿越村庄。但在山区、丘陵区，地质较复杂，地形障碍较多。如渠道沿等高线绕岗、穿谷，可使建筑物的数量减少并减小其规模，但渠线较长，占地较多，土方量较大；如渠道直穿岗、谷，则渠线短直，工程量及占地少，但投资较大。此时，需综合考虑工程量及费用，选择最佳方案。

④确保渠道工程安全可靠。渠道沿线应具有较好的地质条件，尽可能避免通过透水性较强的地带和风化岩层及节理发育的破碎地带。干渠输水段还需考虑引水安全，通常布置

成挖方，避免高填方及深挖方。支渠以方便配水为主，通常可布置成半填半挖，以节省土方。

⑤灌溉渠系应结合排水系统进行规划。为了便于有效调节农田水分状况应需有灌有排。通常先以天然河沟作为骨干排水沟道，布置排水系统，再布置灌溉渠系。应防止沟、渠交叉，减少交叉建筑物。

⑥当渠线必须转弯时，土质的干、支渠弯道曲率半径应不小于 5 倍的干、支渠水面宽度。若不能满足以上要求时，应采取措施防护。石渠或刚性护面渠道的弯道曲率半径可适当减小，但不能小于 2.5 倍的石渠或刚性护面渠道水面宽度。

⑦对于沿渠线方向宣泄的山洪等应进行截导，避免进入灌溉渠道。一定要引洪入渠时，应对渠道的泄洪能力进行校核，并设置排洪闸等安全设施。

⑧灌溉渠系布置应紧密结合土地利用规划（如居民点、耕作区、林带、道路等规划）及农业区划，使土地利用率提高，便于生产和生活。

⑨必须考虑综合利用。山区、丘陵区的渠道布置应集中落差，便于发电及农副业加工。

（二）渠道输水系统的布置形式

干、支渠（骨干渠系）的布置主要由地形条件决定，大致可分为以下类型。

1.平原灌区的干、支渠布置

平原灌区可分为冲积平原灌区和山前平原灌区。冲积平原灌区多数位于河流中、下游地区，耕地集中连片，地形开阔平坦。山前平原灌区多位于洪积冲积扇上，除了地面坡度比较大，其他方面与平原地区的特征一致。河谷阶地位于河流两侧，地带狭长，高处地面坡度较大，并倾向河流，河流附近坡度小，水文地质条件及土地利用状况相似于平原地区。这些地区的渠系规划较相似，可归为一类。干渠布置多数沿等高线，支渠布置垂直于等高线。

2.山区、丘陵区灌区的干、支渠布置

山区、丘陵区灌区，应遵守"低水低用，高水高用"的原则，选用"长藤结瓜"式灌溉系统，排水系统的布置应尽量利用天然河道和沟溪。干、支渠的布置有两种主要形式。

①干渠沿等高线布置。干渠沿灌区的上部边缘布置，以求管控全部灌溉面积，这时则从干渠的一侧引出支渠。以这种方式布置的地形通常位于分水岭及山溪或河流间，为狭长形，地面等高线与河流方向大致平行，灌区内的河流、山溪常用作支沟道、排水干。在这种情况下，干渠的渠线较长，渠底比降应缓，便于控制较大面积或者集中落差进行发电。但干渠位置也不应太高，避免建筑物及石方工程量陡增。

②干渠沿主要分水岭布置。干渠布置主要沿灌区内的地面岗脊线，走向与等高线大致垂直，干渠比降可视地面坡度而定。自干渠两侧分出支渠，控制灌溉面积大。这种布置主要见于浅丘岗地灌区。其干渠与天然河沟交叉少，建筑物也少，可减小工程量。

3.圩垸（滩地、三角洲）区灌区的干、支渠布置

这类灌区分布在滨海三角洲及沿江沿湖滩地地区，地势低洼平坦，多河湖港汊，水网密集，地下水位较高。为防止江河洪水侵袭，耕地四周均筑有堤防，形成独立的区域，称为圩垸。多见于我国南方河流的下游沿江滨湖地区、三角洲水网地区及北方洼淀地区。

圩内地形一般是周围高、中间低。除涝和控制地下水位是圩垸区的主要问题，因此其灌溉系统的布置，应首先考虑除涝和控制地下水位，以排为主，兼顾灌溉，排灌分家，各成系统，而且灌溉渠系的布置是在合理布置排水系统的基础上进行的。对于这类长年无自流排灌条件的灌区，经常利用机电排灌站进行提灌、提排。较大面积的圩垸，常一圩多站，分区灌溉，合并排涝。在北方这类灌区往往由于当地地面水渠不足，需要利用灌道和排水沟引水蓄水，在保证地下水位的前提下，采用排、灌、蓄结合的深沟河网系统。而地下水质较好的地区，则可发展井灌。灌溉干渠多沿圩堤布置，灌溉渠系通常只有干、支两级。

4.滨海感潮灌区的干、支渠布置

滨海感潮灌区的土壤含盐量普遍较高，部分原因在于缺乏淡水冲洗，因此常年遭受不同程度的盐害。对此，一方面需采取措施防止咸潮入侵；另一方面需引蓄淡水，解决好农田灌溉及人畜饮水问题。所以对滨海感潮灌区应做到拒咸蓄淡，适宜灌排，即在布置灌排渠系的同时，需经过技术经济论证，设置必要的防洪海塘、挡潮、涵闸及引蓄淡水工程。

以上分别简单介绍了各类灌区干、支渠道的布置形式，主要目的在于分析各种灌区的特点，以供布置和设计主要灌排渠道时参考。要布置好排灌渠系，必须根据具体条件和开发任务来决定。

（三）渠线的规划步骤

干、支渠道的渠线规划可分为查勘、图纸上定线及定线测量三个步骤。

1.查勘

先在小比例尺（通常为 1 : 50 000）地形图按渠道 1 : 2 000 ～ 1 : 5 000 比降，布置渠线初步位置，复杂地形的地段可以布置几条线路相比较，再进行实际查勘，调查渠道沿线的地质地形条件，预计建筑物的数量、类型及规模，对难施工地段要进行初勘及复勘，经反复分析后，初定一个渠线布置的可行方案。

2.图纸上定线

对于经查勘初定的渠线，测量带状地形图，比例尺为 1 : 1 000 ～ 1 : 5 000，等高距为 0.5 ～ 1.0 m，测量范围从初定的渠道中心线向两侧扩展，宽度为 100 ～ 200 m。在带状地形图上布置渠道中心线的准确位置，含弧形中心线的位置及弯道的曲率半径，且根据沿线地形及输水流量选取合适的渠道比降。在确定渠线的位置时，要先综合考虑渠

道水位的沿程变化及地面高程。在平原地区，渠道设计水位通常高于地面，形成半挖半填渠道，使渠道水位有充足的控制高程。在丘陵山区，当渠道沿线地面横向坡度比较大时，可按照渠道设计水位选取合适的渠道中心线的地面高程。渠线还应顺直，不要过多弯曲。

3. 定线测量

经过测量，把带状地形图上的渠道中心线布置到地面上去，沿线打木桩。木桩的位置及间距要看地形情况。先给木桩写上桩号，并测量备用木桩处的地面高程及地面横向高程线，再按照设计的渠道纵横断面确定各个桩号处的开挖位置及挖、填深度。

在平原地区及小型灌区，渠线规划可用大于 1 ： 10000 的比例尺地形图。先初步在图纸上确定渠线，然后进行实测勘察，修正渠线，再进行定线测量，通常不测带状地形图。斗、农渠的规划也可按照以上步骤进行。

第二节　田间工程

一、田间工程的规划原则

田间工程一般指末级固定渠道（农渠）及排水沟道（农沟）所包围的农田范围内的建设工程。田间工程要对调节农田水分状况、培肥土壤及实现现代化有利。因此，田间工程规划应满足以下要求及原则。

①田块的大小和形状要符合农业现代化的需求，对农业机械作业及提高土地利用率有利。

②田间灌排系统完善，做到灌排自如，避免串灌串排，且能控制地下水位，避免土壤过湿及土壤次生盐碱化，达到保肥、保水、保土。

③田面平整，灌水时土壤湿润均匀，排水时田面没有积水。

④田间工程规划必须在农业发展及水利建设规划的基础上进行，是农田基本建设规划的重点。

⑤田间工程规划必须既全面考虑农业现代化发展的要求，又满足农业生产发展的当前需要，统筹规划，分期实施，当年增产，长期有效。

⑥田间工程规划必须讲求实效，因地制宜，科学严谨，合理规划。

⑦田间工程规划必须以治水改土为中心，实行综合治理，创造良好的生态环境，促进农业、林业、畜牧业、副业及渔业全面发展。

二、田间渠系的布置

各地区的自然条件不相同，组成田间灌溉的渠系及规划布置也有较大相异，按地形可将田间渠系分为以下两大类。

（一）平原和圩区的田间渠系

1.斗、农渠的布置形式

平原和圩区的田间渠系，按照渠沟的相对位置及作用不同，主要有以下三种布置形式。

①灌排相邻布置。指在地面向一侧倾斜的地区，渠道仅向一侧灌水，排水沟也仅接纳一侧的径流，灌溉渠道及排水沟道必须并行，上灌下排，互相配合。如图4-2（a）所示。该形式适用于地形坡向单一的灌排方向相同的地区。

②灌排相间布置。指渠道向两侧灌水，排水沟接纳两侧的排水，灌溉渠道及排水沟道相互交错，布置灌溉渠道在高处，排水沟在低处。如图4-2（b）所示。此布置适用于地形平坦或平缓的地区，可节省工程量。

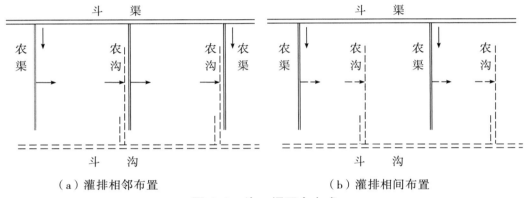

（a）灌排相邻布置　　　　　　　　（b）灌排相间布置

图4-2　沟、渠配合方式

以上两种布置形式均为"灌排分开"，其主要特点是利于控制地下水位。这不只对北方干旱、半干旱地区非常重要，对南方地区也很重要，应积极推广运用。地下水位太高，土温下降、土壤冷浸、通气及养分状况变差，作物生长会受到严重影响。这种灌排分开布置形式可按需分别进行控制，两者不产生矛盾，有利于及时灌排。

③灌排合渠。指灌溉及排水用同一条渠道的形式，只适用于地势较高，地面有一定坡度的地区或者地下水位较低的平原地区。该布置的前提是地下水位不需控制，灌排矛盾小。在这种情况下，格田之间有些高差。沿着最大地面坡度方向布置灌排两用渠（可按照地面坡度及渠道坡降，分段修筑跌水），控制两侧格田，起到又灌又排的作用，这样可减少占用耕地面积及工作量。如图4-3所示。

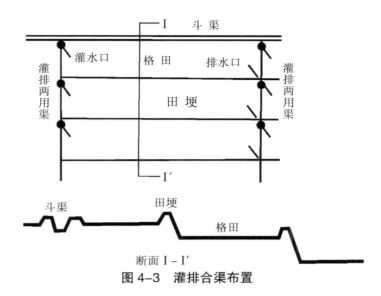

图 4-3　灌排合渠布置

2. 田间渠系布置

田间渠系指条田内的灌溉网，包含灌溉毛渠、灌水沟、畦及输水垄沟等。水田还包括格田及田埂。条田指末级固定渠道（农渠）及排水固定沟道（农沟）间的田块，又称耕作区或方田。根据地形条件不同，布置田间渠系有两种基本形式。

①纵向布置。布置毛渠与灌水沟、畦的方向相同，灌溉水从毛渠流经输水沟后进入灌水沟、畦。为了利于灌水，毛渠布置通常是垂直等高线方向，使灌水方向及地面最大坡向相同。在有微水沟、畦的坡度超过 1/400 的地形，地面坡度不小于 1/100 时，为了防止田面土壤冲刷，毛渠可斜交等高线，使毛渠及灌水沟、畦的长度减小。田间渠系的纵向布置见图 4-4。此布置适用于土地平整较差、地形变化较复杂的地区。

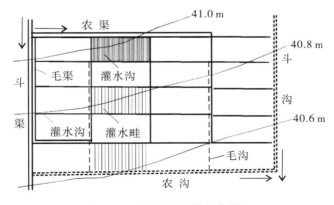

图 4-4　田间渠系纵向布置

②横向布置。灌水方向平行于农渠，毛渠布置垂直于灌水沟、畦方向，灌溉水直接从毛渠流入灌水沟、畦，见图 4-5。这种方式省掉了输水沟，田间渠系长度变小，可使

减少田间水量损失并节省土地。一般当灌水沟、畦坡度小于1/400时，宜选用横向布置。通常布置毛渠沿等高线方向或与等高线有一个小的夹角，使灌水沟、畦及地面坡度方向大致相同，有利于田间灌水。这种形式适用于地面坡向一致、坡度较小的地区。

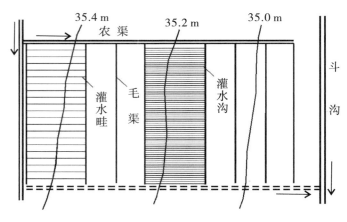

图4-5　田间渠系横向布置

3. 灌水沟、畦与格田规格

灌水沟、畦的规格宜分区进行试验，也可按照当地或邻近地区的实践经验确定。

①旱作灌溉畦田长度、单宽流量和畦田比降，应根据土壤透水性选定。畦田不应有横坡，其宽度应为农业机具宽度的整数倍且不宜大于4 m。选用水平畦灌、波涌灌溉或长畦分段灌溉时，沟畦规格应通过试验与理论计算相结合的方法确定。

②水稻区格田的规格：水稻区田间渠系布置是在条田里修筑田埂，将其分成很多格田，格田的长度为60～120 m，宽度为20～40 m，格田的长边布置常沿等高线方向，每一块格田都要在渠沟上独立设置进水口和排水口。山区、丘陵区水稻灌区可根据地形、耕作条件及土地平整投入能力等作适宜调整。

4. 土地平整

在具有地面灌溉的地区，为了确保灌溉质量，土地必须进行平整。经过土地平整，削高填低，连片成方，除了使灌排条件得到改善，还能改良土壤，扩大耕地面积，适应机械耕作。因此，平整土地是治水改土、建设高标准农田的重要措施之一。

（二）山区、丘陵区的田间渠系

山区、丘陵区地形起伏变化大，坡陡谷深，岗冲交错，通常排水条件好，干旱是影响农业生产的主要因素。但是在山丘间的冲田，地势较低，多雨季节引发山洪，易造成洪涝灾害。此外冲、谷处的地下水位往往较高，常形成冷浸田及烂泥田。故田间渠系的布置须全面解决旱、涝、渍的问题。

按地形不同，山丘区农田可分为岗、坡、冲、畈等类型。岗地位置高，坡田位于山冲两侧的坡地上，冲田在两岗间地势最低处，冲沟下游及河流两岸地形渐渐平坦，常为宽广的平畈区。

山丘区的支、斗渠布置常沿岗岭脊线。农渠沿坡田短边布置，与等高线垂直。因坡田是层层梯田，两梯田间有一定的高差，农渠上修筑跌水衔接。农渠多为双向控制，坡田排水条件好，地势较高，所以多为灌排两用，每个格田均设有独立的进水口和出水口，以避免串灌串排。图4-6即为山丘区田间渠系布置的一般形式。

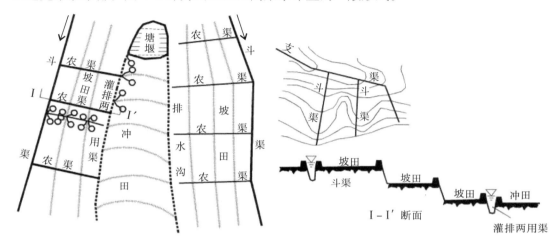

图4-6　山丘区田间渠系布置示意图

三、井渠结合的田间灌溉网

井渠结合是井水与渠水联合运用的一种灌溉方式。其特点是可充分利用水资源，保证作物适时灌溉，提高灌溉用水保证率，且利于灌区调控地下水位，防止土壤盐碱化，消除渍涝等灾害，促进灌区农业生产的发展。井渠结合灌溉网的布置形式有以下两种。

1. 以渠为主，以井补渠

渠井双灌区，井网的规划布置，应以固定灌溉渠道（斗、农渠）为骨架，井网沿渠道布置，走向应与潜水流向斜交或垂直；采用方格形或梅花形布置。井位布置应靠近沟、渠、路、林，设在田边地角上，对机耕、管理有利，占用耕地也少。为了便于输水，通常应将井位选定在较高位，利于控制较大的灌溉面积。在井渠结合的灌区，要把井位排成直线，与渠道相间布置最佳。这样一来，井灌抽水可有效降低地下水位，避免土壤盐碱化。通常地下水质不佳的、建井条件差的、地表以下没有良好的储水构造的区域，适宜以渠为主的渠井结合方式。

2. 以井为主，以渠补井

即以井灌为主，开采利用地下水，地下水不足时以地面水补充。据地形条件，井灌田间渠系常有两种布置形式：一种为井位设在灌溉土地的中心位置，向四周灌水，适用于平坦或中间高两边低的地形；另一种为井位设在灌溉土地的一侧，向一个方向灌水，适用于地面坡度大且向一侧倾斜的地区。引用地面水的渠道布置，应按照井网布置的要求，且沿井灌区较高处或者有储水构造的贫水地段附近及可补给地下水的坑塘、沟槽等处布置，以对地下水加强补给。地下水储量充足、水位较高，且易于补给及开采的丰水区，适宜以井为主的渠井结合方式。

四、田、林、路的布置

田间工程规划，除了布置合理的田间灌排渠系，还需考虑田块、农村道路及林带的布置。

（一）田块的布置

田块的大小要适应机耕，便于灌排，这样才有利于作物生长。

旱作田块的长度取 300 ～ 1 000 m 为宜，而间距则视有否控制地下水位的要求而定。在不需要控制地下水位的地区旱作田块的长度取 200 ～ 400 m。田块中还有临时毛渠和输水沟将田块分割为若干的小田块以利于农事的操作。

水田格田的大小，南方丘陵地区格田长度取 60 ～ 80 m，宽度取 20 ～ 30 m 为宜。平原地区由于地势较平坦，格田长度取 100 m 左右，宽度取 25 ～ 40 m 为宜。上下格田的高差不应过大，否则不利于机械下田操作。山丘区要顺应地形，格田长边常常平行于地形等高线。位于双向控制灌排渠道两侧的格田，都要求左右相对应的两块格田的高程一致，以利灌排。

（二）农村道路的布置

农村道路关系到农业生产、群众生活、交通运输及农业机械化等方面，是农田基本建设的主要部分。因此，在灌区田间工程规划中，必须对道路作出全面规划。在乡镇区域内的农村道路常可分为四级，即干道、支道、田间道及生产路，称为"三道（拖拉机、农田机械等通行）一路（人行或非机动车通行）"，其规格可参考表 4-1。

表 4-1　农村道路规格标准

道路分级	主要联系范围	依沟旁渠级别	行车情况	路面宽 /m	路面高于地面 /m
干道	县乡、乡乡之间	干、支渠（沟）或另选线	双车道	6 ～ 8	0.7 ～ 1.0
支道	乡村之间	支渠（沟）	单车道加错车段回车场	3 ～ 5	0.5 ～ 0.7
田间道	村村之间	斗、农渠（沟）	单车道	3 ～ 4	0.3 ～ 0.5
生产路	村村之间、田间	农渠（沟）	不通行机动车	1 ～ 2	0.3

要因地制宜确定路面宽度，在人少地多的地区，各级道路宽度可比表 4-1 中数值大些，有特别运输任务的农村干道可根据一般公路的标准确定。

灌区内的农村机耕道路（支道、田间道路等）布置常沿支、斗、农级灌排渠沟，沟渠路林的配合形式应有利于排灌、机耕及运输、田间管理等，而且不影响田间作物光照。从沟、渠、路的相对位置来说，常有如下三种配置形式。

1. 沟—渠—路形式

道路布置位于斗渠一侧，在灌水田块的上方，如图 4-7（a）所示。这种形式有利于农业机械、人畜入地，且可先修较窄的道路，如以后有拓宽道路的需求，由于机耕道要跨过全部的农渠，须修建较多小桥或涵管。

2. 沟—路—渠形式

道路布置位于灌、排渠沟之间，在灌水田块的下方，如图 4-7（b）所示。这种形式的特点是灌溉渠道靠近田间，方便灌水，需分水建筑物少，排水沟不受接纳排水的阻碍，道路不相交于末级固定沟渠（农渠、农沟）。由于农机进入田间必须跨越沟渠，需修建交叉建筑物较多，且今后不易拓宽机耕道路。

3. 路—沟—渠形式

道路布置在灌水田块的下方，位于排水沟的上

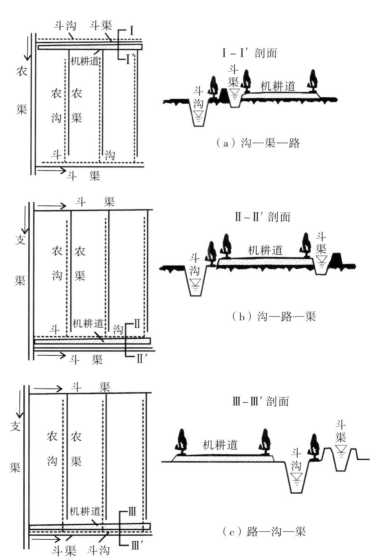

图 4-7　机耕道路与沟、渠结合布置形式

侧，利于农业机械入地，也易于今后拓宽道路，如图 4-7（c）所示。但道路要相交于农排，需修建桥涵等交叉建筑物，影响排水，且雨季若排水不足，田块和道路易积水或受淹。

（三）林带的布置

林带布置应视具体情况而定，土地较少的地区，林带可布置小些，或在不增加占地的前提下，在渠堤脚或沟边植树，达到护渠和增加收入、改善生态环境的目的。土地较多，劳力不足或风灾、水土流失较严重地区，林带可布置大些。一般平原地区，沿干渠主要林带宽度为 8 ～ 10 m，支、斗渠林带的宽度为 4 ～ 6 m。

在沟、渠、路旁，凡是可以植树的地方都要栽树，在支、斗灌排渠道和公路、生产道路的两侧或一侧要栽树。对于填方渠道，树要栽在渠堤的外坡脚下，挖方渠道栽在渠顶的外沿，渠道的内坡（迎水坡）不宜栽树。在栽树时要减少遮阳，以免影响作物生长。起防风作用的林带，应垂直主要风向布置。

另外，林带的布置要注意经济林与用材林搭配、常绿树与落叶树、乔木和灌木搭配、成林与幼林搭配。

第三节　渠道输水系统设计

一、渠道的设计流量

设计各级渠道时，首先要确定渠道的设计流量。渠道设计流量是指灌水时期渠道需要通过的最大流量。它是设计渠道断面及渠道建筑物尺寸的重要依据。渠道设计流量与所需灌溉净流量及渠道的工作制度有关。设计流量必须恰当，引水量过小不能满足灌溉用水的要求，过大会增加渠系上各级建筑物的工程量、渠道占地面积及土方量，造成很大浪费。实际上，渠道设计流量是由计算渠道所控制范围内作物的灌溉净流量与渠道损失流量之和确定的。

（一）渠道净流量

渠道净流量是根据渠道所控制范围内作物种植面积、作物的灌溉制度计算求得，可按下述公式确定：

$$Q_净 = \frac{m\omega}{86\,400T} \tag{4-1}$$

式中：$Q_净$——渠道净流量（m^3/s）；

m——作物灌水定额（m^3/hm^2）；

ω——作物种植面积（hm^2）；

T——允许延续灌水的天数（d）。

如用渠道灌溉多种作物，则渠道净流量为各种作物所需净流量的和，其计算公式如下：

$$Q_{总净} = \frac{m_1\omega_1}{86\,400T_1} + \frac{m_2\omega_2}{86\,400T_2} + \cdots + \frac{m_n\omega_n}{86\,400T_n} \tag{4-2}$$

式中：$Q_{总净}$——渠道的总净流量（m³/s）；

　　　m_1，m_2，…，m_n——各种作物的灌水定额（m³/hm²）；

　　　ω_1，ω_2，…，ω_n——各种作物种植面积（hm²）；

　　　T_1，T_2，…，T_n——各种作物允许灌水的延续天数（d），一般棉花为 8～15 d，冬小麦为 5～10 d，玉米、谷子、牧草为 8～10 d，水稻为 3～10 d，蔬菜为 3～7 d。

（二）渠道的损失流量

渠道在输水过程中，有一部分流量由于渠道水面蒸发、漏水、渠床渗漏等原因沿途损失，不能进入田间为作物所利用。该部分损失的流量叫输水损失（$Q_损$），在确定渠道设计流量时必须加以考虑。

水面蒸发的损失是指沿渠水面蒸发掉的水量，其值可根据水面蒸发资料及渠道近似总水面积求得。水面蒸发损失常少于渗漏损失水量的 5%，在计算渠道流量中可忽略。

漏水损失指因地质条件、生物作用或者施工不良等形成漏洞或裂隙而损失的水量，或因管理不善、建筑物漏水、工程失修等造成损失的水量。这是在施工、管理中可以防止和避免的，因此在计算渠道流量时也不予考虑。

渠床渗漏损失指通过渠道两侧及底部的渠堤中的土壤孔隙而流到地下的水量，是输水中损失的主要水量，近似为总输水损失水量。渠道渗漏损失的水量与渠床土壤性质、地下水埋深及出流条件、输水时间、渠道工作制度、渠道淤积与衬砌情况等因素有关。

渠道输水损失，常通过实测确定。无实测资料时，也可以根据理论或经验公式估算。

1. 经验公式计算

$$Q_损 = \frac{\sigma \times L \times Q_净}{100} \tag{4-3}$$

式中：$Q_损$——渠道输水损失（m³/s）；

　　　$Q_净$——渠道净流量（m³/s）；

　　　L——渠道长度（km）；

　　　σ——每千米渠道输水损失（以渠道净流量的百分数计），由下式计算：

$$\sigma = \frac{A}{Q_净^m} \tag{4-4}$$

式中：A——渠床土壤透水系数；

　　　m——渠床土壤透水指数。

土壤透水性参数 A 和 m 应按照实测资料确定，或借用相似邻近的灌区资料。无相关实测资料时，可采用表 4-2 中的数值。

表4-2　土壤透水参数表

渠床土壤	透水性	渠床土壤透水系数 (A)	渠床土壤透水指数 (m)
黏土	弱	0.70	0.30
重壤土	中弱	1.30	0.35
中壤土	中	1.90	0.40
轻壤土	中强	2.65	0.45
砂壤土	强	3.40	0.50

2. 用水有效利用系数来表示各级渠道的输水损失

渠道在输水过程中，沿途会损失一些水量，流到下一级渠道或田间的实际流量会变少，因此产生了两个不同流量，即净流量和毛流量，为渠道流量推算中两个常用的具有相对概念的名词。对于一个渠段，流经上、下断面的流量分别为 $Q_上$、$Q_下$：$Q_上$ 为该渠段的毛流量，$Q_下$ 为该渠段的净流量。对于渠系，干渠同时向各支渠分水，渠首流量为 Q_0，各支渠分水量为 Q_1，Q_2，$\cdots$，Q_n；对干渠而言，Q_0 则为干渠毛流量，（$Q_1+Q_2+\cdots+Q_n$）为干渠净流量；对各支渠，Q_1，Q_2，$\cdots$，Q_n 则分别为各支渠的毛流量。

根据灌区各渠道的毛流量、净流量及灌入农田的有效水量，可得出反映水量损失情况的几个经验系数。

①渠道水利用系数是某渠道的净流量与毛流量的比值，反映了从渠首到农渠的各级输配水渠道的输水损失状况，或反映同一级渠道水量损失的平均状况，用 $\eta_{渠道}$ 表示：

$$\eta_{渠道} = \frac{Q_下}{Q_上} = \frac{Q_净}{Q_毛} \qquad (4-5)$$

②渠系水利用系数是灌溉渠系的净流量与毛流量的比值，用 $\eta_{渠系}$ 表示。农渠向田间供水的流量为渠系的净流量，干渠或者总干渠从水源引水的流量为渠系的毛流量。渠系水利用系数的数值为各级渠道水利用系数的乘积。即：

$$\eta_{渠道} = \eta_干\, \eta_支\, \eta_斗\, \eta_农 \qquad (4-6)$$

渠系水利用系数反映了整个渠系的水量损失状况，其不仅反映了灌区的自然条件及工程技术状况，而且反映了灌区的管理水平。我国管理水平较高的灌区，渠系水利用系数（$\eta_{渠系}$）为 0.75～0.85；管理水平较低的灌区，$\eta_{渠系}$ 仅 0.4 左右。一般管理水平下，干渠 $\eta_干$ 为 0.5～0.7，支渠 $\eta_支$ 为 0.6～0.8，斗渠 $\eta_斗$ 为 0.85 左右。一般提水灌区的渠系水利用系数稍高于自流灌区。渠系的水利用系数长期不高，说明水的损失严重，这必然影响到扩大灌溉面积，也提高了灌水成本。而大量渗水又必然造成灌溉地区地下水位的上升，导致盐碱化或沼泽化。因此，做好渠道的防渗工作，是节水农业的重要内容之一。

③田间水利用系数是实际灌入田间的有效水量（对于旱地而言，指蓄存在计划湿润

层中的灌溉水量；对于水田而言，指蓄存在格田内的灌溉水量）和末级固定渠道（农渠）放水量的比值，用 $\eta_田$ 表示：

$$\eta_田 = \frac{A_农 m_n}{W_{农净}} \qquad (4-7)$$

式中：$A_农$——农渠的灌溉面积（hm^2）；

m_n——净灌水定额（m^3/hm^2）；

$W_{农净}$——农渠供给田间的水量（m^3）。

田间水利用系数是衡量灌水技术及田间工程条件的重要指标。在灌水技术良好、田间工程完善的条件下，旱作农田的田间水利用系数为 0.9 以上，水稻田的为 0.95 以上。

④灌溉水利用系数是全灌区灌入农田的实际有效水量（净流量）和渠首引入水量的比值，或为渠系利用系数和田间水利用系数的乘积，用 $\eta_水$ 表示。它是评价灌水技术水平、灌区管理水平及渠系工作状况的综合指标，即：

$$\eta_水 = \frac{Q_{田净}}{Q_首} = \frac{A m_n}{Q_首} \qquad (4-8)$$

或

$$\eta_水 = \eta_{渠系} \eta_田 \qquad (4-9)$$

式中：A——某次灌水全灌区的灌溉面积（hm^2）；

m_n——净灌水定额（m^3/hm^2）；

$Q_首$——某次灌水渠首引入的总水量（m^3）。

以上这些经验系数的数值与灌区大小、渠床土质和防渗措施、渠道长度、灌水技术水平、管理水平及田间工程状况等因素相关。引用别的灌区的经验数值需条件相近。

（三）渠道设计流量

当得到渠道的净流量（$Q_净$）和渠道的损失流量（$Q_损$）之后，即可求得渠道的设计流量（$Q_设$）：

$$Q_设 = Q_净 + Q_损 \qquad (4-10)$$

如果知道了渠道的有效利用系数（η），则渠道的设计流量（$Q_设$）也可用下式求出：

$$Q_设 = \frac{m\omega}{86\,400T\eta} \qquad (4-11)$$

式中 m、w、T 意义同式（4-1）。

以上求出的设计流量称为渠道的正常设计流量，是确定渠道各水力要素、设计渠道断面及渠系建筑物的依据。另外，在设计渠道时，还应考虑到非常情况下渠道应能通过的加大流量和最小流量。

（四）渠道最小流量和渠道加大流量

1. 渠道最小流量

在灌区内，针对种植面积较小或灌水定额较小的作物单独供水，此为渠道最小流量

（Q_{min}）。当河流水源不足时，渠道引入的流量为最小流量。最小流量用以校核对下一级渠道的水位状况及确定修建节制闸的位置，并根据最小流量验算渠道不淤条件。

对同一渠道，其设计流量（$Q_{设}$）与最小流量（Q_{min}）不应相差过大，否则可能会出现因水位不足而造成引水困难的现象。为了确保对下级渠道正常供水，目前有部分灌区规定，渠道最小流量宜不低于渠道设计流量的 40%；也有部分灌区规定渠道最低水位不低于设计水位的 70%。在实际灌水中，若灌水定额太小，宜缩短供水时间，集中供水，使流量大于最小流量。

2. 渠道加大流量

渠道加大流量是为应对今后可能出现未能预料到的变化（如扩大灌溉面积、种植比例变化，出现罕见的干旱气候等）和需要短时加大输水量而设计的，在设计时应留有余地。渠道加大流量是设计堤顶高程的依据，即：

渠堤顶高程 = 渠道通过加大流量时的水位 + 堤顶超高。

渠道加大流量（$Q_{加大}$，m^3/s）是在设计流量的基础上加大，具体按下式计算：

$$Q_{加大} = (1 + 加大系数) Q_{设计} \qquad (4\text{--}12)$$

加大系数因设计流量的大小而异。

当 $Q_{设计}$ 小于 $1\ m^3/s$ 时，加大系数取 0.30 ～ 0.35；

  $Q_{设计}$ 为 $1 ～ 5\ m^3/s$ 时，加大系数取 0.25 ～ 0.30；

  $Q_{设计}$ 为 $5 ～ 10\ m^3/s$ 时，加大系数取 0.20 ～ 0.25；

  $Q_{设计}$ 为 $10 ～ 30\ m^3/s$ 时，加大系数取 0.15 ～ 0.20；

  $Q_{设计}$ 大于 $30\ m^3/s$ 时，加大系数取 0.10 ～ 0.15。

因轮灌渠道控制面积较小，可以适当调剂轮灌组内各长渠道的输水时间及输水流量，不需考虑加大轮灌渠道流量。

抽水灌区的渠道泵站设有备用机组时，干渠的加大流量按备用机组的抽水能力而定。

二、渠道的工作制度

渠道的工作制度，即渠道的输水工作方式，分为续灌和轮灌。

1. 续灌

在一次灌水延续时间内，自始至终连续输水的渠道叫续灌渠道。该输水工作方式称续灌。

为了平衡各用水单位，防止因水量过于集中而导致灌水组织及生产安排的困难，灌溉面积较大的灌区，干、支渠常采用续灌。

2. 轮灌

同一级在一次灌水延续时间内轮流输水的渠道叫轮灌渠道。该输水工作方式称轮灌。

轮灌缩短了各渠道的输水时间，增加了配水流量，而且工作的渠道长度较短，输水损失水量变少，有利于农业耕作和灌水工作的配合及灌水效率的提高。由于轮灌增加了渠道的设计流量，从而也增加了渠道的土方量及渠道建筑物的工程量。若流量过于集中，将会造成劳力紧张，在干旱季节各用水单位的均衡受益也会受到影响。所以，较大的灌区，仅在斗渠以下实行轮灌。

实行轮灌时，渠道分组轮流灌水，分组方式可为如下三种。

①集中轮灌。指将上一级渠道的来水集中供给下级的某一条渠道，待这条渠道完成用水后，再将水集中供给另一条渠道使用，见图4-8（a）。集中轮灌特点是水流最集中、工作的渠道长度最短、渠道输水损失最小、下级渠道的断面要大。如果上级渠道来水量太小，分散供水会明显降低渠道水利用系数时，多采用该配水方式。

②分组轮灌。将邻近的几条渠道组成一组，上级渠道轮流按组供水，见图4-8（b）。如果上一级渠道来水流量较大，多采用该配水方式。

③分组插花轮灌。将同级渠道分别按编号的奇数或偶数编组，上级渠道轮流按组供水，见图4-8（c）。

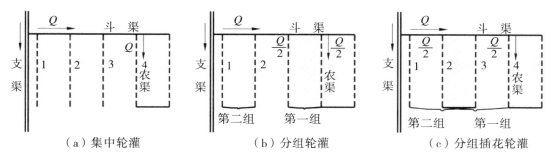

（a）集中轮灌　　　　　（b）分组轮灌　　　　　（c）分组插花轮灌

图4-8　轮灌分组示意图

根据灌区的实际情况，轮灌渠道的划分要因地制宜。一般应注意：各轮灌组的流量（或控制面积）应大致相等；每一轮灌组渠道的总输水能力应适应上一级渠道供给的流量；同一轮灌组的渠道应较集中，便于管理，且减少渠道同时输水的长度及输水损失；应兼顾农业生产和群众用水习惯，尽可能把同生产单位的渠道划在同轮灌组内，以便组织劳力及灌水。

在运行管理中，如水源不足，干、支渠也实行轮灌，通常当渠首引水流量小于正常工作流量的40%～50%时，干、支渠实行轮灌，以减少输水损失，并确保渠道一定的工作水位。

三、渠道纵、横断面的设计

确定渠道设计流量、最小流量及加大流量以后，即可设计渠道纵、横断面。渠道纵、横断面的设计是相互制约又相互关联的。在实际工作中并不能把它们截然分开，而应将纵、横断面设计进行计算比较，从而找出一个合适的设计方案。但为了便于叙述，将分别介绍纵、横断面设计方法。

（一）渠道横断面的设计

1.渠道横断面的分类

①按渠道横断面几何形状来分，可分为矩形、梯形和 U 形三种。

这三种断面形状，主要依据土壤的性质和施工材料的不同而加以选用。一般土质渠道多为梯形断面，混凝土、砖石砌筑的断面多为矩形或 U 形断面。

②按渠道挖填方的情况，可分挖方、填方和半挖半填三种。

a.挖方渠道。即渠道完全置于地面以下。一般多用于干渠输水工作段，或在遇到高地或经过斜坡时采用。

对于挖方渠道，为避免坡面径流的侵蚀、渠坡坍塌及方便施工管理，除正确选择边坡系数 m 外，当渠道挖深超过 5 m 时，每隔 3 ～ 5 m 高度应设置一道平台。第一级平台的高程和渠岸（顶）高程相同，平台宽度为 1 ～ 2 m。若平台兼作道路，则应根据道路标准确定平台宽度。在平台内侧应设置排水沟，汇集和排除坡面径流，防止渠坡冲刷和雨水渗入岸坡，影响边坡稳定。坡面径流经过沉沙井和陡槽集中进入渠道。当挖深大于 10 m 时，不仅施工困难，边坡也不易稳定，应改用隧洞等形式。

b.填方渠道。即渠道完全置于地面以上。一般当渠道通过低洼地段或坡率很小地区时采用。经过溪流时，渠下应埋设涵管，宣泄山溪径流。

填方渠道易溃决和滑坡，要认真选择内、外边坡系数 m。填方高度大于 3 m 时，应通过稳定分析确定边坡系数，有时需在外坡脚处做排水滤体。填方高度很大时，需在外坡设置平台。位于不透水层上的填方渠道，当填方渠道高度大于 5 m 或高于 2 倍设计水深时，一般应在渠堤内加设纵横排水槽。填方渠道可能会沉陷，施工时应预留一定的沉陷高度，通常增加设计填高的 10%。在渠底高程处，堤宽应为渠道水深的 5 ～ 10 倍，根据土壤的透水性能而定。

c.半挖半填渠道。即渠道断面一部分在地面下，另一部分在地面上。这种断面形式有利于下级渠道的分水，应用最为广泛。挖方部分提供筑堤土料，填方部分提供挖方弃土场所，渠道工程费用少。当挖方量与填方量相等（考虑沉陷影响，外加 10% ～ 30% 的土方量）时，工程费用最少。挖、填土方相等时的挖方深度 x 可按下式计算：

$$（b_1+m_1x）x=（1.10 ～ 1.30）\times 2a\left(d+\frac{m_1+m_2}{2}a\right) \tag{4-13}$$

式中符号的含义如图 4-9 所示。系数 1.10 ～ 1.30 是考虑土体沉陷而增加的填方量，砂土取 1.10，壤土取 1.15，黏土取 1.20，黄土取 1.30。

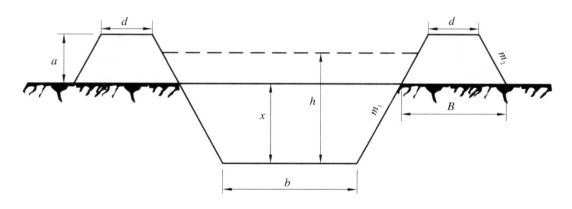

图 4-9　半挖半填渠道

为保证渠道的安全稳定，半挖半填渠道堤底的宽度 B 应满足条件如下：

$$B \geqslant （5 \sim 10）（h - x）\qquad\qquad （4\text{-}14）$$

2. 渠道横断面的要素

①渠底宽 b 表示渠道底部的宽度，单位为 m。

②渠道边坡。渠道边坡一般用 1 : m 表示，1 表示斜坡的垂直高度，m 表示斜坡的水平长度，叫边坡系数。它是渠道边坡倾斜程度的指标，m 值的大小关系到渠坡的稳定。m 值越大，边坡越缓，反之则陡。对于矩形断面 m 值等于零。

渠道断面内的边坡一般称为内边坡，简称内坡。渠堤外的边坡称为外边坡，简称外坡。

渠道的最小边坡系数 m 应根据渠床土壤质地条件、地质、水文地质、渠道的挖填方状况及渠道深度等各条件选择。应经过土工试验及稳定分析确定大型渠道的边坡系数，中小型渠道的边坡系数可根据经验参考表 4-3、表 4-4。

表 4-3　挖方渠道最小边坡系数

渠床条件	渠道水深 h/m			渠床条件	渠道水深 h/m		
	<1.0	1.0 ~ <2.0	2.0 ~ 3.0		<1.0	1.0 ~ <2.0	2.0 ~ 3.0
稍胶结的卵石	1.00	1.00	1.00	中壤土	1.25	1.25	1.50
夹砂的卵石和砾石	1.25	1.50	1.50	轻壤土、砂壤土	1.50	1.50	1.75
黏土、重壤土	1.00	1.00	1.25	砂土	1.75	2.00	2.25

表4-4 填方渠道最小边坡系数

渠床土质	渠道水深 h/m					
	< 1.0		1.0 ～ < 2.0		2.0 ～ 3.0	
	内坡	外坡	内坡	外坡	内坡	外坡
黏土、重壤土	1.00	1.00	1.00	1.00	1.25	1.00
中壤土	1.25	1.00	1.25	1.00	1.50	1.25
轻壤土、砂壤土	1.50	1.25	1.50	1.25	1.75	1.50
砂土	1.75	1.50	2.00	1.75	2.25	2.00

③渠道的安全超高。为了保证渠道正常供水，或一些特殊情况（如临时加大水量等）中，不致使渠道中的水溢出来，在渠道水位确定之后，应加一个高度，这个高度称为安全超高，它的大小与渠道的级别和流量的大小有关（见表4-5）。

④渠堤宽度。渠道两边堤顶宽度可根据流量的高度而定。如果堤顶不结合道路，堤顶宽度可按表4-5中选取；如果堤顶结合道路，则按道路标准确定堤顶宽度。

表4-5 渠道堤顶宽度和安全超高

项目	田间毛渠	渠道流量 / (m^3/s)					
		0.5	0.5 ～ 1.0	1.0 ～ 5.0	5.0 ～ 10.0	10.0 ～ 30.0	30.0 ～ 50.0
堤顶宽度 /m	0.2 ～ 0.5	0.5 ～ 0.8	0.8 ～ 1.0	1.0 ～ 1.5	1.2 ～ 2.0	1.5 ～ 2.5	2.0 ～ 3.0
安全超高 /m	0.1 ～ 0.2	0.2 ～ 0.3	0.2 ～ 0.3	0.3 ～ 0.4	0.4	0.5	0.6

3. 渠道横断面的计算

（1）渠道横断面水力计算

一般采用明渠均匀流公式计算，即：

$$Q = AC\sqrt{Ri} \tag{4-15}$$

式中：Q——渠道设计流量（m^3/s）；

A——渠道过水断面面积（m^2），即水面以下的断面面积；

C——谢才系数；

R——水力半径（m）；

i——水力比降，在均匀流中与渠底比降一致。

水力半径 R 反映过水断面特征的一个长度，其值为过水断面面积（A）与湿周（X_0）之比。湿周（X_0）是过水断面内水流与渠床接触线的长度。

谢才系数 C 一般采用曼宁公式 $C = \dfrac{1}{n} R^{\frac{1}{6}}$ 或其他公式计算，其中 n 为渠床糙率系数。

渠床糙率系数（n）指渠床表面粗糙程度对水流的阻力影响。边界表面越粗糙，n 值就越大。n 值的选择直接影响到设计质量的精度。若 n 值选得过大，设计的渠道断面就会偏大，不仅导致工程量变大，且会因实际水位小于设计水位而使下级渠道的进水受到影响，减少自流灌溉面积，还可能引起渠床的冲刷；若 n 值选得过小，设计的渠道断面就会偏小，导致输水能力不足而影响到灌溉用水，且渠道本身由于挟沙能力不足，会发生泥沙淤积渠道。n 值的合理选择不仅要考虑施工质量及渠床土质，还要预估建成后的管理养护情况。表 4-6 中的数值可供参考。

表 4-6　渠床糙率系数（n）

渠道特征		渠道糙率系数（n）
	流量大于 25 m^3/s	
	平整顺直，养护良好	0.020
	平整顺直，养护一般	0.0225
	渠床多石，杂草丛生，养护较差	0.025
	流量为 1 ~ 25 m^3/s	
土渠	平整顺直，养护良好	0.0225
	平整顺直，养护一般	0.025
	渠床多石，杂草丛生,养护较差	0.0275
	流量小于为 1 m^3/s	
	毛渠	0.025
	支渠以下的固定渠道，渠床弯曲，养护一般	0.030
	经过良好修整	0.025
岩石	经过中等修整，无凸出部分	0.030
	经过中等修整，有凸出部分	0.033
	未经修整，有凸出部分	0.035 ~ 0.045
	抹光的水泥抹面	0.012
	不抹光的水泥抹面	0.014
	光滑的混凝土护面	0.015
	料石砌护	0.015
各种材料护面	砌砖护面	0.015
	粗糙的混凝土护面	0.017
	浆砌块石护面	0.025
	干砌块石护面	0.0275 ~ 0.0300
	卵石铺砌	0.0225

渠底比降 i 值指在坡度相当的渠段内，两端渠底高差与渠段间距离的比值。渠底比降 i 值的选择关系到渠道输水能力的大小、冲淤问题、工程造价高低和控制面积大小。应根据下级渠道进水口的水位要求、渠道沿线的地面坡度、渠道设计流量大小、渠床土质、水源含沙情况等因素，借鉴当地灌区管理运用经验，选择合适的渠底比降。为减少工程量，应尽量选用和地面坡度相当的渠底比降。通常渠底比降随着设计流量的逐级减小而增大。干渠及较大支渠的上、下游泥量差别很大时，可利用不同的比降，上游平缓，下游稍陡。清水渠道易产生冲刷，渠底比降应缓（一般小于 1/5 000）。浑水渠道易淤积，渠底比降应宜加大。例如，陕西泾惠渠灌区的渠底比降为 1/5 000～1/2 000，河南人民胜利渠灌区的渠底比降为 1/6 000～1/1 000。在满足泥沙不淤的条件下，抽水灌区的渠道应尽可能选择平缓的渠底比降，以减小提水扬程及灌溉成本。通常渠道采用以下比降：

当流量大于 10 m³/s 时，采用 1/10 000～1/5 000；

当流量为 1～10 m³/s 时，采用 1/5 000～1/2 000；

当流量小于 1 m³/s 时，采用 1/2 000～1/200。

（2）梯形渠道水力最优断面

在进行渠道水力计算中，当已知设计流量 Q、渠底比降 i、渠床糙率系数 n 值，则可计算获得最小的过水断面面积，或者说使通过的流量 Q 最大，以减少工程量和投资，符合这些条件的断面称为水力最优断面。从公式（4-15）可以看出，当 A、n、i 一定时，要使 Q 最大，则水力半径 R 最大或湿周 X_0 最小。在各种几何图形中，以圆形断面的周界最小。因此，水力最优断面为半圆形断面。但天然土渠修建成半圆形是很困难的，也是不稳定的，只能修建成接近半圆的梯形断面。

下面以梯形断面为例来分析水力最优断面，梯形渠道水力最优断面的水力要素按表 4-7 计算。

表 4-7　梯形渠道水力最佳断面参数计算公式

参数	计算公式	单位	备注
水深	$h_0=1.189\left[\dfrac{nQ}{\left(2\sqrt{1+m^2}-m\right)\sqrt{i}}\right]^{\frac{3}{8}}$	m	
底宽	$b_0=2\left(\sqrt{1+m^2}-m\right)h_0$	m	m 为渠道内边坡系数；n 为渠床糙率系数；Q 为渠道设计流量 (m³/s)；i 为渠床比降
过水断面	$A_0=b_0h_0+mh_0^2$	m²	
湿周	$X_0=b_0+2h\sqrt{1+m^2}$	m	
水力半径	$R_0=\dfrac{A_0}{X_0}$	m	
流速	$V_0=\dfrac{Q}{A_0}$	m/s	

根据表 4-7，湿周（X_0）为

$$X_0 = b_0 + 2h_0\sqrt{1+m^2} \qquad\qquad (4-16)$$

$$A_0 = (b_0 + mh_0)h_0 \quad 或 \quad b_0 = \frac{A_0}{h_0} - mh_0 \qquad\qquad (4-17)$$

将 b_0 代入后，得

$$X_0 = \frac{A_0}{h_0} - mh_0 + 2h_0\sqrt{1+m^2} \qquad\qquad (4-18)$$

当过水面积 A_0 和边坡系数 m 一定时，湿周仅随水深变化，这样求梯形渠道水力最优断面的问题就成了求湿周最小的数学问题了，即 $\dfrac{\mathrm{d}X_0}{\mathrm{d}h_0} = 0$，与此 h_0 相对应的 X_0 为最小：

$$\frac{\mathrm{d}X_0}{\mathrm{d}h_0} = -\frac{A_0}{h_0^2} - m + 2\sqrt{1+m^2} \qquad\qquad (4-19)$$

令 $\dfrac{\mathrm{d}X_0}{\mathrm{d}h_0} = 0$，并将 $A_0 = (b_0 + mh_0)h_0$ 代入整理后得：

$$\frac{b_0}{h_0} = 2\left(\sqrt{1+m^2} - m\right) \qquad\qquad (4-20)$$

$\dfrac{b_0}{h_0}$ 即为宽深比（β_0），因此通常直接计算梯形渠道水力最优断面的宽深比，而不需要再推导。经计算，在任何边坡系数 m 下，梯形水力最优断面的水力半径 R 为水深的 1/2。

水力最优断面的作用是使工程量最小化，适用于小型渠道及石方渠道。对大型渠道而言，由于水力最优断面较窄深、开挖深，易受地下水影响难施工，劳动效率低，且渠道流速也可能超出不冲流速，影响渠床的稳定，故大型渠道应采用宽浅断面。可见，水力最优断面仅指输水能力最大的断面，可能不是最经济的断面，最佳渠道设计断面的确定还要考虑渠床稳定要求、施工难易程度等因素。

根据公式（4-20）可算出不同边坡系数相应的水力最优断面的宽深比，见表 4-8。

表 4-8 m-β_0 关系

边坡系数 m	0	0.25	0.50	0.75	1.00	1.25	1.50	1.75	2.00	3.00
β_0	2.0	1.56	1.24	1.00	0.83	0.70	0.61	0.61	0.47	0.32

（3）梯形渠道实用经济断面

梯形渠道实用经济断面的水力计算公式为：

$$\alpha = \frac{V_0}{V} = \frac{A_0}{A} = \left(\frac{R_0}{R}\right)^{2/3} \qquad\qquad (4-21)$$

$$\left(\frac{h}{h_0}\right)^2 - 2\alpha^{2.5}\left(\frac{h}{h_0}\right) + \alpha = 0 \qquad\qquad (4-22)$$

$$\beta = \frac{b}{h} = \left[\alpha / (h/h_0)^2 \right] \left(2\sqrt{1+m^2} - m \right) - m \qquad （4-23）$$

式中：α ——水力最优断面流速（或过水断面面积）与实用经济断面流速（或过水断面面积）的比值；

V、A、R、h ——分别为实用经济断面的流速（m/s）、过水断面面积（m²）、水力半径（m）和水深（m）；

β ——实用经济断面的宽深比。

计算步骤：先根据表4-7所列公式，计算水力最优断面的水力要素；然后根据表4-9分别计算 α 所对应的 h 和 b 值，据公式（4-23）计算 α 相应的 V、A 和 R 值，并绘制 $b=f(h)$ 和 $V=f(h)$ 渠道特性曲线；最后根据渠段地形、地质条件，由渠道特性曲线图上选择确定设计所需的 h、b、V 值。

表4-9　实用经济断面的 α、β、h/h_0 值关系表

边坡系数 m	$\beta = b/h$				
	α				
	1.00	1.01	1.02	1.03	1.04
	h/h_0				
	1.000	0.822	0.760	0.718	0.683
0.00	2.000	2.992	3.530	3.996	4.462
0.25	1.561	2.459	2.946	3.368	3.790
0.50	1.236	2.097	2.564	2.968	3.373
0.75	1.000	1.868	2.339	2.746	3.154
1.00	0.828	1.734	2.226	2.652	3.078
1.25	0.704	1.673	2.199	2.654	3.109
1.50	0.608	1.653	2.221	2.712	3.202
1.75	0.528	1.658	2.271	2.802	3.332
2.00	0.480	1.710	2.377	2.955	3.533
2.25	0.420	1.744	2.463	3.058	3.707
2.50	0.380	1.808	2.583	3.254	3.925
3.00	0.320	1.967	2.860	3.633	4.407

（4）渠道不冲不淤流速

在含有泥沙的水流流速减小时，泥沙就会淤积在渠道中；水流流速过大时，又发生冲刷渠道的现象。为避免渠道在运行过程中发生冲刷或淤积现象，以确保渠道的稳定过水能力，在设计时须使渠道中的流速控制在不冲不淤范围内。此流速称不冲不淤流速（或

允许流速）。在稳定渠道中，允许的最大平均流速称临界不冲流速，简称不冲流速，用 $V_{不冲}$ 表示；允许的最小平均流速称为临界不淤流速，简称不淤流速，用 $V_{不淤}$ 表示。为保证渠床稳定，渠道经过设计流量时的平均流速（设计流速）$V_{设}$ 应满足：

$$V_{不淤}<V_{设}<V_{不冲} \tag{4-24}$$

① 渠道不冲流速。水在渠道中流动时，具有一定的能量。该能量随水流速度的增大而增大。当流速增大到一定量时，渠床上的土粒就会随水流移动，土粒将要移动而尚未移动时的水流速度为临界不冲流速（不冲流速）。

渠道不冲流速与渠床条件、水流含沙量、断面水力等要素相关，具体数值视渠道的运用经验而定。通常土质渠道的不冲流速在 0.6～0.9 m/s，可参考表 4-10 中的数值。

土质渠道不冲流速也可以用吉尔什坎公式计算：

$$V_{不冲}=KQ^{0.1} \tag{4-25}$$

式中：$V_{不冲}$——渠道不冲流速（m/s）；

　　　K——根据渠床土壤性质而定的耐冲系数，查表 4-11。

　　　Q——渠道的设计流量（m^3/s）。

表 4-10　土质渠道的不冲流速

渠床土质	不冲流速 /(m/s)	备注
轻壤土	0.6～0.8	1. 表中土壤的干容重为 1.3～1.7 g/cm³;
中壤土	0.65～0.85	2. 当 $R \neq 1$ m 时，表中所列数值应乘 R^a 加
重壤土	0.70～0.90	以修正。对于疏松的壤土和黏土，指数 a 为 1/4～1/3；对于密实的砂壤土、壤土和黏
黏　土	0.75～0.95	土，a 为 1/5～1/4

表 4-11　渠床土壤耐冲程度系数（K 值）

非黏聚性土	K	黏聚性土	K
中砂土	0.45～0.50	砂壤土	0.53
粗砂土	0.50～0.60	轻黏壤土	0.55
小砾石	0.60～0.75	中黏壤土	0.62
中砾石	0.75～0.90	重黏壤土	0.68
大砾石	0.90～1.00	黏土	0.75
小卵石	1.00～1.30	重黏土	0.85
中卵石	1.30～1.45		
大卵石	1.45～1.60		

石质渠道允许不冲流速可参照表 4-12。

表4-12　石质渠道的不冲流速（m/s）

岩性	水深 /m			
	0.4	1.0	2.0	3.0
砾岩、泥灰岩、页岩	2.0	2.5	3.0	3.5
石灰岩、致密的砾岩、砂岩、白云石灰岩	3.0	3.5	4.0	4.5
白云砂岩、致密的石灰岩、硅质石灰岩、大理岩	4.0	5.0	5.5	6.0
花岗岩、辉绿岩、玄武岩、安山岩、石英岩、斑岩	15	18	20	22

有衬砌护面的渠道的不冲流速比土渠大得多，如混凝土护面的渠道允许最大流速可达 12 m/s。但从渠道稳定考虑，仍应将衬砌渠道的允许最大流速限制在较小的数值范围内。因为流速太大的水流遇到裂缝或缝隙时，流速水头就转化为压能，会使衬砌层翘起和剥落。表 4-13 中的数值可供设计参考。

②渠道不淤流速。渠道水流的挟沙能力随着流速的减小而减小，当流速低到一定程度（即水流的挟沙能力小于渠道水流中实际含沙量）时，多余的泥沙就会在渠道内淤积。这些泥沙将要而尚未沉积时的渠水流速为临界不淤流速。

渠道不淤流速主要由渠道含沙情况及断面水力要素决定，即渠道水流的挟沙能力。根据我国各地经验，常用的渠道挟沙能力的计算公式有以下三种。

a. 在缺乏实际研究成果时，可选用不淤流速经验公式：

$$V_{不淤} = C_0 Q^{0.5} \tag{4-26}$$

式中：$V_{不淤}$——渠道不淤流速（m/s）；

　　　C_0——不淤流速系数，随渠道流量和宽深比而变，见表 4-14；

　　　Q——渠道的设计流量（m³/s）。

公式（4-26）适用于黄河流域含沙量为 1.32 ～ 83.8 kg/m³、加权平均泥沙沉降速度为 0.008 5 ～ 0.32 m/s 的渠道。

表4-13　护面渠道的不冲流速

护面类别		不冲流速 /m/s
土料	黏土、黏砂混合土	0.75 ～ 1.00
	灰土、三合土、四合土	< 1.00
水泥土	现场填筑	< 2.5
	预制铺砌	< 2.0
砌石	干砌卵石（挂淤）	2.5 ～ 4.0

续表

护面类别		不冲流速 /m/s
砌石	浆砌块石　单层	2.5～4.0
	浆砌块石　双层	3.5～5.0
	浆砌料石	4.0～6.0
	浆砌石板	＜ 2.5
膜料（土料保护层）	砂壤土、轻壤土	＜ 0.45
	中壤土	＜ 0.60
	重壤土	＜ 0.65
	黏土	＜ 0.70
	沙砾料	＜ 0.90
沥青混凝土	现场填筑	＜ 3.0
	预制铺砌	＜ 2.0
混凝土	现场填筑	＜ 3.0
	预制铺砌	＜ 5.0
	喷射法施工	＜ 8.0

表 4-14　不淤流速系数（C_0）

渠道流量和宽深比		C_0
$q > 10$ m³/s		0.2
$q = 5 \sim 10$ m³/s	$b / h > 2.0$	0.2
	$b / h < 2.0$	0.4
$q < 5$ m³/s		0.4

b. 黄河中、下游地区，可采用黄河水利委员会黄河水利科学研究院渠道挟沙能力公式：

$$\rho = 77 \frac{V^3}{gR\overline{\omega}} \left(\frac{H}{B} \right)^{\frac{1}{2}} \qquad (4-27)$$

式中：ρ——渠道水流挟沙能力（kg/m³）；

V——渠道断面平均流速（m/s）；

g——重力加速度，9.81 m/s²；

R——水力半径（m）；

$\overline{\omega}$——泥沙沉降速度的加权平均值（cm/s）；

H——渠道断面平均水深（m）；

B——水面宽度（m）。

c. 黄河下游地区衬砌渠道，可采用山东省水利科学研究所公式：

$$\rho =0.117\left(\frac{V^2}{gR}\right)^{0.381}\left(\frac{V}{\omega}\right)^{0.91} \tag{4-28}$$

式中符号意义同前。

含沙量很小的清水渠道虽无泥沙淤积威胁，但为了防止渠道长草，导致输水能力受到影响，对渠道的最小流速仍有一定的控制。通常大型渠道的平均流速应大于 0.5 m/s，小型渠道的平均流速应为 0.3 ~ 0.4 m/s。

（二）渠道纵断面的设计

渠道不仅要达到输送设计流量及保持渠床稳定的要求，而且还要达到控制所辖灌溉面积自流灌溉的水位要求。横断面设计经过水力计算确定能通过设计流量的断面尺寸，达到了前一个要求；纵断面设计是按照灌溉水位要求确定渠道的空间位置，先确定不同桩号处的设计水位高程，再确定渠底高程、堤顶高程和最小水位等，以满足后一个要求。

1. 渠道的水位推算

为达到自流灌溉的要求，应满足各级渠道在分水口处的水位高程。各分水口的水位高程是按照灌溉面积上控制点的地面高程加上渠道沿程水头损失及渠水经过各建筑物的局部水头损失，自下而上逐级计算出来的。其计算公式：

$$H_{进}=A_0+\Delta h+\sum Li+\sum \varphi \tag{4-29}$$

式中：$H_{进}$——渠道进水口处的设计水位（m）。

A_0——渠道灌溉范围内控制点的地面高程（m），控制点是指不易灌到水的地面（不包括局部高地）。一般认为控制点的地面高程应该控制灌溉面积范围内 85% 以上的面积。控制点根据地形、地面坡度及供水距离而选定。若沿渠道地面坡度比渠道比降大，则最难控制渠道最近处；相反则最难控制渠道的最远处。至于灌溉范围内不能自流灌溉的局部高地，可以采用平整措施以及提水灌溉解决。

Δh——控制点地面与附近末级固定渠道设计水位的高差，通常取 0.1 ~ 0.2 m。

L——各级渠道的长度（m）。

i——各级渠道的比降。

φ——水流通过渠系建筑物的水头损失（m），可参考表 4-15。

表 4-15　渠道建筑物水头损失最小数值表

渠别	控制面积 / (100 hm²)	进水闸 (m)	节制闸 (m)	渡槽 (m)	倒虹吸 (m)	公路桥 (m)
干渠	66.7 ～ 266.7	0.1 ～ 0.2	0.10	0.15	0.40	
支渠	6.7 ～ 40	0.1 ～ 0.2	0.07	0.07	0.30	0.05
斗渠	2.0 ～ 2.7	0.05 ～ 0.15	0.05	0.05	0.20	0.03
农渠	—	0.05	—	—	—	—

2. 渠道纵断面设计中的水位衔接

渠道纵断面的水位衔接是为了解决渠道与建筑物、渠道上下段和上下级之间的水位关系问题。

（1）断面变化时渠段水位衔接

由于渠段沿途分水，渠道流量逐渐减小，渠道过水断面也随之减小。为了使水位衔接，可以改变水深或底宽。衔接位置一般结合配水枢纽或交叉建筑物布置，并修建足够的渐变段，保证水流平顺过渡。当水源水位较低，既不能降低下游的设计水位高程，也不能抬高上游的设计水位高程时，需抬高下游渠底高程。为了减少不利影响，下游渠底升高的高度不应大于 20 cm。

（2）建筑物前后的水位衔接

渠道上的交叉建筑物（隧洞、渡槽、倒虹吸等）一般都有阻水作用，会产生水头损失，在渠道纵断面设计时，必须充分考虑。若建筑物较短，可将进出口的局部水头损失及沿程水头损失累加（一般取经验数值），在建筑物中心位置集中扣除；若建筑物较长，则应按建筑物位置及长度分别扣除其进出口的水头损失。

跌水上下游水位相差较大，由下落的弧形水舌光滑联接。但在纵断面图上可以简化，只画出上下游渠段的渠底和水位，在跌水所在位置处用垂线联接。

（3）上下级渠道的水位衔接

在渠道分水口处，上下级渠道的水位应有一定的落差，以满足分水闸的局部水头损失。在渠道设计实践中通常采用的做法是以设计水位为标准，上级渠道的设计水位高于下级渠道的设计水位，以此来确定下级渠道的渠底高程。在该设计条件下，上级渠道输送流量最小时的水位可能不满足下级渠道引取最小流量的要求。此时，就要在上级渠道该分水口的下游修建节制闸，把上级渠道的最小水位从原来的 H_{min} 升高到 H'_{min}，使上下级渠道的水位差等于分水闸的水头损失 φ，以满足下级渠道引取最小流量的要求。如果水源水位较高或上级渠道比降较大，也可以最小水位为配合标准，抬高上级渠道的最小水位使上下级渠道的最小水位差等于分水闸的水头损失 φ，以此确定上级渠道的渠底高程和设计水位。分水闸上游水位的升高可用以下两种方式来实现。

①抬高渠道水位,不改变渠道比降;

②不改变渠道水位,减缓上级渠道比降。

这两种抬高上级渠道水位的措施可用图 4-10 进一步说明,图中 H_1、H_2、H_3 分别代表一支渠、二支渠、三支渠进水口要求的最小水位高程。实线表示上级渠道原来的最小水位线,不能满足三支渠的引水要求;虚线表示改变渠道比降后的最小水位线;点划线表示抬高渠首水位后的最小水位线。第二种做法不需要修建节制闸,不产生渠道壅水和泥沙淤积,但要有抬高渠首水位的条件。

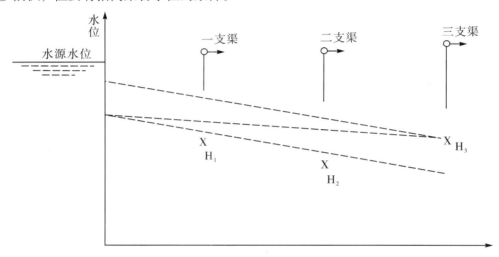

图 4-10 渠道设计水位线调整方案示意图

3. 渠道纵断面图的绘制

渠道纵断面图主要包括沿渠地面、渠底及堤顶高程线、渠道设计水位线及最低水位线、分水口位置、渠道建筑物位置及其水头损失等。如图 4-11 所示。

渠道纵断面图绘制的步骤如下:

①绘制地面高程线。在方格纸上建立直角坐标系,纵坐标表示高程,横坐标表示桩号。按照渠道中心线的水准测量结果(桩号及地面高程)按比例(水平 1/25 000 ~ 1/5 000,垂直 1/200 ~ 1/50)绘出地面高程线。

②标出各分水区及建筑物的位置。在地面高程线的上方,用符号标出不同分水口及建筑物的位置。

③绘制渠道设计水位线。按照水源或上一级渠道的设计水位,沿渠地面坡度,各分水点的水位及渠道建筑物的水头损失,确定渠道设计比降,绘出渠道的设计水位线。该设计比降应作为横断面水力计算的依据。若先设计横断面,绘制纵断面图时所确定的渠道设计比降应与横断面水力计算时所用的渠道比降相一致,如二者相差大,不宜采用横

断面水力计算所用比降时，应以纵断面图上的设计比降为准，重新设计横断面尺寸。因此渠道的横、纵断面设计要交错进行，互为依据。

④绘制渠底高程线。在渠道设计水位线以下，以渠道设计水深 h 为间距，画出设计水位线的平行线，此为渠底高程线。

⑤绘制渠道最小水位线。从渠底线向上，以渠道最小水深（渠道设计断面通过最小流量时的水深）为间距，画出渠底线的平行线，此为渠道最小水位线。

⑥绘渠顶高程线。从渠底线向上，以加大水深（渠道设计断面经过加大流量时的水深）与安全超高之和为间距，画出渠底线的平行线，此为渠道的堤顶线。

⑦标注桩号和高程。在渠道纵断面的下方画表格（见图4-11）。将分水口和建筑物所在位置的桩号地面高程线突变处的桩号、高程，设计水位线和渠道高程线突变处的桩号、高程及相应的最低水位和堤顶高程，分别标注在相应的位置上面。

⑧标注渠道比降。在标注桩号及高程的底部后标出各渠段的比降。渠道纵断面绘制完成。

按照渠道纵、横断面图可计算渠道的土方工程量，还可进行施工放样。

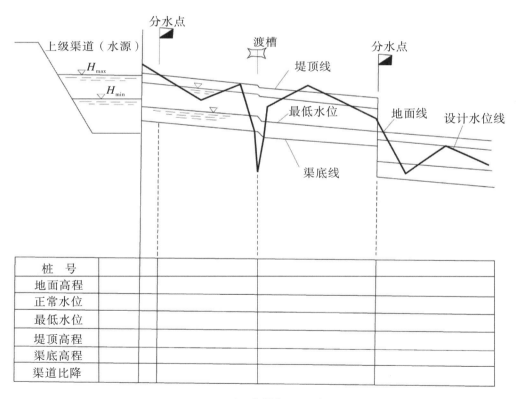

图4-11 渠道纵断面示意图

第四节　渠道防渗工程技术

一、渠道防渗的重要性和作用

渠道防渗工程技术是为避免或减少渠道输水损失的各种工程技术及方法，是节省灌溉用水及提高水利用率的重要手段。

我国灌区内的渠道多数为土质渠道，在输水过程中的渗漏损失非常严重。据统计，全国灌区的年引水总量约 3 445 亿 m³，其中有 1 730 亿 m³ 左右的水量是通过各级渠道渗漏损失掉了。也就是说，从渠首引入灌区的水量有一半没有被利用，有的地方利用率还不到 30%。渠道水量渗漏损失严重，不仅降低了水的利用率和灌溉面积，还会抬高灌区地下水位，导致农田渍害；在有盐碱化威胁的灌区，还可能引起土壤盐碱化，恶化灌区生态环境。采用渠道防渗工程措施则能显著地减少渠床渗漏损失，提高渠系水利用率。据实际调查及试验资料，利用渠道防渗措施，可减少 70% ～ 90% 的渗漏损失。所以，大力建设高标准的灌区防渗渠道，是节约灌溉用水，解决和缓解水资源紧缺的一项重要措施。

渠道防渗还起到以下四个作用。

①提高渠道的输水能力。渠道经防渗处理后，显著降低了渠床糙率，加大了渠中水流速度，因而渠道的输水能力得到提高。根据广东省青年运河灌区的实测资料，该灌区的西联河原来的输水能力为 11 m³/s，防渗后提高到 15 m³/s。由于渠道输水能力提高，渠道断面和建筑物尺寸相应缩小，减少了渠道占地。

②减少损失，扩大灌溉面积。渠道经防渗处理后，渗漏损失减少，灌溉面积相应得到增加，工程效益得到提高。

③减少对地下水的补给。防渗渠道利于控制灌区地下水位上升，改良并控制农田渍害及土壤盐碱化，从而改善灌区的生产条件及生态环境。

④有利于渠道的安全运行。土质渠道的渗漏大，经常引起渠道的变形、塌坡，安全行水受到影响。渠道防渗处理后几乎可截住渗漏水，提高渠床的稳定性，利于安全运行。另外，防渗处理可避免渠床滋生杂草，减少冲刷及淤积，大大减少防险、清淤、除草和维修等的工作量，减少管理费用，降低灌溉用水的成本。

总之，渠道防渗对于节约灌溉用水，扩大灌溉面积，改善灌区生态、生产环境，提高农业产量有十分显著的作用。另外，从现有各种节水灌溉措施来比较，渠道防渗工程的投资相对较小，且收效最快。根据甘肃统计资料，如果修建开源工程（水库、抽水站等）来增加 1 m³ 水量，其费用为 4.4 ～ 8.7 元；采用低压管道输水来节约 1 m³ 水量，其费用为 1.4 ～ 1.6 元；采用国产滴灌技术为 2.0 ～ 3.5 元。如果对干支渠道进行防渗处理，节约 1 m³ 水量的费用仅为 0.8 ～ 1.0 元；而对斗农渠进行防渗处理后，节约 1 m³ 水量的费用为 1.2 ～ 1.5 元。由此可见，渠道防渗工程具有十分明显的经济效益，在兴建节水工程时应优先考虑采用。

二、渠道防渗方法

渠道的防渗方法有很多，按照防渗材料分为土料防渗、水泥土防渗、石料衬砌防渗、混凝土衬砌防渗、膜料防渗、沥青混凝土衬砌防渗、土工合成材料衬砌防渗和化学生物防渗等。

（一）土料防渗

土料防渗是指在渠床表面经过碾压形成一层压实的土层，常采用黏土、黏砂混合土、灰土、三合土、四合土等材料。其特点是可就地取材、造价低、施工简单，但抗冻及耐久性较差。该方法较适合气候温暖地区的中、小型渠道。

（二）水泥土防渗

水泥土是水泥和黏土的混合物，通常有两种防渗形式，即压实干硬性水泥土和浇筑塑性水泥土。其特点是造价较低、施工较简单，但抗冻性较差。该防渗方法较适合处于气候温暖地区且附近有壤土及砂壤土的渠道。

（三）石料衬砌防渗

石料衬砌防渗是指用浆砌块石、浆砌料石、浆砌卵石、浆砌石板及干砌卵石（挂淤）等来防渗，是我国较常用的防渗方法。其特点是坚固耐用，抗冲、抗冻、抗滑，施工简单，但需较多的劳力，适合盛产石料的地区。浆砌料石渠道防渗效果较好；而干砌卵石防渗效果较差，不适合有较高防渗要求的渠段。

（四）混凝土衬砌防渗

混凝土衬砌防渗是国内外常见的渠道防渗方法。其特点是防渗效果好，通常可减少渗漏损失 90% ～ 95%；能加大渠道流速，提高输水能力 20% ～ 30%；使用年限长，使用寿命为 40 ～ 50 年；减少清除杂草和清淤工作量、降低运行维修费。它适用于各种地形、气候和运行条件的大、中、小型渠道。

混凝土衬砌有预制装配和现场浇筑两种施工方式。预制装配式施工基本不受气候条件影响，衬砌工期可缩短，减少施工与引水的冲突，易于修补局部破损，但接缝多可能会降低防渗效果。现场浇筑式施工则相反，且造价较低。

（五）膜料防渗

膜料防渗指先用塑料薄膜、沥青玻璃纤维布油毡等作防渗层，再在其上设置保护层的防渗方法。其特点主要是防渗效果好，材料轻、运输方便，施工简单，造价较低，且抗腐蚀、防冻胀等，是具有很大发展前景的一种防渗技术。其缺点是在光、热作用下易变硬变脆、易老化、易破损。因此，最好使用埋藏式，即在塑膜上设置一层保护层。

（六）沥青混凝土衬砌防渗

沥青混凝土衬砌防渗效果强，有较好变形能力，造价与混凝土相差不大，适用于冻胀性土基且附近有沥青料源的渠道。沥青混凝土防渗层一般为等厚断面，其厚度为 5 ～ 6 cm，大型渠道采用 8 ～ 10 cm。冻胀性土基，渠坡防渗层也可采用楔形断面，坡顶厚度一般为 5 ～ 6 cm，坡底厚度为 8 ～ 10 cm。采用沥青混凝土预制板施工时，厚度一般取 5 ～ 8 cm，预制板边长不宜大于 1 m。沥青混凝土整平胶结层的厚度，应按能填平岩石基石的原则确定。沥青玛蹄脂封闭层的厚度，一般为 2 ～ 3 mm。

（七）土工合成材料衬砌防渗

土工合成材料是一种新型建筑防渗材料，具有抗拉能力强、整体连续性及弹塑性好、重量轻、搬运及施工方便的特点。聚氯乙烯复合土工膜具有竖向防渗、水平导水的性能，强度及抗老化性能高，但价格较高，适用于地下水位高或有侧渗水的渠道及高标准防渗工程。聚乙烯和聚氯乙烯土工膜是一种宽幅、高密度、线性低密度及高充填合金的聚乙烯膜，其抗拉强度高、延伸率及抗撕裂强度均大幅度提高。土工合成材料的施工与塑料薄膜的相同。也可配合混凝土板用于复式衬砌，其防渗效果更佳。

（八）化学生物防渗

化学生物防渗是利用胶体溶液渗入土壤，改变一定深度内的土层的渗透性能，使土层自身形成防渗层的防渗方法，有食盐处理法、沙化法及生物化学法等。但由于材料紧缺，造价高，其在生产实践中应用较少。

食盐处理法适用于碳酸盐含量低的黏性土壤，对沙性土壤不适用。对杂草生长有较好的抑制效果。此法较简单，每平方米仅需食盐 3 ～ 5 kg，防渗寿命为 3 ～ 5 年。施工时先将渠道断面整平，后用 15% 以上浓度的盐水喷洒，土壤吸收后即可形成碱化防渗层，可减少渗漏 40% ～ 60%。

生物化学法适用于重黏土、黏土及酸性土壤渠道。此方法是先将切碎的树叶、草、作物秸秆等铺在渠底及边坡上，铺层厚度 5 ～ 7 cm，再在其上覆土 10 ～ 15 cm 并压实。渠道过水后，土下的植物层吸收水分至饱和后，在一定温度下经过生物化学还原、分解过程，使土壤逐渐变成有黏性的胶状不透水层，降低土壤的透水性，产生防渗效果。

三、渠道防渗方法的选择

渠道防渗方法的种类很多，各地应根据具体条件选择。表 4–16 列举了各种防渗方法的主要技术指标及应用条件，供选择时参考。正确选择渠道防渗方法必须做好调查研究工作。首先对灌区渠道渗漏情况进行深入调查，测定渗漏量，分析渗漏的主要原因。特别要了解拟防渗渠道所在地区的气候、地形、土壤、水文地质情况，以及当地可利用的防渗材料等。例如，在含膨胀性黏土或石膏的渠床，应先对渠床土进行处理，然后根据当地条件选用防渗方法。在地下水位很高的地区，特别是地下水位高于渠底的地区，应设置相应的排水设施；而在气候寒冷地区，应根据渠床土的冻胀性，采用适应基土冻胀的防渗结构或削减基土冻胀的措施。

渠道衬砌工程所需的材料量大，因此，材料获取的便利性是选择防渗方法时要考虑的一个重要因素，在盛产石料的地区无疑应把砌石防渗作为优先考虑的方案；如果水泥和骨料都须从远道采购、运输，就应当慎重考虑用其他衬砌材料来代替现浇混凝土衬砌，或采用预制混凝土板衬砌。

另外，防渗效果和耐久性也是选择渠道防渗方法时要考虑的重要因素。总结我国几十年来的渠道防渗经验教训，有些地区为了片面降低造价、节省资金，曾大量采用土料防渗，最初几年的防渗效果尚好，但经过数年运行后，因耐久性差，严重影响防渗效果。因此，在选择防渗方案时，也要注意其耐久性。一般来说，施工质量好的混凝土衬砌的使用年限可达50年，在有条件的地区，应提倡采用。埋藏式的塑膜防渗，如果管理养护得好，其使用年限也可达30年。防渗工程的耐久性，除了与选择的防渗材料和方法有关，也与施工的质量密切相关。施工质量高，可以延长工程的寿命；施工质量差，即使采用优质的防渗材料，其使用年限也达不到规定的要求。因此，对上述所讨论的各种防渗方法，在施工时必须严格按照施工标准规范进行，保证施工质量，才能达到防渗工程的预期效果。

表4-16　各种渠道防渗措施的技术指标和应用条件

防渗材料类别	主要原材料	防渗效果（减少渗漏量）	使用年限	适用条件
土料类	素土、黏砂混合土 —————— 三合土、四合土、灰土	素土、石灰、砂、石等	80%～90%	5～15 10～25	能就地取材，造价低，施工简单，但抗冻和耐久性较差，需劳力多，质量不易保证，适用于气候温和地区的中、小型渠道。
水泥土类石料类	干硬性水泥土塑性水泥土	壤土、砂壤土、水泥	80%～90%	8～30	能就地取材，造价较低、施工较容易，但抗冻性较差。适用于气候温和地区，且附近有壤土和砂壤土的渠道。

续表

防渗材料类别		主要原材料	防渗效果（减少渗漏量）	使用年限	适用条件
水泥土类 石料类	浆砌料石、浆砌块石、浆砌卵石、浆砌石板 干砌卵石挂淤	料石、块石、卵石、石板、水泥、石灰、砂等	70%～90% 50%～75%	25～40	坚固耐用，抗冻和抗冲击性能好，但一般防渗能力较难保证，需劳力多，适用于石料来源丰富，有抗冻性和抗冲击要求的渠道。
埋铺式膜料类	土料保护层 刚性保护层	膜料、土料、砂、石、水泥等	90%～95%	20～30	防渗能力强，质轻、运输便利、当用土料保护层时，造价较低，但占地多，允许流速小，适用于中、小型低流速渠道。当用刚性保护层时，造价较高，可用于大、中型渠道。
沥青混凝土类	现场浇筑、预制铺筑	沥青、砂、石、矿粉等	80%～95%	20～30	防渗能力强，适应冻胀变形能力较好，造价与混凝土相近，但目前沥青料源缺乏。一般适用于有冻害地区，且附近有沥青料源渠道。
混凝土类	现场浇筑	砂、石、水泥等	80%～95%	30～50	防渗、抗冲性能好，耐久性强，适用于不同地形、气候条件的大、中、小型渠道。
	预制铺筑		80%～90%	30～50	
	喷射法施工	砂、石、水泥、速凝剂	80%～95%	25～35	优点同上，但需较多的施工设备、施工较繁杂，多用于基础为岩石的渠道。

思考题

1. 辨识渠道水利用系数、渠系水利用系数、田间水利用系数、灌溉水利用系数这几个概念的差异。

2. 灌排系统包括哪些主要组成部分，各起什么作用？渠道的规划布置原则有哪些？

3. 我国灌区按地形条件可划分为哪几种类型？各类灌区在渠道布置上有何特点？

4. 什么叫田间工程？田间渠系布置的两种形式的适用条件和特点分别是什么？

5. 在确定渠道的设计流量时，应考虑哪些输水损失？如何计算渠道的输水渗漏损失？

6.试述推算各级渠道设计流量的步骤和方法。

7.在渠道设计中，为什么要考虑渠道设计流量、渠道加大流量和渠道最小流量？

8.设计渠道横断面应满足哪些条件？如何合理选择渠道比降、渠道糙率和渠道宽深比？

9.渠道纵断面设计的主要内容是什么？应注意哪些问题？

10.试讨论渠道防渗的重要性，并略述各种防渗措施的技术指标和应用条件。

习　题

1.渠道水利用系数与渠系水利用系数的计算。

基本资料

某渠系仅由两级渠道组成。上级渠道长 3.0 km。自渠尾分出 2 条下级渠道，渠长均为 1.5 km。下级渠道的净流量 $Q_{下净}$ 为 0.3 m³/s。渠道沿线的土壤透水性较强（A=3.4，m=0.5），地下水埋深为 5.5 m。

要求

（1）计算下级渠道的毛流量及渠道水利用系数；

（2）计算上级渠道的毛流量及渠系水利用系数。

2.渠道流量减少时，渠系水利用系数的计算。

基本资料

（1）某灌区下属 4 条支渠，各支渠的长度基本相等，控制的灌溉面积和种植的作物面积也近似，土壤透水指数 m=0.5，土壤透水系数 A=3.4。

（2）在干、支渠皆实行续灌时，干渠流量 $Q_{干}$=9.0 m³/s，各支渠流量相等，即 $Q_{一支}$=$Q_{二支}$=$Q_{三支}$=$Q_{四支}$=$Q_{干}$/4，渠系水利用系数 η=0.79。

（3）支渠实行轮灌时，$Q_{干}$不变，如分 2 组轮灌，同时工作的渠道长度与续灌时工作的渠道长度之比为 β_2=0.6；分 4 组轮灌时 β_4=0.4。

要求

（1）求当干渠流量减少至 $Q_{干}$=6 m³/s 时，支渠仍实行续灌，渠系水利用系数为多少？

（2）干渠流量同上，若支渠实行轮灌，分 2 个轮灌组时，渠系水利用系数是多少？分 4 个轮灌组时，渠系水利用系数又是多少？

提示

（1）当干渠流量减少后，继续实行续灌时，渠系水利用系数可按下式计算：

$$\eta\alpha = \frac{\eta + a^m - 1}{a^m}$$

式中：α ——减少的流量（$Q_{减}$）与原流量（Q）的比值，$a=Q_{减}/Q$，小于 1；

　　　m ——为公式 $\sigma=\Lambda/Q^m$（%）中的指数。

（2）当干渠流量减少后，支渠采用分组轮灌时的渠系水利用系数可按下式计算：

$$\eta\beta=\eta\alpha\beta K^{1-m}+1-\beta K^{1-m}$$

式中：K ——轮灌组数；

　　　β ——轮灌情况下同时工作的渠道长度与续灌时工作的渠道长度之比。

3. 土质渠床渠道断面的水力计算。

基本资料

某渠道设计流量 $Q=3.0$ m³/s。灌溉水源取自河流。该河在灌溉季节水流含沙量 $\rho=0.5$ t/m³，泥沙为极细的砂质黏土；加权平均沉降速度 $\omega=2$ mm/s。渠道沿线土壤为重黏壤土，地面坡度约为 1/2 500。渠道按良好的质量施工及良好的养护状况设计。

要求

设计渠道的断面尺寸。

4. 护面渠床渠道断面的水力计算。

基本资料

某山麓平原，地面坡度较大，约为 1/500，拟兴建一灌溉系统。其中，某支渠设计流量 $Q=1.5$ m³/s，拟采用较光滑的混凝土护面，边坡系数 $m=0.75$。

要求

按照尽量节约混凝土用量设计渠道的断面尺寸。

第五章　地面灌溉方法和技术

第一节　概述

灌水方法指通过渠道或管道将水输送、分配到田间并对作物实施浇灌以满足作物水分需求的方式。灌水技术指用某种灌水方法适时均匀地将适量水分供给作物采取的一系列技术措施，亦指从田间渠道网或管道向灌水田地配水，向灌水沟、畦、格田或灌水设备、灌水机械内供水、分水等技术。灌水方法与灌水技术是实现既定灌溉制度及保证均匀灌溉的手段。正确的灌溉制度一定是通过良好的灌水方法及与之相适应的灌水技术才能实现，才能合理地调节土壤中的养分、空气、热及水分状况，才能保持良好的土壤结构，提高灌溉水有效利用率与灌水劳动生产率，最终达到节水增产增效的目的。

根据灌溉水向田间输送与湿润土壤的不同方式，常把灌水方法分为两大类：①全面灌溉，即灌溉时湿润整个农田根系活动层内的土壤，如地面灌溉、喷灌，适宜灌溉密植作物；②局部灌溉，即只灌溉作物根系附近的土壤，远离作物根系的棵间或行间的土壤还保持原有的水分状态，如滴灌、微喷灌、渗灌，适宜灌溉宽行作物、果树等。

国内外提出了多个分析评估农田灌水方法、灌水技术的田间灌水质量指标。其中最常见的有如下三个。

1. 田间灌溉水有效利用率

田间灌溉水有效利用率指采用某种灌水方法或灌水技术灌溉后，储存于计划湿润作物根系土壤区内的水量（包括作物蒸腾量和棵间土壤蒸发量）与实际灌入田间的总水量的比值，以百分比表示。它是应用灌水方法或灌水技术对农田灌溉水有效利用程度的表现，是标志农田灌水质量优劣的重要评价指标之一。对地面灌溉而言，常要求田间灌溉水有效利用率为 85% ～ 90%。

2. 田间灌溉水储存率

田间灌溉水储存率指采用某种灌水方法或灌水技术灌溉后，储存于计划湿润作物根系土壤区内的水量与灌溉前计划湿润作物根系土壤区所需要的总水量（包括作物蒸腾量、棵间土壤蒸发量和灌水量不足区域所欠缺的水量）的比值。它是灌水方法、灌水技术实施后，能满足计划湿润作物根系土壤区内所需水量程度的表现。

3. 田间灌水均匀度

田间灌水均匀度指采用灌水方法、灌水技术实施灌水后，田间灌溉水湿润作物根系土壤区的均匀度，或田间灌溉水下渗湿润作物计划湿润土层深度的均匀度，或表征为田间灌溉水在田面上各点分布的均匀度。公式如下：

$$E_d = \left(1 - \frac{\Delta Z}{Z_d}\right) \times 100\% \qquad (5-1)$$

式中：E_d——田间灌水均匀度（%）；

  ΔZ——灌水后各测点实际入渗水量与平均入渗水量离差绝对值的平均值（m^3 或 mm）；

  Z_d——灌水后土壤内的平均入渗水量（m^3 或 mm）。

一般对地面灌水方法要求 E_d 在 85% 以上，最高达 100%。

以上三项评价灌水质量指标一同反映了作物产量及水资源利用状况的影响，因此它们须同时使用才能比较全面地分析及评估某种灌水方法、灌水技术的效果。目前，农田灌水方法均选用田间灌溉水有效利用率与田间灌水均匀度作为设计标准；而实施田间灌水则必须采用以上三个指标共同评估其灌水质量，单独使用其中任一指标均不能较全面且正确地判断田间灌水质量的好坏。

地面灌溉是灌溉水通过田间渠沟或管道输入田间，呈连续薄水层或细小水流沿田面流动，主要借助重力和毛细管作用下渗湿润土壤的灌水方法，又称为重力灌溉。地面灌溉是目前最主要、应用最广泛的灌溉方法。我国劳动人民在数千年以前就采用这种方法灌溉作物，并创造了淹灌、畦灌、沟灌等各种灌水方式，在灌水技术方面积累了丰富的经验，对推动农业发展起到很大的作用。我国 98% 的灌溉面积至今仍采用各种形式的地面灌溉。其特点是田间工程简单、能耗低、投资少、易实施，但灌溉均匀度低、水量浪费大。在一般情况下，田间水利用率只有 60%～70%，也就是说，进入田间的水量约 1/3 被白白浪费掉了，从田面流失或形成深层渗漏，或由于田面不平整，造成低处积水。而在发达国家，通过合理选用灌水技术，平整土地和科学管理等，其田间水利用率为 90% 以上。因此，我国在地面灌溉方面的节水潜力是很大的。

合理的地面灌水技术须满足以下六点要求。

①保证将水按预定的灌水定额灌到田间，使灌溉区的土壤湿润程度一致，计划层土壤有充足的水分，并根据需求调节土壤的通气及温度状况。

②保证灌溉水最高有效利用率，严格避免田面跑水，流失、串灌及废泄现象，并尽量防止深层渗漏。

③保证不破坏土壤团粒结构或将破坏程度降至最低，灌水后使土壤保持疏松，以降低地面蒸发。

④灌溉是农业增产的重要手段，所选择的灌水技术需与新的农业技术措施相契合，并与其紧密结合；在机械化耕作背景下，还应与农业机械化相适应，保证灌溉后能实

时进行中耕等。

⑤有较高的劳动生产率，并可逐渐使灌水工作机械化及自动化。

⑥做到经济、简便、投资少，便于推广普及。

根据灌溉水向田间输送的方式或湿润土壤的方式的差异，地面灌水方法可分为畦灌法、沟灌法及淹灌法。目前，在我国的旱作物种植中，常采用畦灌和沟灌这两种地面灌溉方法。

第二节　畦灌

畦灌是在已平整的土地上利用田埂将土地隔成若干方形的地块——畦田，水从输水垄沟或者从毛渠直接引入畦田后，即形成薄水层沿着畦田的长坡度方向流动，在流动中主要借助重力及毛细管作用以垂直下渗的方式逐渐湿润土壤的地面灌水方法。畦田常沿最大地面坡度方向或者与地面成一定角度布置。这种布置不仅方便灌水、确保灌水均匀，还能有效避免微地形造成的局部障碍。

畦灌较适用于灌溉窄行距密植或撒播作物，如水稻、小麦、芝麻、花生等作物，以及牧草和速生密植蔬菜等。另外，在作物播前储水灌溉时，一般也用畦灌法，以加大灌溉水下渗，使土壤储存更多的水分。

一、畦田规格

畦田规格主要包括畦田的长度、宽度和断面等方面的参数。进行畦灌时，首先应选择适合的畦田规格。其主要由水源、土壤性质、地面坡度、土地平整度及农业技术与耕作机械化等条件决定。因各地的条件不一样，必须根据当地条件，因地制宜地确定畦田规格。

（一）畦田长度

畦田长度由地面纵向坡度、入畦流量、土壤透水性能、土地平整及农业机械化状况等条件决定。畦田越长越易进行农业机械化操作，但对土地平整和灌水技术要求越高，畦田土壤难以湿润均匀。小畦的灌水技术易掌握、灌水易均匀，利于作物生长。但畦田尺寸越小，田埂及垄沟占地越多，修建费用越高，还会碍于机耕，且单次灌水常难以达到计划灌水定额。若畦面坡度较大，土壤透水性较弱，则宜加长畦田，减小入畦流量；若畦面坡度较小、土壤透水性较强、土地平整较差，则宜减少畦长，增加入畦流量，这样才能均匀灌水，避免深层渗漏。一般在渠灌区畦田较长，井灌区畦田较短；机耕地区较长，其余较短。

（二）畦田宽度

畦田宽度受地形、入畦流量、土壤性质、作物的播种行距及农业机械的宽度影响。其中影响最大的为横向坡度，横向坡度越大，畦田宽度应越窄，所以应尽量使横向坡度减到最小。在土地平整差的情况下，畦田愈宽，灌水质量愈差，灌水定额也愈大。对轻质土壤而言，如地面坡度大，平整差，则畦宽宜小；相反则宜宽。在机耕地区，为方便机械耕作，畦宽应与其使用农机具的工作宽度相适应。各地常用的畦宽多为 2 ～ 4 m，不宜超过 6 m。在水源流量小时或井灌区，为快速在整个畦田面形成流动的薄水层，一般畦宽较小，多为 0.8 ～ 1.2 m；菜田更小，畦宽仅 0.5 ～ 1.0 m。为均匀灌水，畦田应无横向坡度，避免水流集中冲刷田面土壤。

（三）畦埂

畦埂断面常为三角形或梯形，畦埂高 0.2 ～ 0.25 m，底宽约 0.4 m，引用浑水灌溉的多泥沙地区宜加大。畦埂是临时的，应结合整地、播种等，采用筑埂器修筑。对于密植作物，也可播种于畦埂上。为避免畦埂跑水，最好修筑固定的地边畦埂及路边畦埂，其埂高不宜小于 0.3 m，底宽 0.5 ～ 0.6 m，顶宽 0.2 ～ 0.3 m。

有些国家通常把畦田做得很长、很宽，并进行大面积的平整工作，如美国的畦田大部分都长 200 ～ 400 m，宽 9 ～ 18 m。畦田愈长，对土地平整工作的要求愈高，必须使畦田田面具有均一的坡度，才能保证畦灌的质量。因此，就需要采用各种类型的大型平土机械和激光平整方法，且在平整之前还须对灌水地段进行测量和设计。畦田愈长，愈便于进行大面积的农业机械化操作和实施灌水工作自动化，但灌水技术也更难掌握，很难找到各灌水技术要素间的正确关系，使畦田内土壤湿润均匀。而畦田小，则易于提高灌水均匀度和精确掌握灌水量，但不利于进行机械化操作。因此，畦田的大小不是一成不变的，而是随农业机械化水平和平整土地技术的提高而变化，应根据具体情况来选定。

二、畦灌法灌水技术要素

畦灌法灌水技术主要包括畦田长度、畦宽、畦宽上的灌水流量（单位畦宽流量）及放水入畦时间等要素。影响这些要素的因素有计划的灌水定额、土壤渗透系数、田面纵向坡度、畦田粗糙平整度及作物的种植状况等。由于影响因素非常复杂且互相制约，常根据实践经验或试验的总结来确定灌水技术要素。若当地缺乏实践资料，则可参照外地经验，也可用公式估算。

（一）经验公式

为使沿畦长任何断面处渗入土壤中的水量都能达到大致相等，湿润土层基本均匀，畦灌法灌水技术要素之间应有如下关系。

①在灌水时间 t_n（畦首处放水到停水的延续时间）内渗入到畦田内土壤中的水量应与计划灌水定额相等，用下面经验公式计算：

$$m = H_t = K_0 t_n^{1-\alpha} \tag{5-2}$$

式中：H_t——t 时间内渗入土壤中的水量（cm）；

　　　m——计划的灌水定额（cm）；

　　　K_0——第一个单位时间内的平均入渗速度（cm/h）；

　　　t_n——畦田内各处入渗水量达到计划灌水定额所需的入渗时间（h）；

　　　α——土壤入渗指数。

K_0 和 α 由土壤入渗试验确定，若无实测材料也可采用以下数值：对于透水性差的土壤，采用 $K_0 \leqslant 5$ cm/h；强透水性土壤，$K_0 \geqslant 15$ cm/h；中等透水性土壤，$K_0 = 5 \sim 15$ cm/h。K_0 还随作物生育阶段和灌水次数变化。例如，河南省引黄灌区，实测小麦播种灌水时，$K_0 = 6 \sim 8$ cm/h；冬灌至返青灌水时，$K_0 = 4 \sim 6$ cm/h；灌浆灌水时，$K_0 = 3 \sim 4$ cm/h。α 一般可采用 $0.3 \sim 0.8$，轻质土壤采用小值，重质土壤采用大值。

由公式（5-2）可求出畦灌的灌水时间 t_n：

$$t_n = \left(\frac{m}{K_0} \right)^{\frac{1}{1-\alpha}} \tag{5-3}$$

②进入畦田的总灌水量应等于全畦长达到灌水定额所需的水量：

$$3.6Qt = mbl \tag{5-4}$$

令

$$q = \frac{Q}{b}$$

则公式（5-4）可改写为

$$3.6qt = ml \tag{5-5}$$

式中：Q——畦首控制的入畦流量（L/s）；

　　　q——单位畦宽流量 [L/(s·m)]；

　　　b——畦宽（m）；

　　　l——畦长（m）；

　　　m——灌水定额（mm）；

　　　t——畦首处畦口的供水时间（h），即

$$t = t_n - t_1 \tag{5-6}$$

式中：t_1——畦首处滞渗时间（h），即畦首停止供水后，畦首处田面淹水层全都下渗入土壤内，田面已无明水层所需要的时间，实际中 t_1 很小，可忽略不计；

　　　t_n——畦田内各处入渗水量达到计划灌水定额所需的入渗时间（h）。

由公式（5-5）和公式（5-2）即可计算已知畦田规格下的单位畦宽流量 q，或确定

单位畦宽流量后，设计畦长和畦宽。

（二）实测资料

各地有关灌水技术的试验观测资料如下。

1. 地面坡度与灌水定额的关系

在其余条件基本一致时，地面坡度大则灌水定额小，相反则大。陕西省泾惠渠灌溉试验站在同一种土壤（黏壤土）上，单位畦宽流量为 5.1 ～ 6.3 L/（s·m）时，测得二者关系如表 5-1 所示。

表 5-1　地面坡度与灌水定额关系

地面坡度	> 1/700 ～ > 1/600	> 1/600 ～ > 1/500	1/500 ～ 1/400
灌水定额（m³/hm²）	572.0	526.5	506.7

2. 单位畦宽流量与灌水定额的关系

在其余条件基本一致时，单位畦宽流量大则灌水定额小，相反则大。陕西省泾惠渠灌溉试验站在畦幅为 85 m×4 m，纵坡为 1/800 ～ 1/400 时，测得二者关系如表 5-2 所示。

表 5-2　单位畦宽流量与灌水定额关系

单位畦宽流量 /［L/（s·m）］	1 ～ 2.5	> 2.5 ～ 5.0	> 5.0 ～ 7.5
灌水定额 /（m³/hm²）	1 167.5	816.9	707.4

3. 畦长与灌水定额的关系

在其余条件基本一致时，畦长越长则灌水定额越大，相反则小。河南省人民胜利渠测得二者关系如表 5-3 所示。

表 5-3　畦长与灌水定额关系

单位畦宽流量 /［L/（s·m）］	0.63	0.63	0.63	0.63	1.82	1.82	1.82	1.82
畦长 /m	30	50	75	100	30	50	75	100
灌水定额 /（m³/hm²）	450.0	480.0	555.0	687.0	—	477.0	537.0	600.0

4. 放水时间与畦长的关系

为了使畦田上各处的土壤入渗水量均匀一致，在实践中常根据计划灌水定额、土壤透水性与坡度等不同条件，采用适时封口的方法。例如，在坡度较大、土壤透水性较弱的地方，灌水定额小时，可采用七成或者八成封口（即水流到畦长 70% ～ 80% 处时进行封口，停止供水）；在地面不太平整、坡度较小、透水性较强的地方，灌水定额较大时，可采用九成或满流封口。

除了以上主要因素，在选择要素时，还应使畦首水流速度不大于临界冲刷流速（0.1～0.2 m/s），否则会出现冲刷表土的现象，并且畦灌水层厚度要能克服地面的微小起伏，因此水层厚度一般应为2～3 cm。在具体操作时，还应避免入畦流量过大，防止发生串畦，影响灌溉质量。表5-4为河南省引黄灌区畦田灌水技术要素，以供参考。

表5-4　河南省引黄灌区畦田灌水技术要素

土壤类型	畦田纵坡	畦长/m	畦宽/m	单位畦宽流量/[L/(s·m)]
强透水性轻壤土（土壤透水性 K_0 > 15 cm/h）	< 0.002	30 ～ < 50	3.0	5 ～ 6
	0.002 ～ < 0.01	50 ～ < 70	3.0	4 ～ < 5
	0.01 ～ 0.025	70 ～ 80	3.0	3 ～ < 4
中等透水性土壤（K_0=5 ～ 15 cm/h）	< 0.002	50 ～ < 70	3.0	5 ～ 6
	0.002 ～ < 0.01	70 ～ < 80	3.0	4 ～ < 5
	0.01 ～ 0.025	80 ～ 100	3.0	3 ～ < 4
弱透水性重土壤（K_0 < 5 cm/h）	< 0.002	70 ～ < 80	3.0	> 4 ～ 5
	0.002 ～ < 0.01	80 ～ < 100	3.0	> 3 ～ 4
	0.01 ～ 0.025	100 ～ 130	3.0	3

三、畦灌节水灌水方法

（一）小畦灌

小畦灌主要指畦田"三改"灌水技术，即"长畦改短畦，宽畦改窄畦，大畦改小畦"。小畦灌的畦田，常又称"方田"，是我国北方麦区一项行之有效的田间节水灌溉技术。

小畦灌畦田宽度，自流灌区宜为2～3 m，机井灌区宜为1～2 m。地面坡度1/1 000～1/400时，灌水定额为300～675 m³/hm²，单位畦宽流量为2.0～4.5 L/(s·m)；畦长自流灌区宜为30～50 m，最长不大于80 m，机井及高扬程提水灌区宜约30 m。畦埂高度常为0.2～0.3 m，底宽约0.4 m，可适当加宽增厚地头埂及路边埂。

小畦灌主要有几个优点：①节省水量，灌水定额小易于实现。由于畦田越长，水流的入渗时间越长，因而灌水量也就越大。所以减小畦长，灌水定额可减少，由此就能达到节约水量的目的。②灌水均匀，灌水质量高。由于畦块小，水流比较集中，水量易于控制，入渗比较均匀。③防止深层渗漏，提高田间水利用率，从而可防止灌区地下水位上升，预防土壤沼泽化和土壤盐碱化发生。④减轻土壤冲刷和板结，有利于减少土壤养分淋失，保持土壤结构及肥力，促进作物生长，提高产量。据研究，由于小畦土地平整，灌水均匀度超过80%，比其他一般畦灌节水超过50%，作物增产10%～15%。

（二）水平畦灌法

水平畦灌法是指在短时间内供水给大面积水平畦田的地面灌水方法，是一种先进的节水灌溉技术。水平畦灌畦田面积一般为 $2 \sim 6.7$ hm^2，有的可达 16 hm^2。水平畦灌一般对土地平整要求较高，畦田田面各方向的坡度都很小（$\leqslant 1/3\,000$）或为零，整个畦田田面可看作是水平田面，因此推广水平畦灌技术离不开现代化的土地平整技术，如激光平地技术。

水平畦灌的主要优点如下。

①由于畦田地块十分平整，故水平畦田的薄层水流将不受田面坡度的影响，而仅借助水流压力往前流动。

②进入水平畦田的总流量很大，使薄层水流在短时间内均匀灌溉整个地块。

③进入水平畦田的薄层水流主要在重力作用下，以静态形式逐步下渗至作物根系土壤区内，而一般畦灌主要靠动态形式下渗。因此，它的水流消退只有垂直消退过程，消退曲线为一条水平直线。

④由于水平畦田首末两端地面高程差很小或为零，对土地平整程度要求很高，因此水平畦田不可能出现田面泄水流失或首端入渗水量不足及末端深层渗漏现象，灌水均匀程度高（90% 以上）。对于入渗较慢的土壤，灌溉田间水利用率可达 98%。

（三）长畦分段灌水法

长畦分段灌水法又称为长畦短灌法是将一条长畦分成几个无横向畦埂的短畦，先采用纵向输水沟或者塑料薄壁软管将灌溉水输入畦田，然后自上而下或自下而上逐步向短畦灌水，直到全部短畦灌完为止的灌水方法，如图 5-1 所示。与传统畦灌相比，长畦分段灌水具有明显的节水节能、灌水均匀度高、灌溉效率高、投资少、效益大等特点，灌水定额约为 525 m^3/hm^2，灌溉周期缩减 1/3 以上，节省 50% 的灌溉用工，田间水利用率为 80% 以上。

长畦分段灌水法的畦宽为 $5 \sim 10$ m，畦长可为 200 m 以上，常为 $100 \sim 400$ m，但其单位

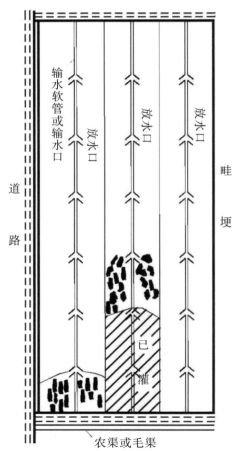

图 5-1　长畦分段短灌

畦宽流量并不大。此方法的主要要求是，正确确定入畦灌水流量、侧向分段开口的间距（即短畦长度与间距）及分段改水时间或改水成数。

第三节　沟灌

沟灌法是在作物种植行间开挖灌水沟，灌溉水由输水沟或毛渠进入灌水沟后，在流动的过程中主要借助毛细管作用从沟底及沟壁向周围土壤入渗而湿润土壤；同时，在沟底还因重力作用而往下渗透。

一般沟灌的主要优点如下。

①灌水后作物根部附近的土壤结构不会被破坏，可保持根部土壤疏松，通气状况良好，不会造成严重的田面土壤板结，深层渗漏变少，避免了地下水位升高及土壤养分流失。

②在多雨季节，还可利用灌水沟集蓄地面雨水，并及时排水，兼做排水沟。

③沟灌能控制较小的灌水定额，灌后株间土壤蒸发少，有利于土壤保墒，因此沟灌一般比畦灌节省水量约30%。

④开灌水沟时还可对作物起培土作用，对防止作物倒伏有显著效果。

但沟灌法需开挖灌水沟，劳动强度大。若能采用机械开沟，则可加快开沟速度，提高开沟质量，减小劳动强度。

沟灌法适用于灌溉宽行距的中耕作物，如玉米、甘蔗、棉花等，部分宽行距的蔬菜也可采用，窄行距作物一般不适用。

一、灌水沟的形式、布置和规格

（一）灌水沟的形式

灌水沟常采用联通沟与封闭沟两种形式。

1. 联通沟

沟尾不封闭；水流入沟后，边流边湿润土壤；灌水完成后，沟中无积水。如水流到沟尾未能全被土壤吸收而有余下的，则可引入下一条输水沟再用来灌溉。一般适用于地面坡度较大、土壤透水性差的地区。为了使沿灌水沟的各处土壤湿润均匀，单位时间内进入灌水沟的流量应较小，灌水时间相应拉长。另外，当地面坡度较大，易冲刷土壤时，也须采用小的流量。由于流量小，沟可做得较浅，一般沟中水深常为 3～5 cm。在雨量较多的地区还可排涝。

2. 封闭沟

沟深较大，末端封闭，适宜地面坡度较平缓的地区，根据不同的地形及土壤性质，常分为以下两种灌水方式。

①水流入灌水沟后，在流动过程中部分水量渗入土壤，待停止放水后，在沟中蓄存部分水量，使其逐渐渗入土壤。此方式适用于土壤透水性弱的地区。

②灌溉水在流动过程中全渗入土壤中后，结束放水，沟中不积水。此方式适用于土壤透水性强的地区，在生产实践中多采用细流沟灌。

（二）灌水沟布置

沟灌的田间布置如图 5-2 所示。沟灌的适宜地面坡度常为 1/200 ～ 1/50。若地面坡度太大，流速过快，土壤不易湿润均匀，且达不到计划的灌水定额。灌水沟常沿地面坡度纵向布置，如坡度较大时，则可与坡度成锐角，以求灌水沟获得适合的坡度。灌水沟的长度应按照地形坡度、土壤透水性及土地平整度等条件而定。砂壤土地区灌水沟长度一般为 40 ～ 60 m，黏土地区灌水沟长度一般为 60 ～ 100 m，入沟流量一般为 0.5 ～ 1.5 L/s。

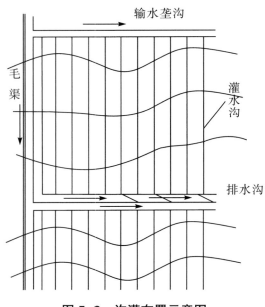

图 5-2　沟灌布置示意图

（三）灌水沟规格

灌水沟规格主要指灌水沟的间距、长度及横断面等。灌水沟规格是否合理，对灌水质量及效率、土地平整度及灌水沟的布置影响很大，应根据田间试验资料及实践经验深入分析研究，合理确定。

1. 灌水沟间距

灌水沟间距，按照土壤性质及作物种类而定。以土壤性质而言，由于沟灌灌水时，灌溉水沿灌水沟向土壤中入渗，同时受重力和毛细管的作用，不仅有纵向下渗，还有横向入渗湿润土壤。灌水沟中纵、横两方向的浸润范围主要由土壤的透水性能与沟中水的深浅决定，且与水流的时间有关。砂性土壤灌水垂直下渗速度快，而向四周沟壁的侧渗较弱，故其土壤湿润范围呈长椭圆形，其间距可窄些；黏性土壤中毛细管作用较强，透水性弱，水流垂直下渗与侧渗较平衡，故其土壤湿润范围呈扁椭圆形，其间距则可宽些。

另外，还应考虑作物的行距因素。为了保证种植密度的合理性，通常灌水沟间距应尽量与行距相符。不同作物种类及品种，种植行距也不同。因此，在实施过程中若根据土壤质地确定的间距与作物的行距不符时，应具体情况具体分析，适当调整灌水沟间距。

2. 灌水沟长度

灌水沟长度与土壤的透水性及地面坡度有着直接的联系。地面坡度较大，土壤透水性较弱时，灌水沟长度可适当长一些；而坡度较小，土壤透水性较强时，宜缩短沟长。通常砂性土壤的灌水沟长 30 ～ 50 m，黏性土壤的灌水沟长 50 ～ 100 m；农作物的沟长较长，蔬菜的较短。但沟长不宜大于 100 m，避免产生田间灌水损失，影响灌水质量。合理的灌水沟长度能提高灌溉水利用率及灌水均匀度。

3. 灌水沟横断面

灌水沟横断面通常为三角形或梯形。浅沟深 8 ～ 15 cm，上口宽 20 ～ 30 cm；深沟深 15 ～ 25 cm，上口宽 25 ～ 40 cm。水深一般为沟深的 1/3 ～ 2/3。

二、沟灌法灌水技术要素

沟灌法湿润土壤的过程和原理基本上与畦灌法一样。准确确定沟灌法灌水技术要素较复杂，须经过生产实践与试验研究，因地制宜加以确定。沟灌法灌水技术主要是掌握和控制灌水沟长度与输入灌水沟的单沟流量。其与土壤的透水性能、地形坡度、灌水定额和灌水沟的形状等因素有关，并且它们之间是相互制约的。在资料不充分的情况下，可参考外地经验，也可用公式估算。

对于封闭灌水沟（灌后沟中蓄存部分水量），各灌水技术要素间有以下关系。

①计划灌水定额为一定时间（t）内下渗入土壤中的水量加上灌水停止后在沟中蓄存的水量，计算公式如下：

$$maL = (b_0 h + P_0 \overline{K_t} t) L \qquad (5-7)$$

因此，

$$h = \frac{ma - p_0 t \overline{K_t}}{b_0} = \frac{ma - p_0 H_t}{b_0} \qquad (5-8)$$

式中：h——沟中平均蓄水深度（m）；

　　　a——灌水沟的间距（m）；

　　　m——灌水定额（m^3/hm^2）；

L——灌水沟的沟长（m）；

b_0——灌水沟中的平均水面宽度，$b_0 = b + \varphi h$，b 为灌水沟的沟底宽度（m），φ 为灌水沟的边坡系数；

P_0——在时间 t 内灌水沟的平均有效湿润周长（m），$P_0 = b + 2\gamma h\sqrt{1-\varphi}$；$\gamma$ 为借毛细管作用沿灌水沟的边坡向旁侧渗水的校正系数，土壤毛细管作用愈强烈，γ 值愈大，一般 γ 值为 1.5～2.5，轻壤土的 γ 值取小值，重壤土取大值；

t——灌水时间（不考虑滞渗时间）（h）；

$\overline{K_t}$——t 时间内的土壤平均入渗速度（m/h），$\overline{K_t} = \dfrac{K_0}{t^{\alpha}}$；

H_t——t 时间内的土壤平均入渗水量（m），$H_t = t\overline{K_t}$。

②灌水沟的沟长与地面坡度及沟中水深的关系，用下述计算公式表示：

$$L = \frac{h_2 - h_1}{i} \tag{5-9}$$

式中：h_1——灌水停止时封闭灌水沟的沟首水深（m）；

h_2——灌水停止时封闭灌水沟的沟尾水深（m）；

L——灌水沟的沟长（m）；

i——灌水沟的坡度。

当灌水沟的沟长和入沟流量已知时，其灌水时间为：

$$t = \frac{maL}{q} \tag{5-10}$$

式中：q——灌水沟流量（m³/h）；

其余符号意义同前。

对于细流沟灌（灌水停止后沟中不蓄存水量），各灌水技术要素之间有如下关系。

①灌水时间 t 的确定。由于在停止灌水后沟中不蓄存水量，所以在灌水时间 t 内的入渗水量等于计划的灌水定额，即

$$maL = P_0\overline{K_t}tL$$

所以，

$$t = \left(\frac{ma}{K_0 P_0}\right)^{1/(1-\alpha)} \tag{5-11}$$

式中各符号意义同前。

此时间 t 实际上是沿灌水沟各处均匀湿润土壤并达到计划灌水定额所需的入渗时间，与畦灌法一样，如不考虑滞渗的时间，则可近似等于沟口的放水时间。

②灌水沟流量与沟长的关系为

$$qt=maL \qquad\qquad (5-12)$$

由上述要素之间的关系可看出，在土壤透水性能强、地面坡度小、土地不太平整时，应使灌水沟短些，入渗流量大些，以便均匀湿润土壤，沟首端不造成深层渗漏，尾端不造成泄水流失；当土壤透水性弱、地面坡度大、土地较平整时，应使灌水沟长些，入渗流量小些，以确保充足的湿润时间。据我国各地沟灌实践经验，入沟流量为 0.5～3.0 L/s。表 5-5 为河南省引黄灌区沟灌技术要素，可供参考。

表5-5　河南省引黄灌区沟灌技术要素

土壤透水性	沟底比降	沟长 /m	灌水沟流量 /（L/s）	沟中水深与沟深比
	0.01～0.004	60～80	0.6～0.9	1/3 以下
强	< 0.004～0.002	40～60	0.7～1.0	2/3 以下
	< 0.002	30～40	1.0～1.5	2/3 以下
	0.01～0.004	80～100	0.4～0.6	1/3 以下
中	< 0.004～0.002	70～90	0.5～0.6	1/3 以下
	< 0.002	40～50	0.7～1.0	2/3 以下
	0.01～0.004	90～120	0.2～0.4	1/3 以下
弱	< 0.004～0.002	80～100	0.4～0.6	1/3 以下
	< 0.002	50～80	0.5～0.6	2/3 以下

为确保沿灌水沟长度各点处土壤均匀湿润，保证各点处的土壤入渗时间近似相等，即应严格确定沟灌的灌水时间。在实践中，控制沟灌灌水时间的方法与畦灌法一样，运用改水成数法，即沟内水流到沟长的某一成数时封口改水。按照灌水定额、土壤透水能力及灌水沟的沟长、纵坡与入沟流量等因素，改水成数可用七成（水流到沟长的 70%，下同）、八成、九成或满沟封口改水法。改水成数的正确控制，既可避免沟尾积水及废泄（对于联通沟），提高灌溉均匀程度，又节省水量。通常入沟流量大、地面坡度大或土壤透水性弱的灌水沟改水成数应较小；入沟流量小、地面坡度小或土壤透水性强的灌水沟改水成数应较大。

为了保证实施定额灌水，必须正确控制放水的时间及进入沟、畦的流量。目前我国大部分采用人工开口放水入沟、畦，入沟、畦流量难以准确控制，水流还易于冲大放水口，导致漫沟、漫畦，造成浪费，而国外普遍利用虹吸管放水原理或采用有孔软管将输水沟中的水吸灌入沟、畦中。

三、沟灌节水灌水方法

（一）细流沟灌

所谓细流沟灌是用短管或虹吸管从输水沟上开一小口引水。流量较小，控制单沟流量为 0.1 ～ 0.5 L/s，灌水沟中的水深控制在沟深的 2/5 ～ 1/2。细流沟灌的灌水沟规格常与一般沟灌的一样，具有以下几个特点。

①因沟中水流较浅，浸润土壤以借助毛细管作用为主，受重力作用仅限于沟底部分，所以对土壤团粒结构的破坏程度可降至最低。

②可减少地面蒸发量，比灌水沟内蓄存水的沟灌方式蒸发损失量减少 2/3 ～ 3/4。

③湿润土层均匀，渗水深，保墒时间长。根据陕西省泾惠渠灌溉试验站的试验结果，用 0.2 L/s 流量灌过的沟，渗入深度为 40 ～ 50 cm；用 0.5 L/s 流量灌过的沟，渗入深度为 30 ～ 40 cm；用 0.8 L/s 流量灌过的沟，渗入深度只有 18 ～ 24 cm。

④放水时间较长，便于控制管理。

（二）隔沟灌溉

隔沟灌溉也是沟灌的一种节水形式。灌水时一条沟灌水，一条沟不灌水，即隔沟灌水。该方法灌水量小，灌水定额仅 225 ～ 300 m³/hm²，可减轻灌水后遇雨对作物的不利影响。

还有一种交替隔沟灌溉法，即在两次灌水之间，相邻两沟进行干湿交替灌溉，这次灌水的沟下次不灌，而本次未灌水的沟下次灌水。试验结果表明，隔沟交替灌溉后玉米水分利用效率明显提高，比常规沟灌提高约 50%。收获同等产量的玉米，交替隔沟灌溉用水量降低 33.3%。这是因为交替隔沟灌水每次干湿交替可刺激根系生长，明显提高根系密度，并且根系在土壤中均匀分布。部分根区干燥形成根源信号 ABA 控制气孔开度使蒸腾效率大为提高，并减少棵间蒸发，因而节水效果明显。

第四节　淹灌和漫灌

淹灌又称为格田灌溉，指用田埂把灌溉田块分成若干格田，引入灌溉水使土壤达到饱和状态，并使格田内保持一定水层的地面灌水方法。该方法只适用于水稻、水生蔬菜及盐碱地的改良冲洗等，其他作物禁用。

淹灌格田布置应尽可能整齐，常为长方形，其长边与地面等高线大致平行，短边顺地面坡度。每个格田均应有独自的进排水口，做到排灌分家，格田灌排不宜串灌、串排，以提高灌水质量。为使淹灌格田田面水层均匀，格田田面必须平整，通常格田的地面坡度应小于 1/1 000，一般以 1/2 000 为最好。格田内的地面高差应根据水稻最浅水层深度确定，以不大于 3 cm 为宜。格田埂高度一般为 30 ～ 40 cm。

格田面积大小，可根据地形、土壤性质确定，一般格田面积为 0.13 ～ 0.33 hm²。在平原地区地势平坦，格田面积布置可大些，长约 100 m，宽 25 ～ 40 m；丘陵地区格田面积较小，一般长 60 ～ 80 m，宽 20 ～ 30 m，或更小；盐碱地改良的冲洗格田，其长度多采用 50 ～ 100 m，宽度 10 ～ 20 m。

漫灌指在田间无任何沟埂，灌溉时任水在地面漫流，仅借助重力作用渗入土壤的灌水方法。这种灌水方法粗放，灌水均匀度差，水量浪费大，不符合节水灌溉的要求。

第五节　地面灌溉节水新技术

一、覆膜灌溉

（一）膜上灌溉

膜上灌溉又称为膜孔灌溉，基于地面沟畦灌溉及地膜栽培，将垄背地膜覆盖改为在沟畦中铺膜，把膜侧灌水改为膜上灌水，让灌溉水经过放苗孔或地膜上打的渗水孔入渗到作物根部周围的土壤中，以达到节水目的的一种地面灌溉新技术。它是畦灌、沟灌和局部灌水方法的综合。膜上灌溉适用于棉花、玉米、小麦、甘蔗、瓜菜和果树等多种作物。膜上灌溉有以下三个特点。

1. 节约灌溉用水

利用塑料薄膜输水，减少了通常沟畦灌溉中所造成的深层渗漏。水在膜上流，输水速度快，靠主孔和附加孔调整首尾入渗量，灌水均匀度高，并且通过放苗孔渗水，使水直接入渗到作物根部，与滴灌相似，但费用却远少于滴灌。经调查，当放苗孔为 18 000 孔 /hm² 时，膜上灌溉的放水面积仅占总灌溉面积的 2.3%，其余面积靠旁渗湿润，膜上灌溉显著达到节水的目的。根据河南商丘、新疆、甘肃等地对多种作物的应用，膜上灌溉技术节水增产效果显著，节水 30% ～ 50%，增产 10% ～ 50%，灌水均匀度为 80% 以上。

2. 减少土壤蒸发

土壤表面有塑料薄膜覆盖，灌溉水集中于膜下土壤中，保持表层土壤的疏松干燥，棵间无效蒸发大大减少，有利于土壤水分的保持，增强抗旱能力。

3. 提高作物产量

膜上灌溉其实就是沟畦灌溉与地膜覆盖技术的结合。它既能节约用水，又有着地膜的增温保温、保墒及灭草等作用，改善作物生长环境及土壤中的水、气、养分等条件，达到促进作物生长，提高作物产量的目的。

从表 5-6 可以看出，膜上灌溉的灌水定额比沟灌低 523.5 m³/hm² 的情况下，在 0 ～ 20 cm

处的土壤含水量膜上灌溉比沟灌高 1.1 个百分点，20 ～ 40 cm 的土壤含水量膜上灌溉比沟灌高 1.3 个百分点，而 40 ～ 60 cm 的土壤含水量膜上灌溉比沟灌低 1.2 个百分点。说明膜上灌溉使棉株对水分的吸收利用更好，单产提高了 9.7 个百分点。

表 5-6　不同灌溉方式土壤含水量及棉株长势

灌水方式	灌水定额 /（m³/hm²）	土壤含水量				株高 /cm	结铃 /（个 / 株）	单铃重 /g	单产 /（kg/hm²）
		0 ～ 20/cm	> 20 ～ 40/cm	> 40 ～ 60/cm	平均 /cm				
膜上灌溉	781.5	22.4%	23.5%	24.9%	23.6%	80	4.86	1.34	1869
沟灌	1 305.0	21.3%	22.2%	26.1%	23.2%	72	4.33	1.27	1704

膜上灌溉的主要技术要求如下。

①平整土地是确保膜孔灌水均匀一致，提高灌水质量，节约用水的基础。因此，在播种及铺膜之前须进行精细的平整工作，并清理树根及碎石，避免破坏塑膜。

②播种前须喷施除草剂，防止杂草生长。

③膜上灌溉需铺膜、筑埂，可使用膜上灌溉播种铺膜机，可一次性完成开畦、铺膜及播种，在北方井灌区多数为人工铺膜、筑埂。

④膜上灌溉的质量评价标准为沟畦首尾灌水均匀程度，是否有深层渗漏和尾部废泄水量。在灌溉时，还须加强管理，控制沟畦的流量，避免串灌、漫灌。

⑤膜孔沟畦通常要求有一定地面坡度，水在坡度均匀的膜上流动，边流边从放苗孔入渗。因此，沿程的入渗水量及灌水均匀度与放苗孔的数量、孔口面积、土壤条件等紧密相关。为使首尾灌水均匀，还应视具体情况在塑料薄膜上增打渗水孔。

综上所述，膜上灌溉节水效果明显，为干旱缺水区或季节性干旱区一种行之有效的节水灌溉技术。膜上灌溉简单易行，成本不需增加太多，与膜侧沟灌溉比较，膜上灌溉使出苗率提高，蒸发量减少，热效应增加，能充分发挥地膜的增温、保墒、灭草等优势。膜上灌溉不仅适用于棉田直播，而且适用于玉米、蔬菜等其他使用地膜栽培作物，均可取得节水增产效果。但应注意塑料薄膜的老化及污染土壤等问题。塑料薄膜长期受到日晒，易老化破裂，影响灌水均匀度；塑料薄膜废弃物残留于土壤，破坏土壤结构，降低土壤通气性，污染农田。因此，应该研制可降解的生物膜料，这样不仅避免了污染环境，其老化后还可留在田间作肥料。

（二）膜下灌溉

除了膜上灌溉，还有膜下灌溉。膜下灌溉分为膜下沟灌和膜下滴灌。前者是将膜覆盖在灌水沟上，灌溉水在膜下的灌水沟流动，以减少土壤水分蒸发的灌水方法。其入沟流量、水利用率、灌水技术要素及灌水均匀程度与沟灌的相同，主要适用于干旱地区的条播作物。后者是将滴灌带铺放于膜下，其充分体现了滴灌技术和覆膜技术相结合的优势，是应用非常广泛的一种节水技术，节水增产效果更明显，尤其适用于极度缺水的干旱地区。研究表明，膜下滴灌不仅有效缓解水利用率低及土壤盐碱化等问题，而且能减少土壤水分蒸发，提高土壤温度；蓄水保水保肥，并有效防止杂草生长；改善近地面气层的光热条件和土壤结构，促进微生物活动和有机质分解，为作物生长创造良好的生态环境。

二、波涌灌溉

波涌灌溉是地面沟灌、畦灌的进一步发展，又称为间歇灌溉或涌流灌溉，指利用安装在沟畦首端开关的阀门，向沟畦进行间歇性灌水，灌溉水不能一次就推进到沟畦尾端；而是当第一次供水到沟畦一定距离时（沟畦长的 1/2 或 1/3），供水先暂停，待沟底或畦面的土壤密实度增加后，再接着供水，这样分多次间歇性供水的地面灌水技术。其节水效果与土壤质地、田间耕作情况、灌前土壤结构及灌水次数等相关。波涌灌溉的主要优点如下。

①水流推进速度加快，提高灌水效率。波涌灌溉时，随着供水次数的增加，由于地表土壤随水流浸润，土粒分解推移的作用，田面糙率由大变小，逐渐趋于稳定，水流推进速度增大。与连续灌溉相比，稳定糙率可比初始糙率降低 53%，水流平均速度可提高 25% ～ 100%，灌水效率可提高 30% 左右，节约灌水时间 18.5%。

②节水省时。由于波涌灌溉比传统的连续灌溉水流推进速度快，推进距离远，缩短沟畦首尾段渗水时间差，土壤得到均匀湿润，灌水效率提高，降低灌水定额，节约了灌溉用水量。一般波涌灌溉比同等条件下的沟畦连续灌溉灌水均匀度可提高 10% ～ 25%，田间水有效利用率可提高 20% ～ 45%，节水 10% ～ 50%。

③土壤物理性质得到改善。由于波涌灌溉为周期性供水方式，随着供水及停水的交替，表层土在湿润与落干交替过程中，改变了土壤结构，形成了表土致密层，增加了土壤密度，孔隙率降低，水分渗入速度下降。经测定，表层 0 ～ 10 cm 内，平均干容重可增加 45.7%，孔隙率可减少 23.3%。

波涌灌溉技术要素主要有四项：单位畦宽流量或单沟放水流量、周期时间、灌水周期数及循环率。周期时间为放水时间加上停水时间；循环率为放水时间与周期时间之比；灌水周期数为完成波涌灌溉整个过程所需的放水及停水的次数。这些参数一般均需通过灌水试验或参考类似条件下的实践经验确定，也可应用理论分析方法或经验分析方法确定。

波涌灌溉需向灌水沟畦间歇性放水及停水，可通过人工或自动控制。如果用人工反复对灌水沟畦进行封口、改口及开口，劳动强度非常大，而且很难按计划控制封口、改口和开口时间及放水流量，所以波涌灌溉应配备自动化的专用控制装置及带阀门的管道。

三、激光控制土地平整技术

激光控制土地平整技术是一种先进的土地平整技术，是提高灌水均匀程度的重要措施，是地面灌溉系统中最重要的进展。其采用旋转的激光束代替常规机械平地中人眼目视作为控制基准，通过液压系统操控平地铲运机具，挖高填低，完成高精度土地平整工作。该系统由激光发射装置、激光接收装置、控制器和平整机具等部件组成，主要工作原理：激光发射器投射出特定的基准圆平面，由安装在刮土铲支撑杆上的接收器负责捕捉这一信号；接收器将采集到的信号传输至控制器，经过系统精确计算后，控制液压机构驱动刮土铲上下移动，从而高效实现土地平整工作。

激光发射装置是用电池作为驱动的激光发生器，一般水平安装在直立于田间的三脚架上，高速旋转的棱镜把其产生的激光光束反射，在田面上产生一个激光平面作为平整土地工作的照面，取替了常规土地平整法中采用地面高程测量、由间断网格点形成的平整工作基准面。

激光接收装置与装在平地铲运桅杆上的信号接收器垂直。在进行平地作业时，信号接收器先检测来自激光发射器的光束，对平地参照面与接收器中心控制点之间的相对距离进行确定，随后发出调整信号，经控制器指挥铲运器的升降，将接收器控制中心点位于平地的参照面内。

控制器根据激光接收装置传递的调整信号，自动控制液压系统连续上下调节行进中的平地铲运刀口，完成田面挖填作业。因激光控制器的自控灵敏度大，所以平地精度较高。

进行激光平地工作前，先按照网格状使用水准仪完成田间地形测量（网格间距常为 $5 \sim 10\,m$），获得各测点处的相对高程，再按照测量结果确定平地设计的相对高程。其准则是先通过选择适宜的平地设计高程，使平地工作中的挖方量基本等于填方量；然后在田块适宜位置处安装激光发射器，保证发射的激光束平面比田内任一障碍物高，便于使激光接收装置能时刻接收到来自发射器的光束；接着按照平地设计高程，在田间内确定铲运机具的起始点位置，将铲运刀口落地以后，上下调节安装在设备桅杆上激光接收器的高度，当接收器中心控制点位于激光控制参照面内时，固定该接收器的位置。做完上述准备后，从平地起始点开始，由拖拉机牵引铲运设备在田内反复工作，挖高填低，搬运土方，自动完成土地平整。平整作业完成后，按照同样的网格形式进行复测，评价平整的效果。

采用激光平地技术，能较好地解决水资源严重浪费问题，灌水效率高达 80%，节水 30% $\sim$ 50%；土地利用率增加 9%；减少土肥流失，作物产量提高 20% $\sim$ 30%。该技术的推广应用将会推动我国地面灌溉节水技术的发展，但目前其只适用于大面积土地平整，对于在小面积上的利用仍有待进一步探讨改进。

第六节　稻田节水灌溉技术

一、水稻节水灌溉模式

前述水稻需水规律和稻田用水量是在淹灌条件下获得的。那么，从节约用水的角度出发，水稻灌溉能否不采用淹灌方法，或是将淹灌的时间缩短，甚至在整个生长期内不保持淹水层？国内外研究表明，水稻全生育期内不需要保持淹水层，且大部分时期内田面可以无水层；还有某些时段，当稻田土壤含水量下降至抑制蒸发蒸腾的程度时，反而会对水稻生长发育和产量提高及稻田的水土环境更有利。当田间无水层时，稻田土壤含水量下降，这会降低稻田渗漏量和蒸发蒸腾量，从而使稻田用水量降低 20% ～ 50%，这不仅对水稻产量无影响，甚至更有利于水稻的高产。根据上述理论，我国各省区试验研究了多种水稻节水灌溉模式，并已推广应用。以下扼要介绍四种模式。

（一）"浅、湿、晒"模式

"浅、湿、晒"灌溉是我国应用最广且较久的节水灌溉模式，如广西大面积推广的"薄、浅、湿、晒"灌溉、辽宁等地推广的"浅湿"灌溉及浙江等地推广的"薄露"灌溉均属于该类。

广西推广的"薄、浅、湿、晒"灌溉，田间水分控制标准如下。

①薄水插秧、浅水返青：插秧时间薄水层为 15 ～ 20 mm（下限～上限，下同），插秧后田间保持 20 ～ 40 mm 的浅水层。

②分蘖前期湿润：每 3 ～ 5 d 灌一次 10 mm 以下的薄水，保持土壤水分处于饱和状态。

③分蘖后期晒田。

④拔节孕穗期、抽穗扬花期薄水：拔节孕穗期和抽穗扬花期分别保持 10 ～ 20 mm 和 5 ～ 15 mm 的薄水层。

⑤乳熟期湿润：每隔 3 ～ 5 d 灌一次 10 mm 左右的薄水。

⑥黄熟期先湿润后落干：水稻穗部勾头前湿润，勾头后自然落干。

辽宁等地所推广的"浅湿"灌溉，田间水分控制标准如下。

①插秧及返青期浅水：保持 30 ～ 50 mm 的浅水层。

②分蘖前期、孕穗期、抽穗开花期浅湿交替：每次灌水 30 ～ 50 mm，田面落干到无水层时再灌水。

③分蘖后期晒田。

④孕穗期、抽穗扬花期浅湿交替：同分蘖前期。

⑤乳熟期浅、湿、干、晒交替：灌水 10 ～ 20 mm 的水层，当土壤含水量降至田间持水量的 80% 左右再灌水。

⑥黄熟期停水、自然落干。

这种控制标准与广西的基本一致，只是有水层时水层深度比南方大 10 ～ 20 mm。

浙江等地推广的"薄露"灌溉的水分控制也与上述两种类似，要点是返青期为 15 ～ 60 mm 的浅水，分蘖前期为 0 ～ 5 mm 的薄水与露田；分蘖后期晒田；拔节期薄水、落干与轻晒，然后灌水至水层深 15 mm 左右，落干、轻晒到土壤含水量为田间持水量的 90% 左右后再复灌；孕穗期、抽穗期和开花期薄水与晒田，控制标准与分蘖前期相同；乳熟期薄水、落干与轻晒，控制标准与拔节期相同；黄熟期是薄水、落干与晒田，控制标准与乳熟期基本相同，只是土壤水分下限改为田间持水量的 80%。应当指出的是，这种灌溉模式对早稻应在收割前 5 ～ 7 d 断水，对晚稻则应在收割前 10 ～ 15 d 断水。

"浅、湿、晒"灌溉中，分蘖后期晒田是有利于节水高产的一项重要措施，其中应注意适宜的晒田起始时间及程度。对于开始晒田的时间，应掌握苗够晒田及时晒田，即当分蘖后稻田苗数达到计划苗数或有效分蘖率为 80% ～ 90% 时，应开始晒田；若时间达到分蘖盛末期而苗数或分蘖率未达标准时，也应开始晒田。对于晒田的程度，应根据地形条件、土壤情况、禾苗长相及天气情况等确定。通常黏土田、低垄田、肥田、禾苗生长旺盛田要重晒 5 ～ 8 d 至土壤含水量为田间持水量的 70% ～ 80%。若遇上阴雨天，晒田时间要延长。烂泥田、冷浸田也要重晒或多晒。地势高、土壤透水性强、肥力低、禾苗生长差的田要轻晒，晴天晒 3 ～ 5 d，遇阴雨天则要延长，至土壤含水量为田间持水量的 80% ～ 90% 即可。

（二）间歇灌溉模式

我国北方及有些东南亚国家采用了该种模式。其水分控制标准为返青期保持 20 ～ 60 mm 的水层，分蘖后期晒田（方法如"浅、湿、晒"模式），黄熟落干，其余时期采取浅水层、干露（无水层）间隔的灌溉方式。依据土壤、地下水位、天气状况及禾苗长势与生育阶段不同，可分别采用轻度及重度间歇灌溉。

土壤黏重、肥力高、地下水位高、天气阴雨、禾苗生长旺盛、分蘖期和乳熟期，采用重度间歇灌溉，通常每 7 ～ 10 d 灌水一次，每次灌水 50 ～ 70 mm，使田面形成 20 ～ 40 mm 水层，自然落干，大致是有水层 4 ～ 5 d，无水层 3 ～ 4 d，反复交替，灌前土壤含水量不小于田间持水量的 85%；相反则采用轻度间歇灌溉，通常每隔 5 ～ 7 d 灌一次水，使田面形成 15 ～ 20 mm 水层，有水层 3 ～ 4 d，无水层 2 ～ 3 d，灌前土壤含水量不低于田间持水量的 90%。这种轻度间歇灌溉模式相当于湿润灌溉。

（三）半旱栽培模式

半旱栽培模式是通过对水稻水分生理、需水规律及节水高产机理等进行系统的试验研究后提出的一种高效节水灌溉模式，又称为控水灌溉或控制灌溉等。国外水稻灌溉试验也在研究和推广应用，此种模式与前两类有较大差别，除在返青期或返青与分蘖前期建立水层外，在其后大部分时期不建立水层。以山东和广西所采用的水分控制标准为例。

山东济宁市大面积推广的水稻"控水灌溉"，其标准为本田返青期保持 5 ～ 30 mm 的薄水层，以后各生育期不保留水层，饱和含水量为土壤湿度上限，饱和含水量的 60% 为下限，黄熟期断水。广西玉林市"水插旱管"的标准为移栽时 5 ～ 15 mm 水层；返青期 20 ～ 40 mm 水层；分蘖前期 0 ～ 30 mm 水层；分蘖后期晒田，土壤湿度为饱和含水量的 70% ～ 100%；拔节孕穗期无水层，土壤含水量为饱和含水量的 90% ～ 100%；抽穗开花期同拔节孕穗期，但雨后可建立 20 ～ 40 mm 的薄水层；乳熟期无水层，土壤湿度为饱和含水量的 80% ～ 100%；黄熟期土壤含水量为饱和含水量的 70% ～ 100%，后期断水。该模式的节水效果显著，比长期淹灌节水 40% ～ 50%；对产量也有利，与长期淹灌相比，一般可增产 5% ～ 10%。

（四）蓄雨型节水灌溉模式

为了充分利用降雨资源，在对水稻高产无影响的基础上，尽量多蓄雨水，提高降雨利用率。湖北、福建等地多采用该种模式，水资源愈紧缺的地区应用愈广泛。平常可按各种节水灌溉模式灌溉，若降雨可当成一次灌水，对雨水形成的水层，可超过灌溉水层上限的标准，不仅使灌水量减少，还多蓄存了降雨，减轻了排水负担。通常在水稻生长的前后期（即返青、分蘖前期和乳熟期）宜少蓄，雨后水层以 40 ～ 60 mm 为宜；而中期可多蓄，雨后水层可为 60 ～ 80 mm。根据各地经验，该种灌溉模式比雨后水层深度仍然保持各类节水模式规定的灌水上限，可提高降水利用率 10% ～ 20%，即节水约 10%。因只在雨后多蓄，并非长期淹水，仍保持湿润、露田、晒田的条件。因对水稻生长及产量影响不明显，故在水资源紧缺地区，应推行前 3 种节水灌溉模式与雨后多蓄相结合的方式。

二、节水灌溉模式的选择

水稻各种节水灌溉模式，有以下几点共性：返青期保持薄水层、分蘖后期晒田、黄熟期落干断水，其余生育阶段避免长期连续淹水（特别是 80 mm 以上的深水），经常露田或晒田，但土壤含水量不低于田间持水量的 70%，含水量连续低于 80% 不超过 4 d。不同灌溉方式的具体标准应因地制宜地根据土壤肥力、质地、地势、地下水深度、气象、品种、禾苗生长情况及水源条件选用。通常土壤质地为壤土或黏土、肥力较高、地下水位较高的平原地区，适宜重度间歇灌溉模式或"浅、湿、晒"模式，但有水层且水层较浅、湿润历时较长时，并用重晒；反之可用轻度间歇灌溉或用"浅、湿、晒"模式，但水层稍深、湿润历时较短时，并用轻晒。在采用节水模式时，降雨后在水稻生长不受影响的情况下可充分蓄存雨水，对于水源缺乏的灌区应多蓄，蓄水深度也可大一些。

对于盐碱型、冷浸型等特殊稻田，应采用特殊节水灌溉模式。如对于盐碱型稻田，灌溉水除满足水稻生长需求外，还要利用水的下渗以压盐，并避免返盐，故须长期淹灌。控制水层通常按前期浅水、中期较深、后期又浅水的方式。对于冷浸型稻田，为解决其长期土壤过湿、通气不佳、水温土温低及有毒物质积累等问题，应在田间排水的基础上采用间歇灌溉，但每一周期的淹水天数宜短，干、露、晒的无水层天数宜长，以改善土壤通气状况，提高水温土温。

表 5-7 中列出的各种稻田节水灌溉模式的水层深度可供参考。沈阳农业大学通过深入试验研究，针对北方稻田提出了选择灌溉模式的方法，如表 5-8、表 5-9 所示，供参考。

表 5-7　水稻节水灌溉模式

稻别	项目	生长期								
		返青		分蘖		拔节孕穗	抽穗开花	乳熟	黄熟	收获
早稻	适宜水深 /mm	20～50	晒田	20～50		20～60	20～90	湿润灌溉	湿润、落干	
	深雨蓄水上限 / mm	80	80	80	晒田	120	160	20	60	落干
	土壤水分下限 / mm	100	100	80		100	100	80	60	
中稻	适宜水深 /mm	20～50	晒田	20～50		20～60	20～60	湿润灌溉	湿润、落干	
	深雨蓄水上限 / mm	80～100	80～100	100～120	晒田	120～160	120～160	60～80	40～60	落干
	土壤水分下限 / mm	100	100			90	90	80	75	
晚稻	适宜水深 /mm	20～60	晒田	20～50		20～60	20～60	湿润灌溉	湿润、落干	
	深雨蓄水上限 / mm	80	80	100～120	晒田	120～160	100～120	60		落干
	土壤水分下限 / mm	100	100	80		100	100	80	70	
灌溉的必要性		最必要		必要	不必要	最必要	最必要	必要	必要	不必要

表5-8　几种稻田灌溉模式的田间水分状况

生育阶段	田间水分控制因素	淹水	浅、湿、晒	轻度间歇	重度间歇
返青、分蘖初期	水层/cm	5～7	3～5	3～5	3～0
分蘖中期	水层/cm	5～7	（3～5）～0	（3～5）～0	（3～5）～0
	土壤水分	100%	90%～100%	80%～90%	70%～80%
分蘖末期	水层/cm	5～7	0	0	0
	土壤水分	100%	80%～90%	70%～80%	70%
孕穗期、抽穗开花期	水层/cm	5～7	4～6	4～6	4～6
乳熟前期	水层/cm	5～7	（3～5）～0	（3～5）～0	（3～5）～0
	土壤水分	100%	80%～90%	70%～80%	70%
乳熟后期	水层/cm	5～7	（3～5）～0	（3～5）～0	（3～5）～0
	土壤水分	100%	80%～90%	70%～80%	70%
黄熟期	—	停止灌水	停止灌水	停止灌水	停止灌水

注：表中土壤水分为饱和含水量的百分比。

表5-9　稻田灌溉模式与土壤条件的关系

土壤肥力等级	土壤条件				灌溉模式
	有机质含量/（g/kg）	容重/（g/cm²）	孔隙率	含盐量	
上	＞20.0	＜1.35	＞50%	＜0.1%	重度间歇
中	15.0～20.0	1.35～＜1.45	40%～50%	0.1%～＜0.2%	轻度间歇
下	＜15.0	1.45～1.50	35%～＜40%	0.2%～0.3%	浅、湿、晒
特异	中、重度盐渍土				淹水
	低温、地下水位高、还原性强的黏土				湿润

　　根据我国实践与试验研究出的半旱栽培灌溉模式，适用于各类土壤的稻田。该模式节水效果最好，与长期淹灌相比，一般可减少净灌溉用水量50%；与"浅、湿、晒"模式和间歇灌溉模式相比，也可减少20%～30%，同时还可提高水稻产量，是值得进一步试验研究与推广的节水灌溉模式。但在推广应用中须注意一些新出现的问题，主要有以下五点。

　　①防草除草：因田面无水层时间长，干湿交替，容易滋生杂草，要善于应用有效的除草剂，防草除草。

　　②施肥：在无水层条件下追肥、补肥，注意采用提高肥效的做法，如以水带肥；灌水前施肥；撒施化肥要均匀，灌水宜缓慢，使化肥溶解下渗。

③防低温、高温危害：当气温低于 12 ℃、幼穗分化期低于 23 ℃或遇到寒露风时，应及时灌水，保持适宜水层，增大农田热容量，避免因土温及田间气温过低而使禾苗生长受到影响；当气温高于 35 ℃时，也应及时回灌，避免田间高温对禾苗生长不利。

④避免鼠害：田面无水层，易产生鼠害，应加强鼠情的测报分析，并采取综合措施，进行有效的防治。

⑤防意外无水：由于田面无水层和经常处于饱和含水量以下，到需要灌溉时应能及时灌上水，否则易减产，因而要求灌溉设施齐全，计划用于灌溉的水源要有较高的保证率。

三、水稻节水灌溉的节水高产机理

（一）节水机理

根据水稻水分生理特点，正常的蒸腾作用是水稻生长发育所需。它可促进光合作用，而且蒸发的耗热降温能避免炎夏时叶温过高现象。国内外试验研究表明，当稻田短期（3～4 d）受到轻微干旱（土壤含水量为 70%～80% 的田间持水量）时，蒸腾量与生长速率虽有所降低，但复水后可得到恢复，甚至生长速率更高，出现"反弹"的现象。当全生育期蒸腾量下降幅度小于 20% 时，水稻的生长发育与产量不受影响；当蒸腾量下降约 25% 时，影响不显著；若再下降，则影响逐渐显著。节水灌溉，通过短期土壤含水量低于田间持水量的 80%、稍长时间低于田间持水量的 85%，即可使蒸腾量下降。据部分地区观测数据，采用常规的节水灌溉时，全生育期蒸腾量降低 10%～20%；半旱栽培模式时可降低 20%～25%。

棵间蒸发并不是水稻生长所需，可在水稻耐旱允许程度内借助降低土壤水分来尽可能减少棵间蒸发。控制土壤水分后，表土层含水量比根层土壤平均含水量下降速率要快，根层土壤含水量为田间持水量的 80%～90% 时，0～5 cm 表土层含水量已小于田间持水量的 50%～60%，导致棵间蒸发降低率超过蒸腾降低率。据试验，在水稻生长发育与产量不受影响的情况下，节水灌溉可使棵间蒸发下降 25%～35%。河海大学和山东济宁市水利局在麦仁店灌溉试验站的试验资料表明，采用控制灌溉的稻田耗水量比用淹灌方法的减少了 31.2%，其中蒸发蒸腾量减少 25.1%，田间渗漏量减少 37.5%。此外，采用常规的淹灌方法，水稻的耗水过程出现一个明显的高峰；而采用控制灌溉，整个耗水过程基本上呈平缓而逐渐下降的趋势，各阶段其值都低于淹水灌溉处理。

在长期淹灌状况下，一定的稻田渗漏量可增加土壤含氧量、改善土壤通气状况。但露田、晒田措施也可增加土壤含氧量、改善土壤通气状况，甚至作用更大。浅水时，由于渗漏水头降低，渗漏量降低；土壤含水量从饱和含水量（无水层）下降至田间持水量时，渗漏量大大降低；土壤含水量下降至小于田间持水量时，不产生渗漏。这三种情况的结果是大大降低了水稻全生育期的渗漏量。据试验，对于平原地区的重壤土、中壤土和轻黏土稻田，采用"浅、湿、晒"及间歇灌溉模式渗漏量可降低 30% ～ 40%，采用半旱栽培模式可降低 50% ～ 70%。土壤透水性越强，地下水埋深越大，渗漏量降低的值也越大。

据上述分析，稻田的节水潜力，首先是降低渗漏量，通常可降低 30% ～ 40%，高的可达 70%；其次是降低棵间蒸发量，通常可降低 25% ～ 35%；降低最少的是蒸腾量，一般可降低约 20%。从总体上看，水稻总耗水量可降低 25% ～ 35%，如再加上节水灌溉提高降雨利用率，一般情况下，节水的潜力可达总耗水量的 30% 甚至 45%。在我国，有很多因采用节水灌溉模式将稻田净灌溉定额在 3 000 ～ 7 500 m^3/hm^2 的基础上降低 30% ～ 50% 的实例。

（二）高产机理

水稻节水灌溉能否保证获得水稻的高产，是我国各地长期探索研究的问题。试验研究和大量实践证明，获得高产是肯定的。

水稻具有喜湿、耐水、不耐旱的特性，水稻田须保持较高的土壤含水量。通常除成熟期外，土壤含水量不应低于田间持水量的 70%，连续低于田间持水量的 80% 不应超过 4 d。另外，水稻与其他大田作物一样，须有良好的土壤通气条件才能使根系良好地生长发育；由于长期淹水，造成土壤氧气缺乏、有机质分解缓慢、微生物活动减弱、有毒物质积累，以及根系生育不良、吸收能力减弱等而使水稻产量下降。采用节水灌溉模式，通过科学合理地安排稻田淹、干、湿、晒的时间与程度，一方面既能满足水稻对田间水分高要求、耐湿不耐旱的特点；另一方面又能满足良好的土壤通透条件，协调好水、肥、气、热的矛盾，为水稻生长发育创造良好的条件。

水稻光合作用的重要条件是充足的水分，根据试验研究结果，当根层土壤水分保持在田间持水量的 80% 以上时，水稻的光合作用将不会受到影响。以上的节水灌溉模式，除分蘖末期需控制无效分蘖与黄熟后期停止生长时段分别通过晒田与落干使土壤水分短期低于此标准外，其余时间土壤含水量均高于此标准，光合作用不会受到影响，因而水稻生长发育也不会受到影响，整个生育期内大部分时段土壤含水量高于田间持水量，有些时段保持浅水层或湿润（饱和），满足了水稻喜湿的特点。

但是水稻在长期淹灌条件下，会造成土壤通气性不良，甲烷、硫化氢等还原性有毒物质增加，毒害根系，不仅使根系吸收水分和养分的功能衰减，而且使根系逐渐变黄、变黑，甚至死亡。浙江省嵊州市资料表明，随着淹灌时间的延长，土壤中溶解氧明显减少。为此，薄露灌溉明确规定，在田面不宜连续保持 5 d 以上的水层，以免土壤发生严重缺氧而有碍稻根生长。早稻移栽后 18 d 测定的根系情况：薄露灌溉的总根量多，白根多而粗；淹灌的总根量少，根细，稻苗也细而弱。山东济宁麦仁店连续 3 年试验，在收获期测定的资料表明，控制灌溉条件下，黄、白根占总根量的 95.6%，黑根仅占 4.4%；而淹灌的黄、白根占总根量的 82.5%，黑根则占 17.5%。控制灌溉的根深达 60 cm，根系分布范围大、根毛多，呈树枝状；而常规淹灌的水稻根系集中分布在 20 cm 土层范围内，根浅而细，根毛少。

以上各种节水灌溉模式，在水稻的整个生育期内采用露田、晒田措施避免了土壤长期淹水和处于饱和状态，从而改善土壤通气性，增加土壤含氧量。据研究观测，与长期浅水淹灌相比，采用"浅、湿、晒"模式，稻田氧化还原电位值高 26～100 mV。良好的通透性可促进水稻根系的生长发育，根系活力增强。由于水稻自身具有反馈调节能力，适度缺水使根系下扎，增加根数及根表面的吸附面积和根系活力，能为水稻生长发育吸收更多的水分和养分，丰产优势明显。良好的土壤通透性有利于有机质的分解及根系吸收养分，并促进土壤微生物活动。据试验研究结果，与长期淹水相比，采用"浅、湿、晒"模式，早稻田耕层中氧化细菌数量高 26 倍，有机磷细菌数量高 6 倍，纤维分解细菌数量高 10 倍，其他好气细菌数量也有所增加。对于晚稻而言，各类细菌的增加量也很明显。这些菌类大量繁殖，促进了有机质转化，从而显著提高土壤肥力。土壤通透性好，还可避免有毒物质积累。浅、湿、晒交替的土壤环境，增大昼夜温差，生育期内积温也得到提高，有利于稻株快速分蘖。分蘖早期、分蘖末期晒田，能减少无效分蘖，增加单位面积穗数、穗平均实粒数及千粒重，提高产量。各类节水灌溉模式均应避免长期淹水，特别是避免长期淹深水，这样可降低株高，提高秸秆充实率，抗倒伏性能较好。因此，采用节水灌溉与长期深水淹灌相比，增产 15%～20%，甚至更高；与长期浅水淹灌相比，也能增产 5%～10%。在我国，有很多因采用节水灌溉模式将稻谷产量在 7 500～9 000 kg/hm² 的基础上提高 5%～10% 的例子。

另外，节水灌溉有利于株间空气湿度降低及昼夜温差增加，减少病虫害。节水灌溉大大降低了稻田渗漏量，从而减少了养分随渗漏水流失，也降低了地下水的化肥污染。这些环境条件的改善，均有利于持续高产。

思考题

1. 灌水方法和灌水技术分别是什么？灌水方法有哪几类，它们各有什么优缺点，其适用条件分别是什么？

2. 地面灌溉技术灌水质量评价指标主要有哪几项？

3. 沟灌、畦灌灌水技术要素指的是什么？它们之间有什么关系？目前沟灌、畦灌灌水技术有哪些新进展？

4. 根据什么来划分地面灌水方法中的畦灌法、沟灌法与淹灌法？试述其适用条件。

5. 谈谈你对其他节水型地面灌水方法的认识及其未来研究发展趋势。

6. 试述水稻节水灌溉模式及其选择依据。

7. 分析水稻节水灌溉的节水高产机理。

习题

1. 畦灌灌水技术要素计算。

基本资料

某灌区种植小麦，灌水定额 $m=750\ m^3/hm^2$，土壤透水性中等。由土壤渗吸试验资料得知：第 1 小时内平均渗吸速度 $K_0=150\ mm/h$，$\alpha=0.5$，地面坡度（畦田纵方向）为 0.002。

要求

（1）计算灌水时间（h）；

（2）选择畦田长度和宽度（m）；

（3）计算入畦单位畦宽流量 $[L/(s\cdot m)]$。

2. 沟灌灌水技术要素计算。

基本资料

某地种植玉米，用沟灌法灌溉，土壤透水性中等，顺沟灌方向的地面坡度 $i=0.003$，采用灌水定额 $m=600\ m^3/hm^2$。

要求

（1）确定灌水沟的间距、长度与流量；

（2）计算灌水沟的灌水时间。

第六章　管道输水系统

第一节　管道输水系统

管道输水是以管道代替传统渠道（明渠）的一种输水形式。管道输水系统是指通过管道将水从水源输送到田间进行灌溉的各级管道及附属设施组成的系统。输水时，需要先对水进行加压（或利用自然落差），然后将水经管道输送到田间，最后从分水口连接软管输水进入田间沟、畦或由分水口直接出水进入田间沟、畦。与明渠输水相比，管道输水（也称压力管道输水）灌溉有利于提高土地利用率，有利于实现水肥一体化和灌溉自动化，便于机耕，易于控制，使用方便。同时，管道输水不仅可以减少明渠输水过程中的渗漏损失，还适用于多种地面灌水形式（喷灌、滴灌和微喷灌等）。目前，管道输水灌溉是我国农田节水灌溉的主要形式之一。

一、管道输水系统的组成

管道输水系统（简称管网系统）是指先从水源取水，然后通过压力管网输水、配水及向农田供水、灌水的工程系统。管网系统主要是由首部枢纽、输水配水管网系统和田间灌水系统三个部分组成。

（一）首部枢纽

首部枢纽的主要作用是先从水源取水，其主要包括水源和取水工程。一般而言，凡是符合农田灌溉用水标准的水源，如渠道、塘坝、井、泉、沟道、河、湖和水库等均可作为管道输水系统的水源。一般而言，在北方灌区多以河流为水源。与传统渠道系统相比，管道输水系统一般对水源的水质要求较高，要去掉水源中大量污物、杂草和泥沙等容易堵塞管网的杂质。

管道输水系统中的灌溉水必须具有一定的压力（工作压力不超过 0.4 MPa），一般需采用水泵（如离心泵、潜水泵、深井泵等）加压，通常按灌水量和扬程的大小选择适宜的水泵，动力机多选用电动机或柴油机。对于井灌区取水工程，需要建立管理房，一般除水泵外，还应安装压力表及水表。对自压灌区或大中型提水灌区的取水工程，除上述设施外，还需设置拦污栅、进水闸、分水闸、量水建筑物及沉淀池等。不同的灌水方法，对水质和水压的要求不同，因此首部枢纽所包含的设备也有所不同。

（二）输水配水管网系统

输水配水管网系统，主要是指管道输水系统中的各级管道、管件（包括出水口、弯头、三通及四通等）、分水设施、保护装置和其他附属设施，担负输水配水任务。通常输水配水管网系统由干管、支管和毛管三级管道系统组成。对于面积较大的灌区，管网系统包括干管、分干管、支管及分支管等多级管道。干管（输水）、支管（配水）两级固定管道一般埋在地下。在规模化灌区，灌溉输水管网系统采取优化设计，可以极大地降低工程成本。此外，为保障灌溉系统的正常运行，需要防治由于失稳破坏或者水击破坏引起的管网输水事故。

（三）田间灌水系统

田间灌水系统，也称为灌水器，指分水口以下的田间部分，其作用是将灌溉水均匀分布到田间和湿润土壤的设备或装置。由地下输水管道向田间沟畦供水的装置，如直接供水入田的称为出水口，连接下一级田面移动管道的给配水装置，称为给水栓。其作用类似自来水水龙头。对于节水灌溉区，田间灌水系统是管道输水系统的重要组成部分，是实现灌水均匀、减少田间水损失，提高整个系统水的利用系数的重要环节。田间灌水系统布设时通常应进行土地平整，将长沟（畦）改为短沟（畦），或给水栓接移动软管。灌水器是关键部件，经历了孔口式、涡流式、微管长流道式、透水毛管、螺纹长流道式、迷宫流道式及压力补偿灌水器等发展过程，形式越来越多。

此外，为保证管网系统的安全运行，还要设置保护设备，如安设调压阀、进排气阀、减压阀、泄水阀等，以保护设备安全。不同的灌溉方式其田间灌水系统采样的类型不同。

二、输配水管道系统类型

（一）按输配水方式分类

一般分为水泵提水输水系统和自压输水系统两种类型。

①水泵提水输水系统：该系统主要是在水源水位无法达到自压输水要求时采用。主要包括两种形式：一是水泵直送式，先利用水泵直接将水送入管道系统，然后通过分水口进入田间；二是通过水泵和管道将水输送到高位蓄水池，由蓄水池通过管道自压输水方式向田间供水。水泵直送式输水方式是平原井灌区管道系统主要输水方式。

②自压输水系统：自然落差所提供的水头可满足管道输水所需的工作压力时采用。

（二）按管道输水压力分类

可分为低压管道系统和非低压管道系统。

①低压管道系统：该系统最大工作压力一般不大于 0.2 MPa，最远出口的水头一般在 0.002 ~ 0.003 MPa。该管道系统输水压力较小，因此对管材承压要求不高，是我国平

原井灌区主要采取的管道输水形式。

②非低压管道系统：工作压力大于 0.2 MPa。该形式对管材质量要求较高，一般采用可承压的塑料管、钢筋混凝土管及钢管等；同时要求该输水管道系统中的分水、调压等附属设备配套齐全，在输水量较大或地形高差较大的灌区应用较多。

三、管道水力计算和结构设计

（一）管径确定和选择

管道中水流速度与管径大小有直接关系。一方面，对于一定的管道设计流量，管道水流流速越大，则管径越小，投资也越小；另一方面，管径越小，则管道中的水头损失越大，从而要求水泵的扬程也越大，使得工程运行费和机泵设备费增加。因此，管径的确定既与投资有关又与年运行费用有关。

综上两点考虑，管径既不宜选得太大，也不能选得太小，应综合技术和经济考虑，使工程投资与管理运行费用之和最小，即为经济管径。该相应管径的流速，称为经济流速或适宜流速。

目前，对低压管道的经济流速研究不多，工程中适宜流速一般取值范围为 0.5 ～ 1.5 m/s。具体到不同材料的管道，其适宜流速也不同。塑料管一般采用 1.0 ～ 1.5 m/s；混凝土管采用 0.5 ～ 1.0 m/s；地面移动软管采用 0.5 ～ 1.2 m/s；水泥砂土管采用 0.4 ～ 0.8 m/s。

一般根据田间灌水的入沟（畦）设计流量和管道适宜流速等因素，来确定管网系统各级管径大小。计算公式如下：

$$D = \sqrt{\frac{4Q}{\pi v}} = 1.13\sqrt{\frac{Q}{v}} \qquad (6-1)$$

式中：D——管道内径（m）；

Q——管道设计流量（m³/s）；

π——圆周率，取 3.14159；

v——管内流速（m/s）。管内流速不高于 3.0 m/s，也不得低于 0.5 m/s。

实践中，也有凭经验初估确定管径，即根据机井出水量。选择塑料管管径见表 6-1。

表 6-1　管径初估参考表

机井出水量 / (m³/h)	10	20	30 ～ 50	60 ～ 70	80 ～ 100
塑料管直径 /mm	65 ～ 75	75 ～ 80	100	125	150

（二）管道水头损失的计算

管道设计中的水头损失计算，是合理确定管径与配置机泵的重要依据。管道水头损失包括沿程水头损失和局部水头损失两部分。管道沿程水头损失是指水在管中流动过程中为克服摩擦阻力而消耗损失的水头，水流动的长度越长，其损失越大。管中水流流得越远，其管中压力就越小。因此，布设的管道不能太长，否则管道末端无法出水。而局部水头损失是指水流通过管道上的弯头、三通、阀门、变径段（扩大或缩小）、出水口（给水栓）等管件时，由于水流运动状态发生急剧变化，从而引起能量的消耗损失。沿程水头损失与局部水头损失之和称为总水头损失。

1. 管道沿程水头损失

沿程水头损失的大小与管道的内径、管长、流量（或流速）、管壁的粗糙程度等因素有密切关系，计算公式如下：

$$h_f = f \frac{Q^m}{D^b} L \qquad (6\text{-}2)$$

式中：h_f——沿程水头损失（m）；

　　　f——管材摩阻系数，是一个有量纲的量；

　　　Q——流量（m^3/h）；

　　　D——管道内径（m）；

　　　L——管长（m）；

　　　m——流量指数，与沿程阻力系数有关；

　　　b——管径指数，与沿程阻力系数有关。

各种管材的 f、m、b 值见表6-2。

表6-2　各种管材 f、m、b 数值表

管材		f	m	b
混凝土管、钢筋混凝土管	$n=0.013$	1.312×10^6	2	5.33
	$n=0.014$	1.516×10^6	2	5.33
	$n=0.015$	1.749×10^6	2	5.33
钢管、铸铁管		6.25×10^5	1.9	5.10
硬塑料管		0.948×10^5	1.77	4.77
铝管、铝合金管		0.861×10^5	1.74	4.74

注：n 为糙率系数。

在管道灌溉系统中，当一条输水干管同时向几条支管供水，或一条支管同时打开几个出水口时，其沿程水头损失计算参考多孔出流沿程水头损失［公式（6-3）］，即先按公式（6-2）计算出流量不变时全管长的沿程水头损失（h_f），然后乘相应多口系数（F）。在多孔出流的管道中，各孔口的流量是不相同的。为了简化计算过程，多口系数是假定沿管道各孔分流量相等情况下求出的修正系数［公式（6-4）］。

多孔出流沿程水头损失 $h_f{'}$ 计算公式如下：

$$h_f{'} = h_f F \tag{6-3}$$

计算多口系数（F）的近似公式如下：

$$F = \frac{N\left(\dfrac{1}{m+1} + \dfrac{1}{2N} + \dfrac{\sqrt{m-1}}{6N^2}\right) - 1 + x}{N - 1 + x} \tag{6-4}$$

式中：N——孔口数目；

  m——流量指数；

  x——孔距比，即第一个出流孔口距进口的距离与第二个出流孔口距第一个出流孔口距离的比值。

2. 管道局部水头损失

一般以流速水头乘局部水头损失系数来表示管道局部水头损失。管道总局部水头损失是管道上所有局部水头损失之和，其计算公式如下：

$$h_j = \sum \xi \frac{v^2}{2g} \tag{6-5}$$

式中：h_j——总局部水头损失（m）；

  ξ——局部水头损失系数，通过试验或查表 6-3 确定；

  v——管内流速（m/s）；

  g——重力加速度，9.81 m/s^2。

据研究测试，绝大多数给水栓（或出水口）局部水头损失为 0.3 ～ 0.5 m，无资料时，可按此值。为简化计算，管网局部水头损失一般按沿程水头损失的 10% ～ 15% 估算或忽略不计。

表 6-3　局部水头损失系数（ξ）

类型	直角装置	喇叭状	滤网	滤网带底阀	90°弯头	45°弯头	渐细接头	渐粗接头	逆止阀	闸阀全开	直流三通	折流三通	分流三通	直流分支三通	出口
ξ	0.5	0.2	2～3	5～8	0.2～0.3	0.1～0.5	0.1	0.25	1.7	0.1～0.5	0.1	1.5	1.5	0.1～1.5	0.1

（三）系统设计工作水头及设计扬程的计算

1. 系统最大、最小工作水头的推求

由于同一时间开启的出水口存在不同，导致管道系统的工作水头常在一定的范围内变动。这个工作水头变化范围的上下界，就是管道系统最大、最小工作水头，是管道设计、管材选择及水泵工况核算的依据。管道系统最大、最小工作水头，推求公式如下：

$$H_{\max}=Z_2+Z_0+\Delta Z_2+\sum h_{f2}+\sum h_{j2}$$
$$H_{\min}=Z_1-Z_0+\Delta Z_1+\sum h_{f1}+\sum h_{j1}$$

（6-6）

式中：$H_{\max}$——管道系统最大工作水头（m）；

$H_{\min}$——管道系统最小工作水头（m）；

Z_0——管道系统进口高程（m）；

Z_1——参考点 1 地面高程，在平原区，参考点 1 一般为距水源最近的出水口（m）；

Z_2——参考点 2 地面高程，在平原区，参考点 2 一般为距水源最远的出水口（m）；

ΔZ_1、ΔZ_2——分别为参考点 1、2 处出水口中心线与地面的高差（m），出水口中心线高程应为所控制的田间最高地面高程加 0.15 m；

$\sum h_{f1}$，$\sum h_{j1}$——分别为管道系统进口至参考点 1 的管路沿程水头损失与局部水头损失（m）；

$\sum h_{f2}$，$\sum h_{j2}$——分别为管道系统进口至参考点 2 的管路沿程水头损失与局部水头损失（m）。

2. 管道系统设计工作水头

宜按最大和最小工作水头的平均值近似取用：

$$H_0 = \frac{H_{\max} + H_{\min}}{2}$$

（6-7）

式中：H_0——管道系统设计工作水头（m）。

3. 灌溉系统设计扬程

计算公式如下：

$$H_p=H_0+Z_0-Z_d+\sum h_{f0}+\sum h_{j0}$$

（6-8）

式中：H_p——灌溉系统设计扬程（m）；

Z_d——机井动水位（m）；

$\sum h_{f0}$，$\sum h_{j0}$——分别为水泵吸水管进口至管道系统进口之间的管道沿程水头损失与局部水头损失（m）。

（四）管道埋深的确定

管道的埋设深度，应综合考虑当地的冻土层深度、田间机械荷载的作用及田间鼠害等因素对管道的不利影响。根据有关研究成果，对于双壁波纹管、水泥管等刚度较大的管道，当埋深大于 70 cm，且填土较为密实时，可不考虑管顶以上荷载对管道的作用。因此，采用上述管材的管道埋深（管顶至地面的垂直距离）一般不小于 70 cm。

影响管材承受荷载能力的主要因素有管材的弹性模量、管径、回填土密实度、基础支撑角度、管沟的开挖深度及宽度等，其中回填土的密实度对管材抵抗外荷载的影响最大。因此，施工过程中应对回填土夯实，以提高管材抗外荷载的能力。

四、常用管材及附属设施

管材和附属设施是低压管道输水系统的重要组成部分，其投资约占总投资的70%～80%。因此，选择合适的管材和附属设施十分重要，既要满足工程要求，又要尽量利用当地材料，节约资金。

（一）管材

管材是低压管道输水系统的重要组成部分，约占工程总投资的60%，对管灌工程的质量和造价有直接影响。井灌区管灌工程的输水流量相对较小，大多使用塑料管。而河灌区的单站输水流量比较大，要求与之相配套的管材口径也较大。鉴于各种管型的生产、施工工艺难易程度不同，造价高低各异，特别是有些管型的大口径管材生产、施工工艺要求高、技术难度大，使用起来也不够经济。一般情况下，当管径大于400 mm时，宜选用混凝土管、钢筋混凝土管、玻璃钢管、球墨铸铁管等，如在矿渣、炉渣堆积的工矿区附近，可利用矿渣、炉渣就地生产水泥预制管；当管径小于或等于400 mm时，宜选用塑料管；当不具备地埋条件而需要明铺时，宜选用球墨铸铁管、钢管或者钢筋混凝土管。

目前可用于管道输水灌溉的管材种类较多，以管道材质划分，可分为塑料管、混凝土管和地方材料管。

1. 塑料管

①塑料硬管。主要有聚氯乙烯（PVC）管、聚乙烯（PE）管、聚丙烯（PP）管。塑料硬管具有重量轻、易搬运、内壁光滑、耐腐蚀、施工安装方便等优点，在管道灌溉中应用广泛。在地埋条件下使用寿命在20年以上。选取管材应根据管径（公称外径）和公称压力选取。为了保证工程质量，产品应抽样进行抗内压试验，未达标准的塑料管不得埋在地下，否则会带来巨大的隐患。当聚氯乙烯管的直径小于200 mm时，宜采用黏结剂承插连接；当直径大于或者等于200 mm时，宜采用橡胶圈承插连接。

a. 薄壁硬聚氯乙烯（PVC-U）管材。这种塑料管材是由聚氯乙烯树脂加入适量添加剂，经加热挤出成型制成。其每根长度一般为4.0～6.0 m，管道糙率为0.009～0.010，其比重为1.35～1.45，并可根据用户要求生产。为便于施工安装时承插，厂家在出厂前已将管材一头扩口，扩口端的内径与未扩口管材的外径相同。

b. 双壁波纹管。双壁波纹管是在制作过程中由同时挤出的一层内壁和一层外壁经模具吹压熔结而成的。其外壁呈瓦棱形波纹结构，内壁光滑，具有普通光壁塑料管与单壁波纹排水管二者之优点。双壁波纹管每根长5.0～6.0 m，为便于安装使用，管的一端由专用机器扩成一个钟形母口。高密度聚乙烯（HDPE）双壁波纹管由于其重量轻、排水阻力小和抗压强度高等特点，得到极大的推广和应用。

②塑料软管。主要是低密度聚乙烯软管。目前井灌区移动式管道输水中所用管材主要是这类软管，大多数是由白色塑料吹塑而成，放置田间犹如一条白龙，因此有人也称之为"小白龙"，除此之外还有黑色和红色。这类管道，各地塑料厂都有出售。

2. 混凝土管

混凝土管应符合《混凝土和钢筋混凝土排水管》（GB/T 11836—2023）标准的要求。制管所用混凝土强度等级不应低于 C35，管内壁应光滑，内外壁应无裂缝。

3. 地方材料管

地方材料管主要是指利用当地废旧钢管等材料进行输水灌溉。使用这类材料一定要确保质量，必要时进行测试分析，以保证管道灌溉工程质量。

（二）管道附属设施

1. 管件

管道灌溉系统使用的管件是连接管材、出水口的配件，并起着转向、分流等作用。从材质上划分，有混凝土、塑料、钢、铸铁等不同原材料制成的管件。

①塑料管件。塑料管件的制作一般采用注塑法成形，在没有现成产品时，可用焊接方法解决。此种管件承口内壁具有一定锥度，以提高连接的密封性，也有的承口处无锥度。常见的有 PVC 管、PE 管和 PP 管等。

塑料管件的连接方法是在管端涂胶（常用 PVC 黏结剂）后插入承口，或在承口的内端预先留有凹槽，连接时把 V 形橡胶圈放入槽内，然后将硬塑料管插入。双壁波纹管则先在管口口端套上橡胶圈，然后插入管件的承口。

焊接塑料管件尺寸要考虑插接需要，插接长度不小于 1.5 倍管径。为满足施工搬运和覆土外荷载的强度要求，可在三通、弯头的拐角处焊接三角肋板。

②钢管、铸铁管及铝合金管管件。钢管、铸铁管管件，是用钢管焊接或由生铁铸造而成，其强度高于塑料管件。钢管、铸铁管与硬塑料管连接时，先将塑料管在机油中加热，软化后热插。铝合金管由于其重量轻、强度高、耐腐蚀性强等特点应用日趋广泛，但其价格略高。

③混凝土管件。现在使用的混凝土管件有预制和现浇两类。

2. 给水装置

给水装置，一般指给水栓和出水口，是低压管道输水系统中的田间灌水装置，是管网系统的重要部件，起给水、配水作用。出水口不连接地面移动软管，将地下管道系统的水引出地面直接灌溉农田。给水栓可调节出口流量，与地面移动软管连接。两者统称为给水装置，相当于自来水龙头。一个良好的给水装置应具备以下条件：结构简单、灵活；

安装、开启方便；止水效果良好，能调节出水流量及方向；紧固耐用，防盗、防破坏性能好；造价低廉。目前，管道灌溉工程中使用的给水装置大都由铸铁件制成，其形式主要有以下几种。

①丝盖型。在使用时由专用扳手打开堵盖后旋上出水弯头即可向各个方向送水，这种出水口形式在各地广泛使用。具有结构简单、造价较低等优点，主要缺点是不能调节灌水流量。

②球阀型。这种出水口由上、下两个部分组成。灌水时，打开顶盖，装上栓体，用压杆将橡胶球压下即可出水。优点是出水口可任意旋转，并可控制流量；缺点是结构复杂，拆装麻烦，造价较高。

③螺杆压盖型。当丝杆旋转时，带动压盖上下运动，起到止水、配水作用。这种出水口摩阻较小，使用时不易损坏，启闭较灵活并能控制流量，但造价偏高。

以上几种给水装置，优缺点各不相同。在实际选用给水装置时应充分考虑当地的经济条件、作物灌水频次及管理水平等因素。

（三）其他附属设施

管网其他附属设施，主要是为防止机泵突然关闭或其他事故等产生的水锤，致使管道变形、弯曲、破裂等，在管道系统首部或适当位置安装调压阀或进排气阀等保护设施，以保证管道系统安全运行。其主要包括安全保护装置、闸阀、逆止闸、分水闸等，与管材、管件连成一体组成完整的管间系统。

1. 安全保护装置

在管网运行过程中，如果操作人员未按规程操作，在出水口还未打开的情况下启动水泵，管道中的空气被急剧压缩，或因机泵故障，水泵突然停止运转，都会造成管道的压力瞬时剧增或产生负压而将管道破坏。因此，管网必须设置保护装置，以便在误操作或机泵出现故障时，保护管网不致损坏。常见的管网保护装置有以下几种。

①限压通气管。限压通气管大都采用与管道同径的塑料管或钢管制成，用三通将其与管首连接，其高度应为管道系统最大工作水头加超高。管网工作前，应将限压通气管装上。灌水完毕后即可卸下限压通气管，连接处用丝盖密封，防止人为破坏。这种保护装置结构简单、造价很低，在井灌区管灌工程中应用普遍。

②进排气阀。当压力较高时，一般在管道首部安装进排气阀。基本原理：当在管道充水时，通过气阀排气；当管道水排空时，通过气阀进气、补气，以防管道内发生真空。进排气阀或安全阀都是标准产品，工厂成套生产，可根据需要选配。

③电接点压力表式保护装置。由进排气阀和压力控制系统两部分组成，其中压力控制系统由电接点压力表、中间继电器和交流接触器组成。主要优点是适用性强、安装简便、灵敏度高、压力调节范围大、工作性能可靠和技术手段先进等。

2.闸阀和逆止阀

闸阀是为真空泵而设置的。逆止阀的作用是防止停机时管网内的水在虹吸作用下回流冲击水泵叶轮而使其高速倒转。

3.分水闸

对于控制灌溉面积较大、管道级数较多、管线较长，且多实行轮灌的河灌区低压输水管灌工程，为避免因某管道出现问题而导致整个工程无法使用，同时也便于灌溉管理，需要在干管、分干管以及支管的相接处建一分水设施。根据管网布置情况，分水闸有单向分水和双向分水两种类型。

此外，为便于水量分配和按量计征水费，在低压管网系统中常安装量水设备，主要有流速流量计和水表。

第二节　低压管道输水灌溉

按照管道内的工作压力，可以将管道输水系统分为无压管道输水系统、低压管道输水系统、中压管道输水系统和高压管道输水系统四类。不同的管道输水系统其结构和所用管材不同，故其适用情况也不同。其中，低压管道输水系统主要适用于地面灌溉、滴灌、渗灌及喷灌等，适用范围广泛，是我国井灌区常用的输水系统。本节主要介绍这类管道输水系统。

一、低压管道输水灌溉的特点

低压管道输水灌溉，简称管灌，是指利用管道输水对农田进行灌溉的方法。与一般明渠灌溉相比，管灌具有以下优点。

①节水节能。管灌可以减少渗漏和蒸发损失，其输水过程中水的有效利用率为 90%～97%，而传统明渠输水灌溉的水的有效利用率只有 45% 左右。因此，管灌可明显提高灌溉水的利用率，是一项有效的节水灌溉工程措施。井灌区实测资料表明，管道输水一般比传统明渠输水节水 30%～50%，单位面积节约用水量 300～500 m^3/hm^2，且可防止因渠系渗水而导致土壤盐碱化、沼泽化和冷浸田等的发生。

由于节约了用水，因而就减少了机井提水量，节省能耗，从而减少了电费。一般可节省能耗 20%～30%。

②省地省工。以管道代替土渠输水，一般可减少占地 2%～4%，而且管道输水灌溉速度快，浇地效率高，一般灌溉效率提高一倍，用工减少 50% 左右。同时，管道输水系统不会滋生杂草，可省去渠道清淤除草等工作。

③扩大灌溉面积。管灌通过提高水的有效利用率，减少了水量损失，进而有效地扩大灌溉面积。对于用管道输水代替传统明渠输水的井灌区，单井灌溉面积可由 3～4 hm^2 扩

大到 $7 \sim 8 \ hm^2$。

④适时适量灌溉，作物增产增收。管灌下田间灌水条件得到改善，轮灌周期缩短，实现按需按量灌溉。传统明渠输水轮灌周期一般为 15 d，而实施管灌后，可缩短一半，$7 \sim 8$ d 即可轮灌一次，作物生长的需水要求得到及时满足，进而提高单位水量的作物产量，达到增产增收的效果。

⑤适应性强，便于管理。管灌的适应性较强，可用于灌区微地形及局部高地农作物的灌溉。通过把出水口和移动软管管好用好，每个出水口灌溉数户人家的地，户与户之间干扰小，矛盾少，实现按户进行灌溉，便于管理。

二、管网系统的类型

低压管道输水灌溉工程可按其输配水方式、管网形式、固定方式、输水压力和结构形式等方式进行分类。通常按固定方式可分为移动式、半固定式、固定式三大类。

1. 移动式

移动式管道输水系统中除水源外，机泵和地面管道都是可移动的。管道多采用可移动的软管，各地使用的"小白龙"就属于这种类型。其特点是成本低、见效快、适应性强。这对土地平整基础差、难度大，土壤渗漏严重，灌水定额小，地面沟（畦）灌水量损失大的地区具有显著的节水效果。同时，由于这种形式灵活方便，一户或几户联合购置、使用、管理，抗旱时多采用这种临时性技术措施，在我国北方灌区应用较为广泛。但这种形式能耗大，劳动强度高，管道易破损、寿命短。

2. 半固定式

半固定式管道输水系统的机泵、地下输水管道（干管或干支管）和出水口（给水栓）是固定的，而地面软管是可以移动的。该管网系统通过地下的固定管道将灌溉水输送到出水口，利用出水口连接的地面移动软管将灌溉水送入沟、畦。这种系统由于支管和分水口间距均较大，因此固定管道用量较少，主要是通过移动的配水管将水均匀分布到田间。与固定式相比，其一次性投资少，但灌水时由于软管需经常移动，劳动强度较大，是目前我国主要采用的低压管道输水灌溉形式。

3. 固定式

这种管网系统中各级管道及分水设施均埋在地下，固定不动。末级管道，不用软管连接，直接通过分水口或给水栓直接分水进入田间沟、畦。该系统末级固定管道间距较小、密度大，因此管道长度，尤其是单位面积占有的管道长度较长、工程投资较大。该系统整体管网建设标准较高，运行管理方便，灌水均匀，其节水效益显著，主要适用于经济条件较好的地区。

三、管网布置形式

一般根据水源的位置、供水量、地形条件、地块形状、作物种植方向等因素来布置管网，力求布置的管线总长度尽量短、控制面积尽可能大，同时要求管线平顺、少拐弯和起伏等，从而实现投资少、效益高的目标。管道的级数应根据系统灌溉面积（或流量）和经济条件等确定。

1.井灌区管网布置

根据水源（机井）位置、控制范围、地面坡降、地块形状和作物种植方向等条件，管网布置常见的几种形式如下。

①两级固定的"工"字形布置形式。支管与种植方向垂直布置形式，主要适用于地块为长方形、机井位于地块的中部、机井出水量较大的情形。

②两级固定的"土"字形或"王"字形布置形式。支管与种植方向垂直形式，适用于地块为长方形、机井位于地块短边一侧的中部、机井出水量较大的情形。

③两组固定的"梳齿"形或 E 形布置形式。支管与作物种植方向垂直形式，适用于地块为长方形或方形、机井位于地块长边一侧的中部或边角处、机井出水量较大的情形。

④"一"字形或 T 形布置形式。适用于机井位于地块中部或长边一侧的中部、地形较狭、机井出水量和地块面积均为中等的情形。

⑤"一"字形或 L 形布置形式。适用于机井位于地块短边一侧的中部或边角处、地形较狭、机井出水量和地块面积均较小的情形。

除此之外，还有环状管网布置形式，主要适用于管网压力变化大的情形，目前以单井单环网为主。

2.河灌区管网布置

河灌区管网系统的泵站大多位于河、沟、渠的一边，主要有以下两种布置形式。

①"梳齿"式。干管沿河（沟）岸布置，支管垂直于干管排列，形成二级管网。

②"鱼骨"式。干管垂直于河岸，支管垂直于干管，沿河（沟）方向布置。

3.末级固定管道及出水口间距的确定

在管网系统布置中，末级固定管道和田间灌水沟（畦）有平行和垂直两种布置形式。

（1）末级固定管道与沟（畦）平行布置时，出水双面分水，出水口间距为设计沟（畦）长的 2 倍；单面分水，出水口间距与设计沟（畦）长相当。

（2）当末级固定管道与沟（畦）垂直布置，单向浇地时，末级固定管道间距为设计沟（畦）长；双向浇地时，末级固定管道间距为设计沟（畦）长的 2 倍。

平原区支管间距宜为 50 ～ 150 m；给水装置间距应根据畦田规格确定，宜为 40 ～ 80 m；田间固定管道长度宜为 90 ～ 180 m。

四、设计参数的确定

1. 灌溉设计保证率

灌溉设计保证率是衡量管道灌溉工程灌溉保证程度的重要参数，这一参数应根据灌区自然条件和经济条件及《灌溉与排水工程设计标准》（GB 50288—2018）的要求确定，且不应低于50%。一般对缺水地区，以旱作作物为主，灌溉设计保证率可取50%～75%，以水稻为主取70%～80%；对丰水地区，以旱作作物为主，灌溉设计保证率取70%～80%，以水稻为主取75%～95%。井灌区管道灌溉工程的灌溉保证率不低于75%。

2. 计划湿润层深度和土壤适宜含水率

计划湿润层深度宜根据当地灌溉试验资料确定。无试验资料时，粮食、棉花和油料作物宜取0.4～0.6 m，蔬菜宜取0.2～0.3 m，果树宜取0.8～1.0 m。

土壤适宜含水率上下限应根据当地灌溉试验资料确定。无试验资料时，上限宜为田间持水率的85%～95%，下限宜为田间持水率的60%～70%。粮食、棉花、油料作物和果树宜取小值，蔬菜和保护地作物宜取大值。

土壤干容重是自然状态下单位体积干土质量。土壤田间持水量是土壤中作物有效水分含量的上限，是灌溉后土壤含水量的上限。主要土壤物理性能参照表6-4选取。

表6-4　几种土壤计划湿润层主要特性

土壤质地	干容重 /（g/cm³）	田间持水量	
		质量百分数	体积百分数
砂土	1.45～1.60	16%～22%	26%～32%
砂壤土	1.36～1.54	22%～30%	32%～40%
轻壤土	1.40～1.52	22%～28%	30%～36%
中壤土	1.40～1.55	22%～28%	30%～35%
重壤土	1.38～1.54	22%～28%	32%～42%
轻黏土	1.35～1.54	28%～32%	40%～45%
中黏土	1.30～1.45	25%～35%	35%～45%
重黏土	1.32～1.40	30%～35%	40%～50%

注：田间持水量（体积百分数）＝田间持水量（质量百分数）× 土壤容重。

3. 灌溉水利用系数

灌溉水利用系数设计值应按照《灌溉与排水工程设计标准》（GB 50288—2018）中规定的方法计算。低压管道输水灌溉区，其田间水利用系数应不小于0.85；对于井灌区，管道系统水利用系数应不小于0.95，灌溉水利用系数应不小于0.80，渠灌区灌溉水利用系数一般小于井灌区。

4. 设计灌水定额

设计灌水定额应根据当地灌溉试验资料确定，无资料地区可参考邻近地区试验资料确定，也可按下式计算：

$$m=0.1\gamma H(\theta_{max}-\theta_{min})/\eta \tag{6-9}$$

或

$$m=0.1H(\theta'_{max}-\theta'_{min})/\eta \tag{6-10}$$

式中：m——设计灌水定额（mm）；

γ——土壤容重（g/cm³）；

H——土壤计划湿润层深度（cm）；

θ_{max}、θ_{min}——适宜土壤含水量上、下限（以占干土质量百分数计，%）；

θ'_{max}、θ'_{min}——适宜土壤含水量上、下限（以土壤体积百分数计，%）；

η——灌溉水利用系数。

由于河灌区单站控制范围较大，灌区内往往种植多种作物，在计算设计灌水定额时，应按不同作物种植面积占总面积的比例，求得综合灌水定额，从中取最大值作为设计灌水定额。

灌区综合设计灌水定额的计算公式如下：

$$m_{综}=a_1m_1+a_2m_2+\cdots+a_nm_n \tag{6-11}$$

式中：$m_{综}$——某时段灌区内综合灌水定额（m³/hm²）；

m_1，m_2，$\cdots$，m_n——不同作物在同一时段的灌水定额（m³/hm²）；

a_1，a_2，$\cdots$，a_n——灌区内某种作物种植面积占总种植面积的比例。

5. 灌水周期

根据灌水临界值内作物最大日平均需水量，可通过下式计算理论灌水周期：

$$T=\frac{m}{E}\eta \tag{6-12}$$

式中：T——灌水周期（d）；

m——设计灌水定额（m³/hm²）；

E——设计代表年灌水期作物最大日需水量（mm/d）；

η——灌溉水利用系数。

规划设计时，应对灌区内主要作物分别计算各自的灌水周期，选其小值作为管网设计的依据，每天的灌水延续时间，大田作物一般取 12～14 h，经济作物取 8～12 h。

6. 管道设计流量

低压管道设计流量应根据所控制灌溉面积的大小、作物种类和需水情况进行计算确定。井灌区各级管道的设计流量计算公式如下。

（1）管道灌溉系统设计流量按下式计算：

$$Q_0 = \frac{amA}{\eta Tt} \qquad (6-13)$$

式中：Q_0——管道某一断面处的设计流量（m^3/h）；

m——设计灌水定额（m^3/hm^2）；

a——控制的作物种植比例；

A——该管道控制的设计灌溉面积（m^2）；

η——管道系统灌溉水利用系数；

T——一次灌水延续时间（d）；

t——每天灌水小时数，一般取 12 ～ 24 h。

当 Q_0 大于水泵流量时，应取 Q_0 等于水泵流量，并相应减小灌溉面积或种植比例。

（2）树状管网各级管道的设计流量，应按下式计算：

$$Q = \frac{n}{N} Q_0 \qquad (6-14)$$

式中：Q——管道设计流量（m^3/h）；

n——管道控制范围内同时开启的给水栓（或出水口）个数；

N——全系统同时开启的给水栓（或出水口）个数。

（3）环状管网各级管道设计流量，应根据具体情况确定。单井单环网管道设计流量，可按下式计算：

$$Q = Q_0/2 \qquad (6-15)$$

对河灌区，灌溉系统设计流量应按下式计算：

$$Q_0 = \frac{m_{河}A}{\eta Tt} \qquad (6-16)$$

式中：$m_{河}$——河灌区设计灌水定额（m^3/hm^2）；

其余符号意义同前。

河灌区其他各级管道的设计流量按井灌区给出的公式计算。

7. 管道设计流速和出水口设计压力

井灌区机井含砂量一般较大，管道流速过小容易淤积，过大则会加大水头损失，降低节能效果。一般管道设计流速取 1.0 m/s 左右为宜，对于河灌区，若使用塑料管材，管道设计流速以 1.0 ～ 1.5 m/s 为宜，若使用预制混凝土管，管道设计流速取 0.5 ～ 1.0 m/s 为宜。

无论是井灌区，还是河灌区，其出水口设计压力应控制在 0.002 ～ 0.003 MPa。

五、水泵选型及动力机配套

（一）水泵的选型

井灌区机井动水位埋深在 6 ～ 10 m，出水量 40 ～ 60 m^3/h，单井管灌系统运行所需泵的扬程大多为15 ～ 20 m。根据井灌区不同条件和要求，管灌工程可选择离心泵、深井泵、潜水电泵。河灌区管灌工程，因其设计流量较大，多采用离心泵或混流泵。

由于各种水泵的型号较多，此处不一一列出，可根据水泵手册或有关资料正确选用。值得注意的是，应充分考虑当地干旱年水源的水位，防止水泵在运行中吸不上水或发生气蚀。对于地下水位较低的地方，必要时可采取水泵下卧的办法加以解决。

（二）动力机的选型配套

当水泵确定型号后，即可根据其需要的配套功率对动力机进行选配，一般首选电动机作为动力机，如笼型感应电动机或封闭式电动机。如无电能保证则选用柴油机。水泵动力一般可根据水泵说明书或铭牌标定的数据进行配套。如要进行计算，则可用下列各式分别计算。

①配套功率（$N_{配}$）。

$$N_{配} = \frac{K\gamma QH}{1\,000\,\eta_p\eta_{传}} \tag{6-17}$$

式中：Q——水泵工作范围内对应最大轴功率时的流量（m^3/s）；

$\quad\quad H$——水泵工作范围内对应最大轴功率时的扬程（m）；

$\quad\quad \eta_p$——水泵工作范围内对应最大轴功率时的效率；

$\quad\quad \eta_{传}$——传动设备的效率，传动方式为联轴器取 1.0，平皮带为 0.9 ～ 0.98，

$\quad\quad\quad\quad$三角皮带为 0.9 ～ 0.96；

$\quad\quad K$——动力备用系数，一般取 1.1 ～ 1.3；

$\quad\quad \gamma$——水的密度。

②转速配套。水泵传动方式包括直接传动和间接传动。直接传动使用的联轴器，由水泵生产厂家配套供应。间接传动的皮带轮，在考虑到皮带打滑后，转速和轮径的关系为

$$D_{动} = \frac{KD_{泵}n_{泵}}{n_{动}} \tag{6-18}$$

$$D_{泵} = \frac{KD_{动}n_{动}}{n_{泵}} \tag{6-19}$$

式中：$D_{动}$、$D_{泵}$——动力机和水泵的皮带轮直径；

$\quad\quad n_{动}$、$n_{泵}$——动力机和水泵的转速；

K——打滑系数。当传动皮带为三角皮带时，K 取 $1.01 \sim 1.02$，为平皮带时，K 取 $1.02 \sim 1.05$。

六、施工与安装

管道系统的施工与安装直接影响灌溉工程的成败、寿命和管理运行。为确保施工质量，使建成的工程正常运行，充分发挥其效益，必须严格把关，严格要求施工和安装。

（一）施工组织与准备

①加强施工组织管理，建立健全施工组织。根据工程需要建立健全必要的施工组织，制订详细的施工计划，做好各项施工准备工作，保证工程施工顺利实施。这对于保证工程质量，降低工程成本，具有重要的意义。

②建立施工组织领导机构，协调工程各项工作。根据工程需要成立由领导、技术人员组成的施工组织领导机构，协调各项工作。编制详细的施工计划、培训技术人员、调配物料、组织施工队伍、指导现场施工等，做好施工准备。

③施工前的准备工作。第一，要做好施工人员安排和培训。施工人员应熟悉设计图纸，掌握施工方法和施工程序。第二，为保证工程顺利实施，施工前应做好原材料的采购、贮备，施工机械及零星材料的准备，出水口的选择加工，熟悉灌区地形地貌等工作。

（二）管槽开挖

1.测量定线

测量定线就是按设计图纸要求，将各级管道、建筑物的位置落实到地面上。一般用经纬仪、水准仪定线，定出管槽开挖中心线和宽度，用石灰标出开挖线，并按照一定距离打木桩标记，必要时还需给出管线的纵横断面图、建筑物和附属设备基坑的开挖详图等。

2.管槽开挖

根据设计的管槽断面形式和深度进行管槽施工。目前管道铺设多采用沟埋式，其断面形状主要有矩形、梯形。一般采用矩形断面，其宽度可由下式计算：

$$B \geqslant D+0.5 \tag{6-20}$$

式中：B——管槽宽度（m）；

D——管材外径（m）。

一般情况下，管道埋深应 $\geqslant 70 \text{ cm}$。在满足要求的前提下，为减少土方工程量，管槽宽、深度应尽量取小值。开挖时弃土应堆放在基槽一侧并应距离边线 0.3 m 以上，以方便施工安装和回填。在开挖过程中，要经常进行挖深控制测量，避免出现超挖等。

当管材为水泥预制管时，需要沿槽底中轴线开挖一弧形沟槽，使线接触变为面接触，从而改善地基压应力状况，避免管道出现不均匀沉陷。此外，由于管材的宽度依管外径不同而各异，因此沟槽的弧度要尽量与管身相吻合。基槽和沟槽均应做到底部密实平直、无起伏。另外，根据管道管材母口外径大小，还应在承插口连接处垂直沟轴线方向开挖一管长、管宽和深度适宜的口槽。

（三）管道系统安装

铺设管道要求严格按照操作规程进行，管道要平直，接口要严密。管道连接是整个管道铺设的关键，必须精心施工，保证接口不漏水。不同材料的管道连接方法不同。

1. 硬塑料管连接

（1）承接连接

承接连接是塑料管道施工中最常采用的一种连接方法。

为了使承接口的黏结更加牢固，也有在承接口内壁和插口端外壁涂抹粘接材料。常用的黏合剂见表6-5。

表6-5　常用黏合剂

被胶结物	适用黏合剂
聚氯乙烯	聚酯树脂、聚氯脂橡胶
聚乙烯、聚丙烯	环氧树脂、苯醛甲醛聚乙烯醇缩丁醛树脂、天然橡胶或合成橡胶
聚氯乙烯与金属	聚酯树脂、氯丁橡胶
聚乙烯与金属	天然橡胶

（2）扩口加密封圈连接

这种方法主要适用于双壁波纹管和用弹性密封圈连接的光滑管材。管材的承接口是在工厂生产时加工制成。为达到一定密封压力，接头处套上专用密封橡胶圈。

2. 软管的连接

软管的连接方法有揣袖法、套管法、快速接头法等。

（1）揣袖法

揣袖法就是顺水流方向将前一节软管插入后一节软管内，以不漏水为原则，根据输水压力大小确定插入长度，一般常用聚乙烯软管连接。

（2）套管法

套管法一般用硬塑料管作为连接管，用铁丝、其他绳子或者活动管箍将两节软管套接在硬塑管上。

（3）快速接头法

快速接头法就是用快速接头两端将软管对接，特点是连接速度快、接头密封压力高、使用寿命长，但接头价格较高。

3. 混凝土管的连接

混凝土管连接法具有接头多、连接复杂的特征，是管道安装施工中的关键工序。混凝土管刚性连接时，水泥砂浆的强度等级应大于 M10，柔性连接可采用塑料油膏，主要包括承插法连接、企口式连接和塑料油膏连接等形式。

（1）承插法连接

采用刚性连接形式，先用橡胶圈密封止水，然后用清水洗净接口处，再将麻丝及高于水泥管标号的膨胀砼混合均匀，用于密封接口处。接口插入深度 80 ～ 100 mm，接口相对转角 1.5°。这种接口的水泥管抗震性能好，管基选用砂石基础或混凝土基础，安装速度快。但是大口径的水泥管不宜采用承插式的接口，因为大口径的水泥管易产生环向的裂缝。

（2）企口式连接

企口式是两根水管并接中间放上混凝土密封圈，企口管道两边是一样大小。接口处外套混凝土圆环，用砂浆接缝，企口一般用沥青麻丝嵌缝。企口式连接形式主要适用于口径 ≥ d1200 的水泥管。该接口形式也是柔性连接，具有承插式的优点，且适用于大口径管，企口管的管身与基础接触很好，受到荷载力作用时均匀承担，不易发生渗漏等，所以使用更安全。

（3）塑料油膏连接

塑料油膏是一种新型防水材料，由有机化合物掺入适量无机化合物加工而成。该材料黏结性强、耐低温，用于管道接头防渗，施工简单易行，不受季节气候影响。施工时，在管子两端抹一层经熔化并伴有水泥的粥状塑料油膏，对接挤紧两节管子，在管下槽内铺宽 10 cm、长度大于管外径的编织袋或土布，并在上面均匀涂抹油膏。管侧由两人对面拉起布条，在布外和管子周围抹压数遍，使油膏和管子紧紧粘在一起。给管子上的布头涂上油膏搭接好后，再覆土自然养护。

除此之外，还有钢丝网混凝土管、球墨铸铁管及钢管等也应按照规范或标准进行连接。

4. 管道附属装置的施工与安装

（1）出水口的安装

对于井灌区，其管灌工程所用出水口直径一般均小于 110 mm，在铸铁出水口与竖管承插处用铁丝捆扎牢固。在竖管周围用红砖砌成 40 cm × 40 cm 的方墩，方墩的基础要认真夯实，防止产生不均匀沉陷，以保护出水口不致松动。对于河灌区，若管灌工程采用水泥预制管，施工安装时，首先在出水竖管管口抹一层灰膏，座上下栓体并压紧，周围用混凝土浇筑使其成一整体，然后再套一截高 0.2 m 的混凝土预制管作为防护，最后填土至地表。

（2）分水闸的施工

用于砌筑的砂浆标号不低于 M10 号，抹面厚度不小于 2 cm，止水抗渗，砖砌缝砂浆要饱满，保证闸门能够灵活启闭。

（3）管网首部的施工安装

井灌区水泵与干管间用软质胶管来连接以防止机泵工作时产生振动。在管网首部及管道的各转弯、分叉处均应砌筑镇墩，防止管道工作时产生位移。

（四）工程检验

1. 管道试压

全部管道安装完毕，管道系统和建筑物达到设计强度后，应对各条管路逐一进行试水。主要步骤包括：①试水前应安装好压力表检查各种仪表是否正常，并将管网各转折处填土加固，防止充水后因压力增大将接头推开，导致漏水。②将末端出水口打开，以利于排除管道内的气体。③向管道内缓慢充水，当整个管道系统全部充满水后，关闭出水口，把管道压力逐渐增至设计压力水头，并保持 1 h 以上。④沿管路逐一进行检查，重点查看接头处是否有渗漏，若有做好标记，根据具体情况进行处理。

（1）塑料管渗漏的处理方法

首先排除管道中的水。以薄壁聚氯乙烯管材为例，如在非接头处出现裂纹、小孔等造成漏水，用打"补丁"的办法处理。若裂纹较长、漏水较重或接头处漏水，需拆除管段重新安装。

（2）水泥预制管材渗漏的处理方法

轻微渗漏，只需将渗漏处打毛，外包一层高标号水泥砂浆或水玻璃水泥浆处理。若漏水情况较严重，则应将该管段拆除，重新安装。

2. 回填土

（1）塑料管材的回填土

严格控制回填方法、工序和质量，力求使管材的扁平度小于 5%，具体要求如下。

①土料要求：含水率适中，不得含有直径大于 2.5 cm 的砖瓦碎片、石块及干硬土块。

②回填顺序：依次为管口槽、管材两侧和管顶上部。

③回填方法：管口槽和管材两侧先采用对称夯实法，后用水浸密实法回填，待 1～2 d 土料干硬后，再分层回填管顶上部的土料，分层厚度宜控制在 30 cm 左右，层层水浸密实，填土至略高出地表。

④施工要求：土料回填前应先将管道充满水并使其承受一定的内水压力。夏季施工宜在气温较低的早晨或傍晚回填，以防止填土前后管道温差过大，对连接处产生不利影响。

（2）水泥预制管的回填土

土料回填应该先从管口槽开始，边回填边捣实，分层回填到略高出地表为止。每层回填土厚度不宜大于 30 cm。视土质情况，回填土料的密实可分别采用夯实法和水浸密实法。

3. 工程验收

工程施工结束后，应由主管部门组织设计、施工、使用单位成立工程验收小组，对工程进行全面检查验收。工程验收移交前，应由施工单位负责管理和维护。

工程验收前应签交下列文件：规划设计报告和图纸、工程预算和决算、试水和试运行报告、施工期间检查验收记录、运行管理规程和组织、竣工报告和竣工图等。

工程的验收应包括下列内容：

①审查技术文件是否齐全，技术数据是否正确、可靠。

②审查管道铺设长度、管道系统布置和田间工程配套、管道系统试水及试运行情况是否达到设计要求；机泵选配是否合理、安装是否合理；建筑物是否坚固。

③工程验收后应填写"工程竣工验收证书"，由验收组负责人签字，加盖设计、施工、使用单位公章，方可交付使用。

思考题

1. 与渠道输水系统比较，低压管道输水系统的主要特点是什么？

2. 管道输水系统包括哪些组成部分？

3. 如何确定管道输水系统管径大小？管道水头损失包括哪些部分，它们如何计算？

4. 目前我国在低压管道输水系统中主要采用哪几种管材及其配件？对管材及管道附件的主要技术要求有哪些？

5. 为什么要重视低压管道输水系统的管理和维护？

第七章 喷灌技术

第一节 概述

一、喷灌定义及其优缺点

（一）喷灌的定义

喷灌是先利用管道系统输送具有一定压力的水，再通过喷头喷射到空中，散成细小的水滴，像天然降雨一样均匀地洒落在田间，供给作物水分的一种节水灌溉方法。喷灌是主要的农业高效节水灌溉技术，在农业生产和抗旱减灾中发挥着重要作用。一般而言，喷灌的压力是借助于水泵的加压。当水源高于灌区，并有足够的压力差时，如水库坝下、山丘区盘山渠道以下，也可利用自然水头进行自压喷灌。

（二）喷灌的优点

①灌水均匀，节省灌水量。由于喷灌全部采用管道输水，可通过人为控制灌水量的大小，进而适时适量地对作物进行灌溉，并使灌溉水较均匀地洒在地面，渗入到作物根系活动层，灌水均匀度可达80%甚至90%，基本上不产生深层渗漏和地面径流，因而提高了水的有效利用率，达到了节约用水的目的。喷灌灌溉效率可达80%，比地面灌溉节水30%～50%。

②增加作物产量。由于喷灌细小的水滴不致破坏土壤的团粒结构，能有效地调节土壤水分，使土壤中水、热、气、营养状况良好，并能调节田间小气候，增加近地表层的空气湿度，从而有利于作物的生长，一般可增产10%～30%。

③适应性强。无论是药用作物还是粮食作物，或是瓜果蔬菜，尤其是密植作物，喷灌都能取得良好的经济效果，且不受地形(复杂地形和缓坡地均适用)和土壤条件的限制。

④省工省地。喷灌可大大减少土地平整工程量；喷灌的田间渠道少，不筑埂，不打畦，田间工程量较小；灌水效率高，节约劳动力，少占耕地，土地利用率高。据统计，喷灌用工仅为地面灌溉的1/5，可节省土地7%～13%。除进行常规灌溉使用外，还可以结合喷灌进行喷肥、喷药、防干热风、防霜冻等。

（三）喷灌的缺点

①喷灌初期投资和运行成本高。喷灌需要一定的压力管道和动力机械设备，在建设初期投资大，设备运行维修费高，且技术性强，需要一定的技术人员操作和管理。此外，虽然移动式或半固定式喷灌可减少前期设备投资，但是在使用过程中，需在田间移动管

道或机组，比较麻烦，又易踏伤作物，破坏土壤。

②喷灌效果受风的影响较大。在多风的情况下，喷灌水的飘移损失大，不仅使喷灌均匀度大大降低，还大大降低了水的利用系数。一般 3 级风（3.4 ～ 4.4 m/s）对喷灌的均匀度就会有明显的影响，不宜进行喷灌。

③喷灌耗能大，使用受限。由于喷灌需要较高的压力，与其他灌溉方式相比，耗能大（自压喷灌则不需动力机械及热、电能源），在能源紧张的情况下，使用会受到限制。相对而言，中、近射程喷灌较为节省能源，应用广泛。

二、喷灌系统的组成和分类

（一）喷灌系统的组成

喷灌系统一般由水源、水泵和动力设备、管网、喷头及田间工程组成。

①水源。一般河流、渠道、湖泊、水库、井泉等都可作为喷灌水源。水源提供的水量、流量、水质必须满足喷灌系统的要求。

②水泵和动力设备。大多数情况下，水源的高程不足以提供喷灌所要的水头，因此必须利用水泵将灌溉水加压。喷灌常用的水泵有离心泵、长轴井泵、潜水电泵等。一般用电动机带动水泵，或用柴油机、汽油机带动。

③管网。管网的作用是将有压力的灌溉水输送、分配到田间。喷灌管网一般包括干管和支管两级，以及其相应的连接部件、控制部件和量测设备，如弯头、接头、三通、闸阀、水表、压力表等。管道根据布设状况可分为地埋管道和地面移动管道，地埋管道埋于地下，地面移动管道则按灌水要求沿地面铺设。

④喷头。喷头的作用是将压力水流喷射到空中，形成细小的水滴，均匀洒落在田间。喷头是喷灌系统的专用部件，一般用竖管与支管连接。在实际的使用中由于单喷头的喷洒范围有限，难以实现水量均匀分布，故实际应用中经常是多喷头作业。

⑤田间工程。有些喷灌系统，需要利用渠道将灌溉水从水源引到田间，为控制管道长度，节省管道材料，必须修建田间渠道及相应的建筑物。

（二）喷灌系统的分类

喷灌系统按不同方法可分成不同类型，主要包括以下四种常见的分类方式：按系统设备组成可分为管道式喷灌系统和机组式喷灌系统；按系统获得压力的方式可分为机压喷灌系统和自压喷灌系统；按喷灌机组和喷洒特征可分为定喷式喷灌系统和行喷式喷灌系统；按系统中主要组成部分是否移动和移动的程度可分为固定式、移动式和半固定式三类。以下以固定式喷灌系统、移动式喷灌系统和半固定式喷灌系统为例，简要介绍喷灌系统组成及其优缺点。

1. 固定式喷灌系统

系统是指由水泵和动力机组成固定的泵站，干管和支管埋入地下，支管上设有竖管，根据轮灌计划，喷头轮流安设在竖管上进行喷洒。该喷灌系统除喷头外，喷灌系统各组成部分在整个灌溉季节，甚至常年都是固定不动的。

固定式喷灌系统的优点是操作方便、易于管理和保养、生产效率高、运行费用低、工程占地少，多用于灌水频繁、经济价值高的蔬菜园、果园等经济作物区；缺点是工程投资大、设备利用率低，同时竖管对田间耕作，尤其是部分农业机械使用有一定的妨碍。

2. 移动式喷灌系统

该系统仅水源（塘、井或渠道）固定，而水泵、动力机、管道及喷头等其他组分都是移动的。在一个灌溉季节里，这样一套灌溉设备可以在不同的地块上轮流使用。若将移动部分安装在一起，省去干管、支管，构成一个整体称为喷灌机。这种形式的喷灌系统优点是使用灵活、设备利用率高、投资小；缺点是每次移动设备拆装和搬运工作量大、维修量大、灌溉面积小，同时搬移时还会损坏作物。

3. 半固定式喷灌系统

半固定式喷灌系统的动力机、水泵和干管是固定的，支管和喷头是移动的，主要特点是在干管上装有许多给水栓。在使用中支管在干管的一个位置上与给水栓连接进行喷洒，喷洒完毕后移至下一个位置。其主要优点是设备利用率高、投资小，操作起来比移动式喷灌系统劳动强度低些，生产效率也高一些，应用较为广泛，尤其适用于大面积喷灌工程。

根据支管移动的方式可分为人工移动支管和机械移动支管。由于人工移动支管虽操作比较可靠，但工作条件差，劳动强度大，因此常采用机械移动支管喷灌系统。机械移动支管喷灌系统的形式很多，主要有以下几种。

①滚移式喷灌系统。其支管支承在直径为 1 ～ 2 m 的许多大轮子上，以支管本身为轮轴，垂直方向滚动的一种灌溉机，沿支管方向运行。轮距一般为 6 ～ 12 m，在一个位置喷灌结束后，由人工利用专门的杠杆或小发动机使支管移动到下一个位置再作业。它适用于矮秆作物及较平的地块。

②纵拖式喷灌系统。其干管布置在田块中间，支管上装有小轮或滑橇，在一个位置喷灌结束后，由绞车等纵向牵引越过干管到一个新的位置。支管可以是软管或者有柔性接头的刚性管道，一般支管长度不超过 50 m。

③卷盘式喷灌机。通过田间固定干管的给水栓供水，支管为缠绕在卷盘上的软管，绞架设在卷盘车上并与喷洒车连接组成卷盘式喷灌机。喷灌时卷盘转动，边喷边收管，收卷完毕，喷头停喷，转入下一地段。其优点是结构简单、使用灵活、适应性强、单位面积投资低、操作容易、支管移动可实现全部自动化；缺点是喷灌强度较大、工作

压力高、软管容易损坏、喷灌均匀性稍差等。

④中心支轴喷灌机，又称时针式喷灌机。在喷灌田块的中心，利用给水栓或水井与泵站组成的供水系统，在自动行走的小车及塔架上放置支管，喷灌时支管像时针一样围绕中心点旋转。支管长度一般为 $400 \sim 500$ m，离地面 $2 \sim 3$ m，根据轮灌的需要，转一圈要 $2 \sim 20$ d，可控制 $50 \sim 70$ hm^2 的灌溉面积。其优点是机械化和自动化程度高，可连续工作，效率高；支管上装很多喷头，喷洒范围互相重叠，灌水均匀度高，受风的影响小，可适用于起伏地形。其缺点是灌溉范围是圆形的，难以覆盖全部耕地。为此，也有在支管末端再安装自动喷角装置喷洒地角耕地。

⑤平移式喷灌机。与中心支轴喷灌机类似，但它是平行于作物移动，支管垂直于干管上，经给水栓通过软管供水，或利用提水加压设备直接从渠道吸水。当行走一定距离（等于给水栓间距）后就要改由下一个给水栓供水，这样喷灌范围呈矩形，便于与耕作相配合，并易于覆盖全部耕地。

第二节　喷灌设备及喷灌主要技术参数

喷灌设备又称喷灌机具，主要包括喷头、管道及其附件、动力设备、水泵、组装的喷灌机等。本节主要介绍喷头、喷灌的主要技术参数，风对喷灌的影响及飘移蒸发损失，管道及其附件。

一、喷头

（一）喷头的作用及工作原理

喷头（又称喷洒器）是将压力水流喷到空中，散成细小的水滴并均匀地散落在控制的灌溉面积上的一种专用设备。它是喷灌系统的主要组成部分，形式多种多样。喷头质量的好坏，将直接影响到喷灌质量。

在喷灌过程中，有压水流从管道进入喷头后经喷嘴（喷嘴一般采用收缩管嘴）喷出，随后形成水滴并均匀地散布在它所控制的田面上。水流经喷嘴喷出后，在空中形成一道弯曲的水舌——射流，射流分为密实、碎裂、分散雾化 3 个区域。①密实区域：水流连续，呈透明的圆柱状。②碎裂区域：空气逐渐掺入，在射流流速低时，射流受表面张力作用而发生波动，直到碎裂成水滴。③分散雾化区域：射流受水自身的重力、空气阻力、射流紊动性引起的内力、水的表面张力的综合作用。当射流流速高时，射流受周围空气作用形成紊流而碎裂，水流雾化，分散成水滴，降落在田面上。对于一个高质量的喷头，要求其射流的射程远，水滴碎裂适中，并能按一定的规律喷洒在其射程范围内。

（二）喷头类型

喷头的种类很多，按照不同的分类方式可以分为多种类型。

1.按工作压力及控制范围的大小

按其工作压力及控制范围的大小，可分为微压喷头、低压喷头（近射程喷头）、中压喷头（中射程喷头）和高压喷头（远射程喷头），目前用得较多的是低压喷头和中压喷头。各类喷头的工作压力、射程、流量和特点及应用范围见表7–1。

表7–1 喷头按工作压力和射程分类表

类型	工作压力/MPa	射程/m	流量/（m³/h）	特点及应用范围
微压喷头	0.05～0.1	1～2	0.008～0.3	耗能低，雾化好，适用于微型喷灌系统，可用于花卉、园林、温室作物的灌溉。
低压喷头（近射程喷头）	＞0.1～0.2	＞2～15.5	＞0.3～2.5	射程近、水滴打击强度低，主要用于苗圃、菜地、温室、草坪、园林、自压喷灌的低压区或行喷式喷灌机。
中压喷头（中射程喷头）	＞0.2～0.5	＞15.5～42	＞2.5～32	均匀度好，喷灌强度适中，水滴合适，适用范围广，果园、草地、菜地、大田及各类经济作物均可使用。
高压喷头（远射程喷头）	＞0.5	＞42	＞32	喷洒范围大，生产效率高，耗能高，水滴大。多用于对喷洒质量要求不高的大田作物和牧草等。

2.按喷头结构形式与喷洒特征

按照喷头结构形式与喷洒特征，分为旋转式（射流式）、固定式（散水式、漫射式）和孔管式三种。

（1）旋转式喷头

旋转式喷头主要由喷嘴、喷管、粉碎机构、转动机构、扇形机构、弯头、空气轴和套轴等部分组成。工作时，喷头绕自身铅直线旋转，边旋转边喷洒，形成一个半径等于喷头射程的圆形或扇形湿润面积。由于水以集中射流状的形式从喷嘴喷出，射程可达30 m，是中、远射程喷头的基本形式。

旋转式喷头按照喷头数量，分为单喷嘴和多喷嘴；按有无换向机构，分为全圆喷洒和扇形喷洒；按旋转驱动机构的特点，分为摇臂式、叶轮式、反作用式等，其中摇臂式喷头使用最广泛。

①摇臂式喷头。又称冲击式喷头，喷头的转动机构是一个装有弹簧的摇臂。在水力作用下，摇臂不断摇动，敲击喷管，使之一下一下地转动。它的结构简单，工作可靠。其缺点是在有风或安装不平的情况下，会出现转动不正常、旋转速度不均匀，甚至不转等问题，从而导致水流喷洒不均匀。摇臂式喷头示意图如图7–1所示。

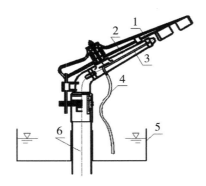

1—喷嘴；2—喷头的喷管；3—吸气管；4—吸气软管；5—抽吸液容器；6—立管。

图 7-1　摇臂式喷头示意图

②叶轮式喷头。又称蜗轮蜗杆式喷头，是靠喷射出的水舌冲击叶轮，由叶轮带动转动机构使喷头旋转。这种喷头结构复杂，现在使用较少。

③反作用式喷头。利用水舌离开喷嘴时对喷头的反作用力推动喷管旋转。由于其旋转速度不易控制，目前使用较少。

（2）固定式喷头

又称漫射喷头，在整个喷灌过程中，喷洒时水流以圆形或扇形同时向外散开，喷头的所有部件都是固定不动的。与旋转喷头相比，其优点是结构简单，工作可靠；缺点是射程小（5～10 m），喷灌强度大（15～20 mm/h），近处喷灌水量比平均喷灌水量高得多，水量分布不均匀，喷孔易被堵塞。多用于菜地、公园、苗圃和自动行走的喷灌机等。按喷头结构形式可分为折射式喷头、缝隙式喷头和离心式喷头。

①折射式喷头。由喷嘴、散水锥和支架等部分组成。水流由喷嘴垂直向上喷出，遇到散水锥即被击散成薄水层向四周射出，在空气阻力作用下分散为细小水滴落在地面上。

②缝隙式喷头。在喷头的管端开出一定形状的缝隙（一般为 3～6 mm），缝隙与水平面夹角多成 30°，水流由缝隙射出，分散为细小水滴落在地面。

③离心式喷头。由喷管、锥形轴和蜗形外壳组成。水流沿蜗壳内壁的切线方向进入蜗壳，并绕垂直轴旋转，这样经喷嘴射出的水膜同时具有离心速度和圆周速度，在空气阻力作用下，水膜分散成细小水滴，落在喷头四周地面上。

（3）孔管式喷头

由一根或几根直径较小的管子组成，在管子的顶部分布有一些小的喷水孔，喷水孔直径一般为 1～2 mm。有的孔管上的小孔布置成一排，水流朝一个方向喷出；有的利用摆动器摆动孔管使水流向两侧喷出；还有的在孔管上侧布置几排小孔，使水流喷向两侧。它适用于菜地、苗圃和低秆作物的喷灌。其缺点是喷灌强度大，水舌细小，受风的影响大，孔口太小易堵塞；由于工作压力低，支管工作效率受地形起伏影响大，通常只能用于平坦的土地。

（三）喷头的几何参数

喷头是喷灌系统的主要组成部分。一个好的喷头，要求其机械性能好、结构简单、工作可靠。喷头的几何参数主要包括进水口直径 D、喷嘴直径 d 和喷射仰角 α 等。

1. 进水口直径 D

喷头空心轴或进水口管道的内径（mm）。通常比竖管内径小，因而可使流速增加，一般流速设计为 3 ~ 4 m/s，以求水头损失小而又不致使喷头体积太大。喷头的进水口直径确定后，其过水能力和结构尺寸也就大致确定了。喷头与竖管一般采用螺纹连接。

2. 喷嘴直径 d

喷头出水口最小截面直径，一般指喷嘴流道等截面段的直径（mm）。喷嘴直径反映了喷头在一定工作压力下的过水能力。同一型号的喷头，可配用 2 ~ 6 种不同直径的喷嘴。当工作压力一定时，喷嘴直径愈大，喷水量就愈大，射程也愈远，但雾化程度要相对下降。以低压旋转折射式喷头 NelsonR3000 为例，喷灌强度最大值和平均值与喷嘴直径呈明显指数关系；当喷嘴直径超过 7.54 mm（38# 喷嘴）时，随喷嘴直径增加喷洒半径呈下降趋势。

3. 喷射仰角 α

指喷嘴出口处射流与水平面的夹角，是影响射程和喷洒水量分布的主要参数。适宜的喷射仰角能获得最大射程，降低喷灌强度，扩大喷头的控制范围，从而减少工程建设投资。此外，通过减少仰角，可提高抗风能力或用于树下喷灌。

（四）喷头的主要水力参数

喷头的水力参数主要有工作压力和喷嘴压力、喷头流量、射程等，是选择喷头的主要依据。

1. 工作压力和喷嘴压力

喷头的工作压力是指喷头进口前的静水压力，单位为 MPa。喷嘴压力是指喷嘴出口处的流速水头，等于喷头工作压力减去喷头内的水头损失。在达到同样水力性能的前提下，喷头工作压力越低越好，工作压力越低耗能越少。

2. 喷头流量

喷头流量指一个喷头在单位时间内喷出的水量，单位为 m^3/h 或 L/s。喷头流量的大小主要取决于工作压力和喷嘴直径。在喷嘴直径一定时，工作压力愈大，流量愈大，一般希望在同样工作压力下，喷头流量大一些。喷头流量是选择喷嘴直径和进水口直径的重要因素之一。

3. 射程

射程是喷头的一个重要水力性能参数，指在无风时喷头的喷洒湿润半径，也就是喷射水流所能达到的最大距离，单位为 m。喷头射程主要取决于喷嘴压力和喷水流量（或喷嘴直径）、喷嘴形状、喷管结构、旋转速度和风速等。例如，旋转式喷头的结构参数确定后，其射程主要受工作压力的影响。在设计喷头时，对这些因素应做正确的选择，这样才能设计出高质量的喷头。

二、喷灌的主要技术参数

喷灌必须满足一定的技术要求，才能达到灌水均匀，不破坏土壤结构，省水、增产的目的。喷灌的主要技术参数有喷灌强度、喷灌均匀度和水滴打击强度三项，是评价喷灌灌水质量的指标和设计喷灌系统的重要依据。

（一）喷灌强度

喷灌强度就是单位时间内喷洒在灌溉土地上的水深，或单位时间内喷洒在单位面积土地上的水量，单位为 mm/h。喷灌强度有以下三种不同的表示方法。

1. 点喷灌强度

指单位时间内喷洒在某一点的水深。具体测定方法是在喷头的湿润面积内，按方格或径向均匀地布置一定数量的量雨筒，喷洒一定时间后，测定量雨筒的水深，根据其水深就可以计算量雨筒所在点的喷灌强度，具体公式如下：

$$\rho_i = \frac{10\Delta W}{At} \tag{7-1}$$

式中：ρ_i——点喷灌强度（mm/h）；

ΔW——实测量雨筒内的水体积（cm^3）；

A——量雨筒开口面积（cm^2）；

t——喷洒时间（h）。

2. 平均喷灌强度

指喷洒范围内各点喷灌强度的算术平均值。量雨筒按方格布置时，计算公式如下：

$$\bar{\rho} = \frac{\sum_{i=1}^{n} \rho_i}{n} \tag{7-2}$$

量雨筒按径向布置时，计算公式如下：

$$\bar{\rho} = \frac{\sum_{i=1}^{n} \rho_i}{\frac{n(n-1)}{2}} \tag{7-3}$$

式中：$\bar{\rho}$——平均喷灌强度（mm/h）；

n——量雨筒数。

当量雨筒所代表的面积不等时，平均喷灌强度应按各点喷灌强度的加权平均值计算。

3. 组合喷灌强度

在很多情况下，喷灌系统是按一次作业中多喷头组合喷洒设计的，这时喷头的喷灌强度并不能表示实际的喷灌强度，二者在概念上、数值上均有显著的差异。此外，喷头喷洒出的水量不可避免地存在飘移损失和蒸发损失，所以实际的喷灌强度和计算的喷灌强度也有差异。

我们引入喷洒水利用系数表示实际喷洒到地面和作物上的水量与喷头洒出的水量的差异，同时根据喷头的组合形式和作业方式计算一个喷头在一次作业中的有效控制面积。如果相邻喷头同时喷洒，则一个喷头的有效控制面积可用下式计算：

$$A_{有效} = ab \qquad\qquad (7-4)$$

式中：$A_{有效}$——一个喷头的有效湿润面积（m^2）；

　　　　a——支管上的喷头间距（m）；

　　　　b——支管间距（m）。

多喷头组合的喷灌强度可以用下式计算：

$$\rho = \frac{1\,000q\eta}{A_{有效}} \qquad\qquad (7-5)$$

式中：ρ——多喷头组合的喷灌强度（mm/h）；

　　　　q——喷头流量（m^3/h）；

　　　　η——喷灌水的有效利用系数，一般为 0.80 ~ 0.95，主要取决于喷灌水在空中的蒸发和飘移损失。

在喷灌系统中，正确选择设计喷灌强度，对保证合理灌溉、提高灌水质量有着重要的意义。如果组合喷灌强度过小，将造成喷水时间过长，水量蒸发、飘移损失加大；喷灌强度过大，超过土壤入渗能力，将会出现地面积水和形成地表径流，破坏土壤结构，造成水土流失。一般情况下，喷灌强度应与土壤透水性能相适应，应使组合喷灌强度不超过土壤的入渗速率（或允许喷灌强度），使喷洒到土壤表面的水能及时渗入土壤中。土壤类型不同其入渗率不同，各类土壤的允许喷灌强度为：砂土 20 mm/h，砂壤土 15 mm/h，壤土 12 mm/h，壤黏土 10 mm/h，黏土 8 mm/h。若地面为坡地，喷灌强度需要适当调整，当地面坡度大于 5% 时，允许的喷灌强度应按表 7-2 适当减少。

表 7-2　坡地允许喷灌强度降低值

地面坡度	允许喷灌强度降低值
5% ～ 8%	20%
> 8% ～ 12%	40%
> 12% ～ 20%	60%
> 20%	75%

（二）喷灌均匀度

喷灌均匀度是指在喷灌面积上水量分布的均匀程度。在满足灌水定额的前提下，喷灌作物增产幅度主要取决于在整个喷灌面积上的喷洒的均匀度。因此，喷灌均匀度是衡量喷灌质量的主要指标之一。

影响喷灌均匀度的因素很多，如工作压力、喷头结构、喷头转速的均匀性、单喷头水量分布、喷头布置形式、喷头间距、竖管倾斜度、地面坡度及风向风速等。喷灌均匀度常用均匀系数表示，我国规定用下式计算：

$$C_u = \left(1 - \frac{\sum\limits_{i=1}^{n} \left|h_i - \overline{h}\right|}{n\overline{h}}\right) \times 100\% \tag{7-6}$$

式中：C_u——均匀系数（%）；

　　　h_i——各喷灌点水深（mm）；

　　　$\overline{h}$——平均喷灌水深（mm）；

　　　n——量雨筒个数。

在设计喷灌系统时，最好先根据喷头的设计组合方式实测典型面积上的水深，然后代入公式（7-6）计算均匀系数；也可根据实测单喷头的喷洒图形，按拟定的喷头组合方案，计算喷头在典型面积内各点的叠加水深，然后计算均匀系数。《喷灌工程技术规范》（GB/T 50085—2007）中规定，定喷式喷灌系统均匀系数不应低于 0.75，行喷式喷灌系统均匀系数不应低于 0.85。要保证系统均匀系数达到规定值，除选择优质喷头、精心施工外，在设计时，主要靠确定合适的喷头及支管间距来保证。

喷灌均匀度也可用水量分布图表示，如图 7-2 所示。水量分布图是喷洒范围内的等水量图，可用于表示单个喷头的水量分布，也可用于表示几个喷头组合或喷灌系统的水量分布。它表示喷洒水量在全喷洒范围内的分布均匀度，比较准确、直观，但没有定量指标，不便于不同喷灌系统的相互比较。

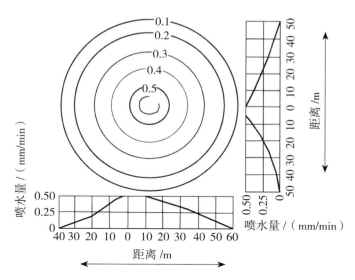

图7-2　喷头水量分布图与径向水量分布曲线

（三）水滴打击强度

水滴打击强度是指单位受雨面积内，水滴对土壤和作物的打击动能。它与喷灌水滴直径大小、降落速度和喷灌强度有关，一般用水滴大小或雾化指标反映。水滴太大，容易破坏土壤表层结构并形成板结，甚至会打伤作物的幼苗，或把土粒溅到作物叶面上；水滴太小，在空气中蒸发损失大，受风的影响大，因此要选择适宜的水滴直径。一般大田作物和果树，水滴直径应小于3 mm，蔬菜等作物应小于2 mm。

雾化指标，是用喷头工作压力水头和主喷嘴直径的比值来评价一个喷头水舌粉碎程度的指标，可用下式计算：

$$P_d = \frac{1\,000\,H}{d} \tag{7-7}$$

式中：P_d——雾化指标；

　　　H——喷头的工作压力水头（m）；

　　　d——喷嘴直径（mm）。

不同作物的适宜雾化指标见表7-3。

表7-3　不同作物的适宜雾化指标

种类	H/d
蔬菜及花卉	4 000～5 000
粮食作物、经济作物及果树	3 000～4 000
牧草、饲料作物、草坪及绿化林木	2 000～3 000

三、风对喷灌的影响及飘移蒸发损失

喷灌质量的好坏除了受喷头的自身结构、性能、工作条件的影响外，在很大程度上还要受到自然条件的影响，其中风是影响喷头水力性能的重要因素之一。

（一）风对喷灌的影响

由于喷灌水滴要喷射到空中一定高度才落下来，它的运动轨迹受空气气流的影响较大，稍微有些风就会改变。喷灌时，水滴运动轨迹的改变会影响水量分布，使得田间有些地方没有灌水或灌水不足，而有些地方灌水过量、形成水洼，造成灌水不均匀，影响喷灌的质量。

对于单喷头，在无风时，喷洒范围是以喷头为中心、射程 R 为半径的圆形；而在有风时，喷洒范围变成椭圆形，逆风侧射程缩短、顺风侧射程加长，但逆风减少的射程要比顺风增加的射程大。因此，在有风的情况下进行喷灌，喷灌射程、喷头控制面积形状及喷灌均匀度等均会发生显著变化，而且喷头工作压力越高，影响越明显。因此，一般尽量在无风或风较小的时候进行喷灌作业，或者通过选用低仰角喷头和短射程喷头，或者降低喷头安装高度等方式减小风对水量分布的影响。

（二）飘移蒸发损失

由于喷灌的水滴很小，在空气相对湿度较低和风速较大时，有一部分水滴还未落到地面就被风吹出灌溉地段或者在空中直接蒸发掉，造成水分的空中蒸发和飘移损失。这是其他灌水方式所没有的。飘移蒸发损失可占总水量的 7% ～ 28%，一般约为 10% 左右。飘移蒸发损失对调节田间小气候能起到一定的作用，在一定程度上降低田间作物需水量。

四、管道及其附件

（一）管道

管道是喷灌系统的基本组成部分。按其使用条件可分为固定管道和移动管道两类。喷灌使用管道的要求是能承受设计要求的工作压力和通过设计要求的流量，且不造成过大的水头损失，经济耐用，耐腐蚀，内部光滑，便于运输和施工安装。对于移动式管道还要求轻便、耐撞击、耐磨和能经受风吹日晒。由于管道在喷灌系统中需用的数量多，占投资比重大，一般因地制宜、经济合理地选用管材及附件。

1. 固定式管道

常用的固定式管道有球墨铸铁管、钢管、混凝土管、钢筋混凝土管、塑料管等，管径一般为 50 ～ 300 mm。不同的管道由于材质等存在较大差异，其适用区域存在较大不同。塑料管由于其容易施工，能适应一定的不均匀沉降，使用较为广泛，尤其是聚丙烯管，具有比重小、吸水性小、耐高温、耐腐蚀及抗冲性能强等特点。

2.移动式管道

移动式管道多用于半固定式喷灌系统，人工移动管道。有软管、半软管和硬管三种。软管用完后可以卷起来，体积小，运输、收纳方便，一般每节长 10 ～ 50 m，各节之间用快速接头连接。常用的软管有麻布水龙带、锦纶塑料管等，半软管有胶管、高压聚乙烯软管，硬管有硬塑料管、铝合金管和镀锌薄壁钢管等。

（二）附件

喷灌系统附件主要分控制用管件和连接用管件两大类，一般常用的有控制阀、安全阀、减压阀、排进气阀、水锤消除器、专用阀等，其作用主要是控制管道系统内的压力和流量，在管道内水压发生波动时，确保管道系统的安全，是管道系统不可缺少的配件。

第三节 喷灌工程的规划设计

一、规划设计原则及内容

（一）规划设计原则

喷灌工程规划是进行工程设计的前提，只有在合理的、切实可行的规划基础上，才能做到技术上可行、经济上合理的设计。喷灌工程的规划设计是在调查研究、收集基本资料（水文、气象、土壤、作物、动力、经济和生产条件等）的基础上进行可行性论证分析确定后进行的。规划中必须全面了解和掌握灌区基本情况，并遵循以下原则。

①喷灌工程规划应纳入农业区划及水利规划，三者必须统一考虑。

②喷灌工程规划必须有充分的经济论证，进行可行性分析。

③注意节约能源，在有自然水头可以利用的地方，应尽量发展自压喷灌或部分自压喷灌。

④尽量使喷灌设备综合利用，发挥最大经济效益。

⑤贯彻实事求是的原则，从实际出发，量力而行，循序渐进，讲求实效。

（二）喷灌设计标准

与喷灌工程设计相关的国家标准包括：《喷灌工程技术规范》（GB/T 50085—2007）、《泵站设计规范》（GB/T 50265—2010）和《室外给水设计标准》（GB 50013—2018）。其中，《喷灌工程技术规范》规定，以地下水为水源的喷灌工程其灌溉设计保证率不应低于 90%，其他情况下喷灌工程灌溉设计保证率不应低于 85%。

对于一个具体的喷灌工程，确定设计标准，就是先确定其采用多高的灌溉保证率，然后从以往的年份中，通过对有关资料组成的较长系列进行频率计算，选出符合所确定的灌溉保证率的某一年作为设计代表年，并以该年的自然条件资料作为拟定喷灌灌溉制度和规划水源工程的依据。

（三）规划设计内容

喷灌工程规划设计的内容可结合实际成果论述。一般情况下，喷灌工程规划设计应包括可行性研究和技术设计两个阶段。对喷灌面积较小（如小于 33.3 hm²）或投资较少（10万元以下）的项目也可只进行技术设计一个阶段。

1. 可行性研究阶段

应提交的成果包括设计任务书和喷灌工程规划布置图。设计任务书可按下述内容和顺序编制。

（1）设计任务书的主要内容

①灌区的基本情况。分为自然、生产、社会经济条件等几个方面。其中，自然条件包括地理位置、地形、农业气象条件（气温、湿度、降水量、蒸发量、无霜期、地温、风力、风向等）、水源情况（流量、水位、水质）、土壤情况（质地、田间持水量、容重、入渗速度等）、作物情况（种类、种植面积）等。

②喷灌可行性分析。根据自然与社会经济条件，从技术和经济两个方面对喷灌的必要性和可行性做出充分论证，有时还应对不同灌水方法进行比较。

③喷灌系统类型的选择。根据当地具体条件，拟定多种方案，从技术和经济上论证所选系统类型的合理性。

④投资概算和经济效益分析。在系统规划布置图做完之后进行。

（2）喷灌工程规划布置图

在地形图上绘出灌区范围、水源工程和主要管（渠）系统的初步布置。

2. 技术设计阶段

应提交的文件有设计说明书和设计图纸。

（1）设计说明书的主要内容

①基本资料。内容与设计任务书阶段相同，但应进一步具体化。

②系统选型。如在设计任务书阶段已充分论证，本阶段可以不做。

③拟定作物灌溉制度及计算灌溉用水量、规划用水过程。

④水源分析及水源工程规划。根据设计标准列出水源流量、水位等特征值并分析水质；拟定水源工程规划及水质处理方案。

⑤系统平面布置。根据系统布置原则，确定管（渠）分级与布置，统计各级管（渠）的长度。

⑥喷头选型及组合。在满足喷头组合喷灌强度、均匀度及雨滴打击强度要求的前提下，选定喷头的型号、规格及性能参数，确定喷头组合形式及间距。

⑦确定喷灌工作制度及轮灌方式。

⑧管材及管径选择。选择管材并根据各级管道流量进行水力计算，确定各级管道的经济管径。

⑨管道纵断面设计及系统结构设计。确定各级固定管道在立面上的位置并说明管道埋深、坡度、闸阀、节制阀、排气阀、泄水阀及镇墩等的设置。

⑩水泵及动力选配。确定系统设计流量和扬程，选定水泵及配套动力规格型号及各项性能参数，校核水泵安装高程，确定泵站的结构形式。

⑪设备材料用量及投资预算。列出各种设备材料的规格型号和用量明细表，计算设备材料费、设计费、施工费、不可预见费等投资预算。

⑫经济评价。喷灌效益、年费用、还本年限及各项经济指标的计算。

⑬施工安排。包括施工方法、施工期限、进度安排及验收标准。

⑭建立管理组织、制定运行管理制度和技术要求等。

（2）设计图纸要求

①工程平面布置图。一般要求绘在 1/2 000 ～ 1/1 000 比例尺的地形图上。图中应画出灌区边界及内部分区线、水源及各级管（渠），标明管（渠）名称及编号，标明各类闸阀及其他附属设施的位置。

②管（渠）的纵剖面图。地形平坦时，固定支管可只绘一两条作典型。管道纵剖面图上应绘出地面线、管底线，标出各种管件和镇墩的位置，底栏应用数字写明桩号、地面高程、管底高程、挖深、纵坡、管径等。渠道纵断面上应绘出地面线、水面线、渠底线，标出进水闸、分水口及各种建筑物的位置，底栏相应地写明桩号、地面高程、渠底高程、挖深、纵坡等。纵断面的纵横比例尺一般应不相同，以图幅大小适当、图面清晰为主。渠道还应绘出各段标准横断面。

③管道结构示意图。以透视图的形式绘出固定管道系统的示意图，标出各级管道段的材质、长度、管径及管种管件的规格型号。

④工程建筑设计图。包括泵站平面图、立面图，以及蓄水池、阀门井、泄水井、镇墩及渠系建筑物的结构。

二、喷灌工程设计

（一）喷灌制度的拟定及用水量计算

喷灌工程设计灌水定额和灌水周期一般应根据当地试验资料或通过实地调查确定，也可通过当地气象资料，采用彭曼公式计算得出。在缺乏资料的情况下，可按《喷灌工程技术规范》确定作物的日耗水量，从而计算喷灌设计灌水定额。

1. 设计灌水定额

$$m=0.1\gamma H\left(\theta_{max}-\theta_{min}\right)/\eta \qquad\qquad (7-8)$$

或
$$m=0.1H\left(\theta'_{max}-\theta'_{min}\right)/\eta \qquad\qquad (7-9)$$

式中：m——设计灌水定额（mm）；

　　　γ——土壤容重（g/cm³）；

　　　H——土壤计划湿润层深度（cm）；

　　　θ_{max}、θ_{min}——适宜土壤含水量上、下限（以占干土质量百分数计，%）；

　　　θ'_{max}、θ'_{min}——适宜土壤含水量上、下限（以土壤体积百分数计，%）；

　　　η——喷洒水利用系数（无实测资料时，可根据气候条件选取：当风速低于
　　　　　3.4 m/s 时，η =0.8 ～ 0.9；当风速为 3.4 ～ 5.4 m/s 时，η =0.7 ～ 0.8。湿润
　　　　　地区取大值，干旱地区取小值）。

①计划湿润层深度 H。喷灌条件下计划湿润层深度是指作物在需水关键时间所期望湿润的土壤厚度。计划湿润层深度主要取决于作物根系活动层的深度，与作物的种类及生育阶段有关，如小麦、玉米为 50 ～ 60 cm，茶叶为 40 cm，烟草、大豆、油菜等为 40 cm，麻类作物为 30 cm，蔬菜作物为 20 ～ 30 cm。

②适宜土壤含水量上、下限。下限是指土壤含水量逐渐降低到一定程度时，对作物生长发育造成影响的土壤含水量，其值一般为田间持水量的 60% ～ 70%；上限是指灌水后计划湿润层所达到的水分含量，其值不能超过土壤田间持水量，一般取田间持水量的 85% ～ 100%。近几年来，根据各地喷灌试验摸索出的各种作物不同生育阶段适宜的土壤含水量见表 7–4。

表 7–4　几种经济作物的适宜土壤含水量

作物	生育阶段适宜土壤含水量（占田间持水量的百分数）
大豆	苗期—分枝 70% ～ 75%，开花—鼓粒 90% ～ 100%
棉花	苗期 65% ～ 90%，现蕾—开花 70% ～ 90%，花龄期 75% ～ 90%，吐絮期 65% ～ 90%
花生	苗期 50% ～ 70%，花针期 70% ～ 75%，结荚期 60% ～ 80%，饱果期 60% ～ 80%
油菜	苗期 70%，苔花期 75% ～ 90%，角果期 60% ～ 80%
烟草	移栽—成活 70% ～ 80%，成活—团棵 60% ～ 70%，团棵—现蕾 80%，现蕾—成熟 60% ～ 65%
柑橘	果实膨大期 80%，越冬期 80% ～ 100%
红麻	70% ～ 80%
茶园	80% ～ 100%
苹果	70% ～ 90%
葡萄	70% ～ 90%
蔬菜	80% ～ 90%

2. 设计灌水周期

灌水周期是指在连续无雨条件下，某种作物耗水最旺盛时期的允许最大灌水间隔时间（相邻两次灌水的间隔时间），设计灌水周期一般采用下式计算：

$$T = \frac{m}{E} \eta \qquad (7-10)$$

式中：T——设计灌水周期（d）；

　　　E——作物耗水最旺盛时期的日平均耗水量（mm/d）；

　　　其余符号意义同前。

在生产实践中，大田作物的灌水周期一般取 7 ～ 10 d，蔬菜的灌水周期一般取 1 ～ 3 d。

（二）水源工程规划

喷灌工程的水源规划与一般灌溉工程水源规划相似。现仅将水源规划中应强调的几个问题分述如下。

1. 水源来水量分析

当水源为河流或大、中型渠道及引水沟等来水量较稳定的地表径流时，在取水段应取得较长的径流资料，通过频率计算求出符合设计频率的年来水量、年内各月径流量、灌溉季节日平均流量及水位等。当取水口资料较少时，可通过相关分析插补延长；当取水口无实测资料时，可利用当地水文手册、图集或经验公式并结合实地调查确定。

若水源为地下水，则必须根据当地水文地质资料，分析本区域地下水开采条件，通过抽水试验或对邻近农用机井出水情况进行调查，确定井的动水位和出水量。目前喷灌工程控制的灌溉面积一般较小，通常为几十公顷，较大的灌区一般也在 133.3 hm² 以内，而且大多数都是灌溉同一作物。

①机井。一般农用机井出水量相对稳定，平衡计算的目的主要是确定单井可控面积，或校核机井出水量是否满足喷灌用水要求，机井的可灌溉面积为

$$A = \frac{Q_{井}t}{10W_{a\max}} \qquad (7-11)$$

式中：A——机井可灌溉面积（hm²）；

　　　$Q_{井}$——机井的稳定出水量（m³/h）；

　　　$W_{a\max}$——作物需水临界期平均最大日耗水量（mm/d）；

　　　t——机井每天供水小时数（h）。

当使用柴油机提供动力时，t 一般取 16 h；当使用电动机时，t 一般取 20 h。

若 $A \geqslant A_{设}$（$A_{设}$为设计灌溉面积），则 $A_{设}$为确定的设计灌溉面积；若 $A \leqslant A_{设}$，则 A 为设计灌溉面积，这时应重新调整单井控制面积。

②塘坝。许多山区、丘陵地区水资源缺乏，常常利用小股山泉或塘坝蓄水进行喷灌。由于此类水源容量有限，一般必须经过调蓄才能满足喷灌用水要求。水利计算的任务是确定可灌面积和蓄水池的容积。

计算塘坝可灌面积可参考公式（7–11）。根据水量平衡确定蓄水池容积时，蓄水有效系数可取 1.2～1.3。

③溪流。由于溪流流量变化大，水利计算的任务主要是确定可灌面积。计算时可选择供水临界期的流量和灌溉水量作为确定可灌面积的依据。所谓供水临界期是指溪水水量小而用水量大的时期。相关计算可参考上述方法。

2. 确定水源蓄水工程形式及规模

当已知灌区水源来水量与灌区用水量后，必须进行来水、用水的水量平衡计算。当来水总量及其在时间上的分配都能满足灌区用水要求时，一般不建蓄水工程；当来水总量等于或大于用水总量，但在其时间分配上不能满足每个时段的用水要求时，应建蓄水工程加以调蓄，使来水总量等于或大于用水总量。

当无来水和用水资料时，可用经验公式估算蓄水工程容积。

①按来水量计算

$$V=KW_0 \qquad\qquad （7–12）$$

式中：V——蓄水工程容积（m^3）；

$\quad W_0$——年来水量（m^3），可通过年径流量等值线图及积水面积确定；

$\quad K$——调节系数，根据经验，一般取 0.3～1.0，雨量丰沛地区取小值，干旱
地区集雨区域小者取大值。

②按用水量计算

$$V=\frac{KM}{1-f} \qquad\qquad （7–13）$$

式中：M——年灌溉用水量（m^3）；

$\quad f$——库、塘渗漏、蒸发损失及管理（冲沙、排污、维修弃水等）损失百分数，
一般小型水库、塘坝可按 10%～20% 计；

$\quad$其余符号意义同前。

3. 水源蓄水或提水工程的选址及其结构

水源蓄水或提水工程，有关地址选择及其结构特点，与其他农田水利取水工程相差无几，可参考一般小型水利工程确定。

（三）喷灌工程的形式选择及布置方案

1. 选择喷灌系统形式

在选择喷灌系统形式时，要根据当地的地形情况、作物种类、社会经济发展状况、

农村劳动力情况，并综合考虑各种形式喷灌系统的优缺点，选择适合当地情况的喷灌系统。一般对灌水次数多、经济价值高的作物（如蔬菜）可采用固定式喷灌系统；大田作物喷灌次数少，宜采用半固定式或移动式喷灌系统，以提高设备利用率。在有自然水头可满足压力要求的地方，尽量选用自压式喷灌系统，以降低动力设备的投资和运行费用等。

2.管道系统布置原则

固定式和半固定式喷灌系统的管道分级主要根据灌溉面积大小来定。面积大时，管道主要有两种布置形式，一种是总干管、干管、分干管和支管四级，另一种是干管、分干管和支管三级。面积较小时，一般布置成干管和支管两级。管道系统布置一般考虑以下原则。

①应使管道总长度尽量短，能迅速分散流量，并降低工程投资。为节约投资，降低输水损失和运行运费，布置时管线应尽可能短、管径尽量小，因此抽水站应尽量布置在喷灌系统的中心。

②一般应使干管沿主坡方向布置，支管与其垂直。在平坦地区，为减少竖管对机耕的影响，支管应尽量与耕作方向一致。在山丘区，支管平行等高线、干管垂直等高线布置时，支管上各喷头工作压力应尽量均匀、保持竖管铅垂，使喷头在水平方向上旋转，从而有效控制支管的水头损失。在梯田上布置时，支管一般要求沿梯田水平方向布置，否则支管与梯田相交，不仅弯头过多，而且移动拆装都很困难。

③支管上各喷头的工作压力要尽量一致。水流由支管入口至管尾最后一个喷头，其工作压力是逐渐降低的。为了保持各喷头喷洒均匀，要求首尾流量差不超过10%。因此，确定适宜的支管管径，使支管的首尾工作压力差不超过20%。

④应考虑各用水单位的要求，便于用水管理，有利于组织轮灌。

⑤在经常有风的地区，支管布置应与主风向垂直，喷灌时可加密喷头间距，以补偿由风导致的喷头横向射程缩短。

⑥应充分考虑地块形状，力求使支管长度一致、规格统一。管线纵剖面应平顺，减少折点，并尽量避免管线出现起伏，防止管道产生气阻现象。

⑦管线的布置应密切与排水系统、道路、林带、供电系统及行政村、自然村界的规划相结合。

总之，喷灌系统管道布置的好坏，不仅直接影响到灌水质量、管道长度、管径大小、管道附件的多少等，而且还关系到设备成本、运行费用及以后管理的方便程度。

3.管道系统布置形式

（1）树状管网

树状管网是目前我国喷灌管道布置应用最多的一种形式。根据地形及水源位置不同，树状管网一般可分为"丰"字形、"梳齿"形。这种形式布置简单，水力计算也较简单，适用于土地分散、地形起伏的地区。但这种形式在运行中一旦某处管道出现故障，可能会影响到几条管道甚至全系统运行。

（2）环状管网

环状管网是一种闭合管网，由很多闭路环组成，故又称闭路网。这种管网的优点是，如果某一水流方向上的管道出现故障，可由另一方向向管道继续供水；其缺点是水力计算比较复杂，管道用量相对较多。

（四）喷头的选择与组合间距

1. 基本要求

选择喷头首先要考虑喷头水力特性能适合作物和土壤的特点。对于幼嫩作物，若雾化程度不好，不仅均匀度差，同时也易因水滴过大，有可能打伤作物。如果土壤是黏土，由于水的入渗速度慢，因此要采用较低的喷灌强度；如果是砂土则可增大喷灌强度。对于固定式系统可采用全圆喷头，但为满足边界和角地在喷灌时不会打湿道路或其他不需喷灌的地块，则应有一定比例的带有扇形机构的喷头。在自压喷灌系统中，常将地形所形成的压力分为若干个压力区，选择几种规格的喷头。

2. 喷头的喷洒方式和组合形式

根据喷头类型和附属设备可分为全圆喷洒、扇形喷洒、矩形喷洒、带状喷洒等。全圆喷洒允许喷头有较大的间距，而且喷灌强度低，主要应用于固定式和半固定式系统，以及多喷头移动机组。扇形喷洒主要适用于：①固定式喷灌系统的地边田角，要采用180°、90°或其他角度的扇形喷洒，以避免将灌溉水喷到界外和道路上，造成浪费。②在坡度较陡的山丘区喷灌时，常需要向下做扇形喷洒，以免冲刷坡面土壤。③当风力较大时，应做顺风向的扇形喷洒，以减少风的影响。

一般用相邻 4 个喷头平面位置组成的图形表示喷头的组合形式，也称布置形式。喷头的基本布置形式有矩形组合（见图 7-3）和平行四边形组合（见图 7-4）两种。矩形组合支管布置上的相邻喷头间距用 a 表示，相邻两支管的布置间距用 b 表示。平行四边形组合除用相邻喷头间距 a 及相邻支管间距 b 表示外，尚需增加两个相邻支管上喷头偏移的距离 c。

为节省支管用量，降低系统投资，或者避免频繁移动支管（对半固定式、移动式喷灌系统），无论是矩形组合还是平行四边形组合，一般应使相邻支管间距 b 大于相邻喷头间距 a。在有稳定风向时，宜使 $b > a$，并且支管应垂直风向布置。一般情况下，支管与风向的夹角应大于 45°。当风向多变时，应采用等间距，即 $a=b$ 的正方形组合，如图 7-5 所示。

当平行四边形偏距 $c=\dfrac{a}{2}$ 时，为等腰三角形组合，如图 7–6 所示。又当其短对角线与相邻喷头间距 a 相等时，平行四边形分为 2 个全等的正三角形，亦称正三角形组合。采用正三角形组合时，若 $a > b$，对节省支管或减少支管移动次数是不利的，其抗风能力也低于等间距布置，所以一般情况下不宜采用正三角形的组合形式。

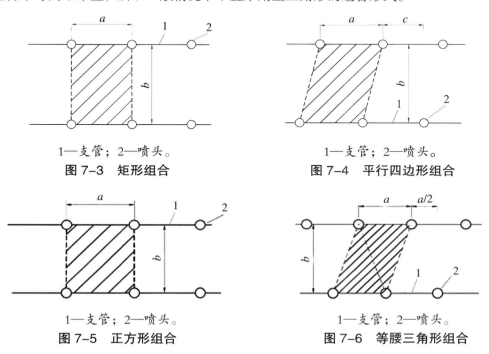

1—支管；2—喷头。

图 7–3　矩形组合

1—支管；2—喷头。

图 7–4　平行四边形组合

1—支管；2—喷头。

图 7–5　正方形组合

1—支管；2—喷头。

图 7–6　等腰三角形组合

3. 设计喷灌强度

由于喷灌系统的运行方式及风向、风速等条件的不同，即使型号及工作参数相同的喷头，在同样的组合方式下，其喷灌强度也不一样。要满足喷灌质量的要求，必须使系统在整个灌溉期内的喷灌强度不超过土壤的允许喷灌强度。设计喷灌强度是设计情况下可能出现的最大喷灌强度，它是喷洒水利用系数近似为 1 时，按设计规定的运行情况确定的喷头工作参数和组合形式及设计风速下的喷灌强度。

当不考虑喷洒水的蒸发、飘移时，设计喷灌强度为

$$\rho = \frac{1\,000\,Q}{A} \tag{7–14}$$

式中：ρ ——设计喷灌强度（mm/h）；

　　　Q ——各同时喷洒喷头的流量之和（m³/h）；

　　　A ——各喷头同时喷洒时地平面上的湿润面积（m²）。

当单喷头全圆喷灌时，如果风速小于 0.1 m/s（可视为无风），设计喷灌强度按下式计算：

$$\rho_{\text{全}} = \frac{1\,000\,q}{\pi R^2} \tag{7-15}$$

式中：$\rho_{\text{全}}$——无风情况下单喷头设计喷灌强度（mm/h）；

　　　q——喷头流量（m³/h）；

　　　R——喷头射程（m）。

当风速不超过 1 m/s 时，湿润面积较无风时并无显著缩小，所以在设计风速不大于 1 m/s 的情况下仍可用公式（7-15）计算。

当喷头进行扇形喷灌时，其设计喷灌强度为

$$\rho_{\text{扇}} = \frac{1\,000\,q}{\pi R^2} \times \frac{360°}{\alpha} \tag{7-16}$$

式中：α——扇形喷灌范围的中心角；

　　　其他符号意义同前。

当风速超过 1 m/s 时，湿润面积受风的影响将会减小。如果有相邻的喷头同时喷洒，由于各喷头湿润的面积有重叠，这时设计喷灌强度显然比单喷头无风条件下全圆喷洒的喷灌强度大，即 $\rho > \rho_{\text{全}}$。这时，设计喷灌强度可以通过修正 $\rho_{\text{全}}$ 的方法计算，即

$$\rho = K_W C_\rho \rho_{\text{全}} \tag{7-17}$$

式中：ρ——设计喷灌强度（mm/h）；

　　　C_ρ——布置系数，可查表 7-5；

　　　K_W——风系数，可查表 7-6；

　　　其他符号意义同前。

表7-5　不同运行情况下的 C_ρ 值

运行情况	C_ρ
单喷头全圆喷洒	1
单喷头扇形喷洒（扇形中心角 α）	$360/\alpha$
单支管多喷头同时全圆喷洒	$\dfrac{\pi}{\pi - \dfrac{\pi}{90}\arccos\dfrac{\alpha}{2R} + \dfrac{\alpha}{R}\sqrt{1 - \left(\dfrac{\alpha}{2R}\right)^2}}$
多支管多喷头同时全圆喷洒	$\dfrac{\pi R^2}{ab}$

注：表内各式中 R 为喷头射程，a 为相邻喷头间距，b 为相邻支管间距。

对于单支管多喷头同时全圆喷洒的 C_ρ 值，由于用表 7-5 中的公式计算较为烦琐，这时也可用 $C_\rho \sim \alpha/R$ 曲线求取 C_ρ。

表 7-6 不同运行情况下的风系数 K_w 值

运行情况		K_w
单喷头全圆喷洒		$1.15 v^{0.314}$
单支管多喷头同时全圆喷洒	支管垂直风向	$1.08 v^{0.194}$
	支管平行风向	$1.12 v^{0.302}$
多支管多喷头同时喷洒		1

注：1. v 为风速，单位为 m/s。2. 单支管多喷头同时全圆喷洒时，若支管与风向既不垂直又不平行，则可近似地用线性插值法求 K_w。3. 本表公式适用于风速 v 在 $1 \sim 5.5$ m/s 时的情况。

4. 组合间距的确定

（1）选择喷头

①选择喷头及其参数。喷头参数包括喷头的工作压力、喷嘴直径、喷头的流量和射程。当喷头的工作压力和喷嘴确定后，其流量和射程也即确定。

选择喷头参数时要满足作物对雾化程度的要求，即喷头的工作压力与喷嘴直径的比值应满足各种作物的雾化指标。雾化指标也不宜太高，以防水滴被风吹散而降低均匀度。在喷头指标满足作物要求后，还要考虑在整个喷灌过程中，喷头的喷灌强度应始终小于土壤的入渗速度。喷灌强度除与喷头的设计流量有关外，还受风速、喷灌系统运行方式及地形等因素的影响。一般情况下，灌溉季节风速大、多喷头同时工作、地形坡度较大时，应选择喷灌强度 ρ 较小的喷头；反之，可选 $\rho_{全}$ 较大的喷头。

②确定喷头组合间距。应根据所选喷头及喷头的组合形式，计算组合间距。不论采用哪种布置形式，其组合间距都必须满足规定的喷灌强度及喷灌均匀度的要求，并做到经济合理，我国规定满足喷灌均匀度要求的组合间距如表 7-7 所示。

表 7-7 喷头组合间距

设计风速 /（m/s）	组合间距	
	垂直风向	平行风向
$0.3 \sim 1.6$	（$1.1 \sim 1$）R	$1.3R$
$>1.6 \sim 3.4$	（$<1 \sim 0.8$）R	（$<1.3 \sim 1.1$）R
$>3.4 \sim 5.4$	（$<0.8 \sim 0.6$）R	（$<1.1 \sim 1$）R

注：1. 在每一档风速中可按内插法取值。2. 在风向多变而采用等间距组合时，应选用垂直风向栏的数值。3. R 为喷头射程（m）。

按照几何作图的方法也可求出支管的间距和喷头的间距，如表 7-8 所示。

表 7-8 不同喷头组合形式的支管间距、喷头间距和有效控制面积表

喷洒方式	组合方式	喷头间距 a	支管间距 b	有效控制面积
全圆	正方形	$1.42R$	$1.42R$	$2R^2$
	正三角形	$1.73R$	$1.5R$	$2.6R^2$
扇形	矩形	R	$1.73R$	$1.73R^2$
	三角形	R	$1.865R$	$1.865R^2$

（五）拟定喷灌工作制度

在灌水周期内，为保证作物适时适量地获得所需要的水分，必须制定一个合理的喷灌工作制度。首先，根据喷灌工程规划图、选定的田间管道系统的布置形式和确定的喷头组合间距，绘制喷灌系统平面布置图，图上标明每个支管的位置和喷头位置（即喷点的位置）。然后，即可拟定喷灌工作制度，它包括以下内容。

1. 喷头在工作点上喷洒的时间

喷头在工作点上喷洒的时间与灌水定额、喷头流量和组合间距有关，即

$$t = \frac{abm}{1\,000\,q} \tag{7-18}$$

式中：t——喷头在工作点上喷洒的时间（h）；

     a——支管上的相邻喷头间距（m）；

     b——相邻支管的布置间距（m）；

     m——设计灌水定额（mm）；

     q——喷头流量（m³/h）。

2. 喷头每日可喷洒的工作点数（每日移动次数）

对于每一喷头可独立启闭的喷灌系统，每日可喷洒的工作点数，用下式计算：

$$n = \frac{t_r}{t + t_y} \tag{7-19}$$

式中：n——喷头每日可喷洒的工作点数；

     t_r——喷头每日喷灌作业时间，即设计日净喷时间（h）；

     t——喷头在每个工作点上每次喷洒的时间（h）；

     t_y——每次移动、拆装和启闭喷头的时间（h）。

设计日净喷时间是决定喷灌系统设计流量的重要参数。设计日净喷时间越长，系统设施的利用率越高，则相应的投资造价越低。t_r 应根据具体情况进行经济分析来确定，但不宜低于《喷灌工程技术规范》（GB/T 50085—2007）所要求的日净喷时间，如固定式管道系统不少于 12 h，半固定式管道系统不少于 10 h，移动管道式和定喷机组式系统

不少于 8 h，行喷机组式系统不少于 16 h。另外，为了提高工作效率，改善工作条件，通常采用两套或三套支管、喷头交替使用。即一套支管和喷头正在运行时，另一套或两套已安排就绪。前者工作完毕，后一套立即接着工作，待前者喷洒完的田块不泥泞时，再将前者拆卸并装到后续喷洒位置上去。这样一来，支管和喷头装卸、移动就不占用喷灌作业时间，即 $t_y=0$。对 n 的计算结果要求舍去小数点后的数字取整。

3. 每次同时工作的喷头数和支管数

每次同时工作的喷头数可按下式计算：

$$N_{喷头} = \frac{At}{abTC} \qquad (7-20)$$

式中：$N_{喷头}$——每次同时工作的喷头数；

　　　A——整个喷灌系统的面积（m^2）；

　　　t——喷头在每个工作点上每次喷洒的时间（h）；

　　　C——一天中喷灌系统的有效工作时间（h）；

　　　a——支管上的相邻喷头间距（m）；

　　　b——相邻支管的布置间距（m）；

　　　T——设计灌水周期（d）。

每次同时工作的支管数 $N_{支}$ 为

$$N_{支} = \frac{N_{喷头}}{n} \qquad (7-21)$$

式中：n——1 根支管上的喷头数，可用 1 根支管的长度除以沿支管的喷头间距求得。如果计算出 $N_{支}$ 不是整数，则应考虑减少同时工作的喷头数或适当调整支管的长度。

4. 确定支管轮灌方式

支管轮灌方式不同，干管中通过的流量不同，适当选择轮灌方式，可以减小部分干管直径，降低投资。对于半固定式系统，支管轮灌方式就是支管移动方式。例如，有 2 根支管同时工作时，可以有三种方案。

①2 根支管从地块一端齐头并进［如图 7-7（a）（b）所示］，这样干管从头到尾的流量等于整个系统的全部流量（2 根支管流量之和）。

②2 根支管由地块两端向中间交叉前进［如图 7-7（c）所示］。

③2 根支管由中间向两端交叉前进［如图 7-7（d）所示］。

后两种方案只有前半根干管通过的流量等于整个系统的全部流量，而后半根干管通过的流量只等于整个系统流量的50%（1 根支管的流量），这样就可以减少干管投资。因此，应当采用后两种方案。

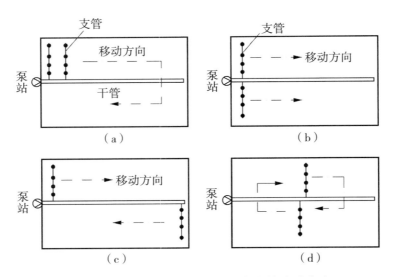

图 7-7　有 2 根支管同时工作的支管移动方案

（六）管材和管径的选择

1. 管材选择

对于地埋固定式管道，一般情况下应优先选用质轻、价廉、强度较高的硬聚氯乙烯管或聚丙烯管，也可用铸铁管和镀锌钢管。对于地面移动式管道，则应采用带有快速接头的薄壁铝管、薄壁镀锌钢管或专用的塑料管等。

2. 输配水管管径的计算

从经济的角度出发，遵循投资和年费用最小原则，一般用经验公式计算：

$$当 Q<120 \ \text{m}^3/\text{h} \ 时，D=13\sqrt{Q} \qquad （7-22）$$

$$当 Q \geqslant 120 \ \text{m}^3/\text{h} \ 时，D=11.8\sqrt{Q} \qquad （7-23）$$

式中：Q——管道的设计流量（m^3/h）；

D——管道的内径（mm）。

3. 支管管径的计算

支管的管径计算，除与支管的设计流量有关外，还受允许压力差的限制。按照《喷灌工程技术规范》（GB/T 50085—2007）的规定"同一条支管上任意两个喷头之间的工作压力差应在设计喷头工作压力的 20% 以内"，用公式表示为

$$h_\text{W}+\Delta Z \leqslant 0.2H \qquad （7-24）$$

式中：h_W——同一条支管中任意两个喷头间支管水头损失加上两条竖管水头损失之差（m），一般情况下，可用支管段的沿程水头损失计算；

ΔZ——两个喷头的进水口高程差（m），当前面喷头较高时，ΔZ 为负值；

H——设计喷头工作压力水头（m）。

算得支管管径之后，还需按现有管材规格确定实际管径。对半固定式、移动式灌溉

系统的移动支管，根据运行与管理的要求，应尽量使用管径相同的支管，至少也需在一个轮灌片上统一，最大管径应控制在 100 mm 左右，以便移动。对固定式喷灌的地埋支管，管径可以变化，但规格也不宜多，一般最多变径两次。

（七）管道水力计算

管道水力计算主要是计算管道沿程水头损失及弯头、三通、闸阀、变径管等处的局部水头损失，可参照第六章。

（八）选择水泵和动力机械

首先要确定系统的设计流量和扬程。水泵的设计流量应为同时工作的喷头流量之和，当各喷头流量相等时，即

$$Q = N_头 q \qquad\qquad （7-25）$$

式中：$N_头$——喷头数量；

　　　q——单喷头流量（m^3/h）；

　　　Q——水泵设计流量（m^3/h）。

而水泵扬程 H 为

$$H = H_支 + h_W + h_W' + \Delta Z \qquad\qquad （7-26）$$

式中：H——水泵设计扬程（m）；

　　　$H_支$——支管入口工作压力（m）；

　　　h_W——支管以上各级管道水头损失（m）；

　　　h_W'——水泵吸水管水头损失（m）；

　　　ΔZ——典型喷头高程与水源水面高差（m）。

确定支管入口压力的方法很多，以往计算支管的入口压力是用设计喷头工作压力加上喷头与支管入口的最大压力差来确定。原有计算方法简单，但支管实际流量偏大。根据上述要求准确计算的工作量很大，实际在工程中又很难实施。因此，常采用下面两种计算方法近似确定支管入口压力。

1. 按支管上工作压力最低的喷头推算（即降低 $0.1h_p$）：

$$H_支 = h'_f + \Delta z + 0.9h_p \qquad\qquad （7-27）$$

式中：$H_支$——支管入口压力水头（m）；

　　　h'_f——用多口系数法计算的支管相应管段的沿程水头损失（m）；

　　　Δz——支管入口的地形高程到工作压力最低的喷头进水口的高程差（m），顺坡时为负值，逆坡时为正值；

　　　h_p——设计喷头工作压力水头（m）。

这个方法适用于喷头与支管入口压力差较大的情况，也会使整个支管流量高于设计

值，不过不影响喷灌质量。

2. 按降低 $0.25h_{f首,末}$ 来计算：

$$H_支=h'_f+\Delta z+h_p-0.25h_{f首,末} \tag{7-28}$$

式中：$h_{f首,末}$——支管上首、末两喷头间管段的沿程水头损失（m）；

其余符号意义同前。

这个方法适用于只有一种管径且支管沿程地势平坦的地形铺设的情况。当喷头个数大于或等于 5 时，支管实际流量很接近设计值；但在喷头个数少于 5 时，此方法仅比原方法稍有改善。

确定了 H 和 Q，即可据此选择水泵。根据水泵型号再选择配套动力机械（电力机或柴油机等），这些均可查阅有关资料。

思考题

1. 简述喷灌法的适用条件，其工程系统的组成与类型有哪些？

2. 喷头有几种类型？目前主要采用何种喷头？其主要水力参数有哪几个？

3. 简述喷灌技术参数的确定方法。

4. 喷头的田间布置形式有几种？各适用何种条件？

5. 布置喷灌管道系统应主要考虑哪些因素？应如何进行设计？

习 题

1. 喷灌强度计算。

基本资料

已知某喷头流量为 4 m^3/h，射程为 18 m，喷灌水利用系数取 0.8。

要求

（1）求该喷头做全圆喷洒时的平均喷灌强度。

（2）求该喷头做 240° 扇形喷洒时的平均喷灌强度。

（3）若各喷头呈矩形布置，支管间距为 18 m，支管上相邻喷头间距为 15 m，组合平均喷灌强度是多少？

2. 喷灌灌溉制度设计。

基本资料

已知某喷灌区种植大田作物，土质属中壤土，土壤适宜含水率的上下限分别为田间持水量的 90% 和 70%。田间持水量为 30%（占土壤体积的百分数），计划湿润层深度为 0.6 m。据试验，耗水高峰期平均耗水强度为 6 mm/d，灌溉期间平均风速小于 3.0 m/s。

要求

计算大田作物喷灌的设计灌水定额与灌水周期。

3. 喷头组合形式设计。

基本资料

某地块地面坡度小于 6%，土壤质地为砂壤土，种植大田作物。现拟在该地块上建固定式喷灌系统，设计灌水定额为 45 mm。计划采用流量为 4 m³/h、射程为 20 m 的摇臂式喷头。该地喷灌期间多风，设计风速为 2.5 m/s。

要求

（1）当喷头分别呈正方形和正三角形布置时，相邻喷头间距和相邻支管间距应为多少？

（2）在上述 2 种不同布置形式的情况下，其组合平均喷灌强度分别为多少？是否与土壤渗吸的稳定入渗速度相适应？

（3）在上述 2 种不同的布置形式下，喷头在一个位置上的灌水时间是多少？

提示

（1）在风速不同的情况下，喷灌水的有效利用系数 η 可参考下表。

风速 /（m/s）	η 值
＜ 3.4	0.8 ～ 0.9
3.4 ～ 5.4	0.7 ～ 0.3

（2）在 $R_{设}=KR$ 公式中，K 是由喷灌系统的形式、当地的风速和动力的可靠程度等因素确定的一个系数，一般为 0.7 ～ 0.9。对于移动式喷灌系统，一般可采用 0.9；对于固定式喷灌系统，由于竖管装好后就无法补救，故可以考虑采用 0.8。对于多风地区，可采用 0.7。也可以通过试验确定 K 值的大小，但 K 值一定要小于 1.0，否则将无法保证喷灌系统的灌水均匀度。

第八章　微灌技术

第一节　概述

一、微灌的定义

微灌，通过管道系统与安装在末级管道上的灌水器，将水和植物生长所需的养分以较小的流量，均匀、准确地直接输送到植物根部附近土壤的一种灌水方法，包括滴灌、微喷灌、涌泉灌等。微灌是当今世界上用水最省、灌水质量最好的现代灌溉技术，主要用于果树、保护地蔬菜、花卉和其他经济作物的灌溉。

微灌法主要通过毛细管作用，部分通过重力作用，来湿润根系区附近的小范围土体，因此又称局部灌溉法。这是与传统地面灌水方法（沟灌、畦灌等）和喷灌的最大区别。微灌法灌水量少、灌水周期短，属微量精细灌溉范畴。

二、微灌的特点与类型

（一）微灌的特点

与地面灌溉和喷灌相比，微灌具有以下优点。

①节约灌水量。微灌系统全部由管道输水，沿程渗漏和蒸发损失小；一般只湿润作物根区附近的部分土壤，降低地表径流和渗漏，减少土壤蒸发和作物蒸腾耗水；灌水器出水均匀，灌水均匀度高，一般最高可达 90%；可适时适量地按作物生长需要供水，水分利用率可高达 95%。微灌一般比地面沟灌、畦灌省水 50% 以上，比喷灌省水 15% ～ 25%。

②节约能源。微灌的灌水器均在低压下运行，一般工作压力为 0.05 ～ 0.15 MPa，水分利用效率高，节约灌溉耗能。

③增产幅度大、品质好。微灌仅湿润根区附近局部土壤，不会导致土壤结构破坏而产生土壤表层板结。此外，结合灌水施肥，有效地调节土壤内水、肥、气、热状况，有利于实现作物高产稳产，提高产品质量。大量实践证明，微灌较其他灌水方法一般可增产 30% 左右。

④适应各种地形和土壤。微灌为压力管道输水，可根据不同的土壤入渗速度来调整控制灌水流量的大小，如黏土入渗率低，灌水速度慢；砂土入渗率高，灌水速度快。可通过缩短灌水时间或采取间歇灌水的方法来控制灌水流量。此外，使用时不必平整土地，

在各种复杂的地形下都能保证灌水比较均匀，节省劳动力和耕地。

⑤可利用污水、微咸水等低质量的水灌溉。滴灌可以与根部形成一个椭球状湿润体，在不断滴入的水的作用下，土壤中的盐分可被推移到椭球体的边缘，在作物根部形成正常的生长环境，保证作物的正常生长。在灌溉水含盐量为 2 ～ 4 g/L 时，实施滴灌的作物仍能正常生长。但长期使用微咸水灌溉，会使湿润区外围土壤积盐，使土壤质量恶化，因此，在灌溉季节末期，尤其是在干旱和半干旱地区，应用淡水进行洗盐。

此外，微灌系统还可实行自动控制，大大减少了田间灌水的劳动量和劳动强度。

当前微灌存在的主要问题如下。

①微灌系统需要较多的设备、管材及灌水器等，单位面积一次性投资太高。

②灌水器易堵塞，因此对水质和过滤设备的要求高。灌水器的堵塞是当前微灌应用中存在的最主要的问题，严重时会使整个系统无法正常工作，甚至报废。

③可能限制根系的发展。由于微灌只湿润部分土壤，会导致作物根系集中向湿润区生长，使其生长受到限制，也不利于作物对天然降水的吸收利用。

④会引起盐分积累。当在含盐量高的土壤上进行微灌或是利用咸水微灌时，盐分会积累在湿润区的边缘，对作物产生盐害。

总之，微灌的适应性较强，使用范围较广，各地应因地制宜，根据当地自然条件、作物种类等情况选用。

（二）微灌的类型

微灌按选用灌水器的流出方式可分为三种。

①滴灌，滴水灌溉的简称，是利用专门的灌溉设备将灌溉水以水滴状流出，从而浸润植物根区土壤的灌水方法。由于滴头流量很小，只湿润滴头所在位置的土壤，并借助毛细管作用向四周扩散，是干旱缺水地区最有效的节水灌溉方式。滴灌适用于果树、蔬菜等作物。其主要优点是节水增产效果明显，可水肥同施，提高肥效；缺点是滴头出流孔口小、流速慢、流程长、易堵塞。

②微喷灌，又称微型喷洒灌溉，利用专门灌溉设备将有压水送到灌溉地块，通过安装在末级管道上的微喷头（流量不大于 250 L/h）进行喷洒灌溉的方法。微喷灌主要用于果树、花卉、草坪等。优点是微喷头的工作压力低，流量小，节约能源和设备投资，水肥同施，提高肥效。虽然微喷头的工作压力与滴头相近，但微喷头可以充分利用水中能量，因此与滴灌相比可以节省能耗，同时流量和出流孔口都较大、流速快、不易堵塞。

③涌泉灌，又称涌灌或小管出流灌，利用流量调节器稳流和小管分散水流或利用小管直接分散水流实施灌溉的灌水方法。涌泉灌灌水流量较大（但一般不大于 200 L/h），需在涌水器附近挖掘小的灌水坑以暂时储水。其优点是工作压力低、不易堵塞；缺点是田间工程量较大。因此主要适合水源丰富、地形较平坦地区的果园等。此外，为克服

滴灌堵塞，将滴灌系统的滴头取下，即为小管出流灌溉。

三、微灌系统的组成与分类

（一）微灌系统的组成

微灌系统通常由水源工程、首部枢纽、输配水管网和灌水器四个部分组成。

①水源工程。河流、湖泊、沟渠、塘堰、井泉等均可作为微灌的水源。对于含有较多污物、杂质和泥沙等不符合微灌水质要求的水源，应进行适当处理，以免引起微灌系统堵塞。为了充分利用各种水源进行灌溉，往往需要修建水源工程，包括引水、蓄水和提水工程，以及相应的输配电工程等。此外，进入微灌管网的水不应含有油类等物质。

②首部枢纽。集中安装在微灌系统入口处的过滤器、施肥（药）装置及量测、安全和控制设备的总称。首部枢纽担负着整个系统的驱动、检测和调控任务，是全系统的控制调度中心。

③输配水管网。其作用是将首部枢纽处理过的水按照要求输送、分配到每个灌水单元和灌水器。微灌系统的输配水管网一般分干、支、毛三级管道。干、支管道承担输配水任务，通常埋入地下，毛管承担田间输配水和灌水任务，可放在地面或埋入地下，如将毛管埋入地下，可以延长毛管的使用寿命。

④灌水器。微灌设备中最关键的部件，其作用是直接向作物灌水。灌溉水流通过灌水器进入土壤，是微灌系统末级出流装置。灌水器安装在毛管上或通过小管与毛管连接。有滴头、滴灌带、微喷头、微喷带、渗水管和涌水器等多种形式，相应的灌水方法称为滴灌法、微喷法、渗灌法（地下灌溉法）和涌泉灌等。

（二）微灌系统的分类

根据微灌工程中毛管在田间的移动方式和出水口的位置（地上或地下），可以将微灌系统分为四类。

①地面固定式微灌系统，是指毛管布置在地面，在灌水期间毛管和灌水器均不移动的微灌系统。主要用于条田植物和果园灌溉。其优点是毛管和灌水器安装、拆卸清洗方便，灌溉效果（土壤湿润情况）和水量（滴头流量）测量方便；缺点是毛管和灌水器容易损坏、老化。灌水器可以是单出水口滴头（流量为 $4 \sim 8$ L/h）、多出水口滴头（流量为 $2 \sim 4$ L/h）或微喷头（流量为 $20 \sim 250$ L/h）。

②地下固定式微灌系统，也称地下渗灌系统或地下微灌系统，是将毛管和灌水器（主要是滴头和渗水管）全部埋入地下的微灌系统。其优点是毛管和灌水器不需要反复安装和拆卸，使用寿命长，不影响农事操作；缺点是毛管和灌水器在地下，发生堵塞时不易发现。因此，要求埋入地下的灌水器必须具备良好的抗堵塞性能，以防止因水质差引起的内部堵塞和因作物根系的向水性而产生的外部堵塞。

③移动式微灌系统，是将肥料（药）注入装置和过滤设备都集中安装在水泵、动力机组上，干、支、毛管等全部采用快速管件连接的微灌系统。灌溉时，将动力机组和各种管道全都移动到待灌溉的土地上。该系统主要优点是设备利用率高，投资成本低；缺点是用工较多。

④半固定式微灌系统，是毛管随田间种植作物及各生长阶段需水量的不同而移动的微灌系统。该系统可降低微灌设备投资成本，提高设备使用率，便于实施计量用水管理。

第二节 微灌设备

微灌设备一般包括首部加压机泵，过滤器，施肥装置，灌水器，控制、量测、保护装置，以及输配水管道和管件等。

一、灌水器

（一）微灌灌水器的性能要求

灌水器，也称为配水器，主要功能是消减或分散末级管道中压力水流的能量，从而均匀、稳定地向作物配水，以满足作物对水分的需要。灌水器质量直接影响到灌水质量和微灌系统的工作可靠性。因此，对灌水器的要求如下。

①出水量小。一般要求微灌灌水器的工作水头为 5 ～ 15 m，过水流道直径或孔径为 0.3 ～ 2.0 mm，出水流量在 240 L/h 以内。

②出水均匀、稳定。一般要求灌水器本身具有一定的调节能力，使得在水头变化时流量的变化较小。

③抗堵塞性能好。由于灌水器流道和孔口较小，而灌溉水中一般都含有一定的杂质，因此在设计和制造灌水器时要尽量提高抗堵塞性能。

④制造精度高。设备制造精度明显影响灌水器的流量大小，如果制造偏差过大，每个灌水器的过水断面大小差别就会很大，从而使灌水器的出水均匀度较低。

⑤结构简单，便于安装。

⑥坚固耐用，价格低廉。灌水器在整个微灌系统中用量较大，其费用往往占整个系统总投资的 25% ～ 30%。另外，在移动式微灌系统中，灌水器要连同毛管一起移动，因此，还要求保证产品的耐用性。

实际上绝大多数灌水器不能同时满足上述所有要求。因此，在选用灌水器时，应根据具体使用条件选用。例如，使用水质不好的水源时，要选用抗堵塞性能较好的灌水器。

（二）微灌灌水器的种类

微灌灌水器的种类很多，按照结构和出流形式，主要有滴头、滴灌带、微喷头、渗水管、涌水器等。

1. 滴头

滴头是滴灌系统中最关键的部件，主要作用是消减毛管中压力水流的能量，使其以稳定的速率滴入土壤。工作压力约为 0.1 MPa，流道孔径为 0.3 ～ 1.0 mm，流量为 0.6 ～ 1.2 L/h。常用的滴头有以下几种。

①长流道式滴头。出水量的大小通过水流与管道壁之间的摩阻消能来调节，压力水流在管中变成了连续的细流。包括微管滴头、内螺纹管式滴头等，如图 8-1、图 8-2 所示。

②孔口式滴头，属短流道滴头（见图 8-3）。毛管中压力水流通过孔口造成局部水头损失来消能而成为水滴状或细流状进入土壤。这种滴头结构简单，安装方便，工作可靠，价格便宜，适于推广。

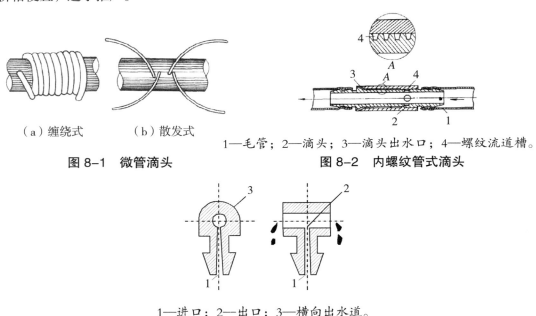

（a）缠绕式　（b）散发式

图 8-1　微管滴头

1—毛管；2—滴头；3—滴头出水口；4—螺纹流道槽。

图 8-2　内螺纹管式滴头

1—进口；2—出口；3—横向出水道。

图 8-3　孔口式滴头

③压力补偿式滴头。利用水流压力使滴头内的弹性体（片）改变滴头流道（或孔口）形状或过水断面面积，从而使滴头流量保持稳定，同时还具有自清洗功能，增强抗阻塞能力。滴头在生产时采用外镶式安装于滴管上，故称为管上式滴头。

2. 滴灌带

将滴头与毛管制成一个整体，兼具配水和滴水功能。滴灌带有压力补偿式与非压力补偿式两种。按结构可分为内镶式滴灌带（见图 8-4）和薄壁滴灌带（见图 8-5）。

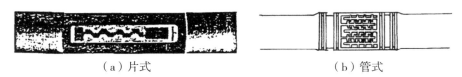

（a）片式　　　　　　　　　　　（b）管式

图8-4　内镶式滴灌带

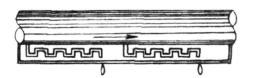

图8-5　薄壁滴灌带

3.微喷头

即微型喷头，工作压力较低，湿润范围较小，对单喷头射程范围内的水量分布要求不如喷灌高。微喷头长度为0.5～10 cm，喷嘴直径小于2.5 mm，单喷头流量不小于300 L/h，工作压力小于0.3 MPa。材质以塑料压注为主，部分为金属。种类繁多，根据喷射水流湿润范围形状分为全圆和扇形；根据结构形式分为固定式和移动式，其中固定式微喷头构造较为简单，与前文中固定式喷头分类相近，有射流旋转式、折射式、离心式和缝隙式等。

①射流旋转式微喷头。一般由旋转折射臂、支架、喷嘴构成（见图8-6）。其优点是有效湿润半径较大，为1.5～3.0 m，喷水强度较低，水滴细小；缺点是旋转部件易磨损，使用寿命较短。主要适用于全园喷洒灌溉和密植作物灌溉等，如果园、温室和城市园林绿化灌溉等。

②折射式微喷头。其主要部件有喷嘴、折射锥和支架（见图8-7）。压力水流从微喷头进水口喷出后，遇顶部折射锥体改变水流方向，呈薄水层向四周散射，在空气的阻力作用下破碎成水滴。其优点是结构简单，没有运动部件，工作可靠，价格便宜；缺点是由于水滴太微细，蒸发、飘移损失大。适用于果园、温室的灌溉。

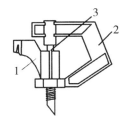

1—旋转折射壁；2—支架；3—喷嘴。

图8-6　射流旋转式微喷头

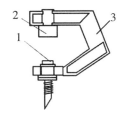

1—喷嘴；2—折射锥；3—支架。

图8-7　折射式微喷头

③离心式微喷头。其特点是工作压力低，雾化程度高，一般形成全圆的湿润面积，孔口较大，不易堵塞。

④缝隙式微喷头。一般由两个部分组成，下部为底座，上部是带有缝隙的盖。

4. 渗水管

地下渗灌的灌水器，其作用是使水直接渗入作物根区土壤，如多孔瓦管（罐）。渗水管管壁上分布着许多肉眼看不见的细小弯曲的透水微孔，水在低压条件下便可从微孔中渗出。

5. 涌水器

压力水流经消能后以连续水流的形式缓缓涌出，灌入根区灌水沟（坑）内。其工作压力比其他灌水器都低，按结构形式分为微管式和孔口式两种。

二、管道与管件

管道及管件在微灌工程中用量大、规格多、占投资比重大。其型号规格和质量不仅直接关系到微灌工程费用大小，而且也关系到微灌能否正常运行和管道寿命的长短。

管道是微灌系统的主要组成部分，为保证安全输水与配水，须能够承受一定的内水压力，同时要求耐腐蚀、抗老化性能好，且便于运输和安装。塑料管，因其有抗腐蚀、柔韧性较好、能适应较小的局部沉陷、内壁光滑、输水摩阻小、比重小、重量轻和运输安装方便等优点，是理想的微灌用管。当埋入地下时，避免阳光照射，减缓塑料管老化，使用寿命可达 20 年以上。微灌系统常用的塑料管主要为聚乙烯（PE）管和聚氯乙烯（PVC）管。

管件是指用来连接管道的部件，主要有接头、弯头、三通、旁通、堵头和插杆等，要求能连接牢固、密封性好，并便于安装。

三、过滤设备

微灌要求灌溉水中不含有造成灌水器堵塞的污物和杂质，微灌水质应符合现行国家标准《农田灌溉水质标准》（GB 5084—2021）的有关规定。鉴于任何水源都在不同程度上含有各种物理、化学和生物的污物和杂质（尘土、砂粒、菌类、藻类等），因此微灌系统对水质的净化处理十分重要，否则灌水器将容易堵塞。微灌系统的水质净化设备有拦污栅（筛、网）、沉淀池和过滤器等。过滤器是指安装在微灌系统中用于过滤水体杂质的装置。过滤器应根据水质状况和灌水器的流道尺寸进行选择。过滤器应能过滤掉大于灌水器流道尺寸 1/10 粒径的杂质。过滤器可分为离心过滤器（离心式泥沙分离器）、砂石过滤器、网式过滤器或叠片式过滤器等，它是微灌系统中最关键的设备之一。表 8-1 是不同水质状况下过滤器选型，供参考。

表 8-1　过滤器选型

水质状况			过滤器类型及组合方式
无机物	含量	＜ 10 mg/L	网式过滤器或叠片式过滤器
	粒径	＜ 80 μm	砂石过滤器 + 网式过滤器或叠片式过滤器
	含量	10 ～ 100 mg/L	离心过滤器 + 网式过滤器或叠片式过滤器
	粒径	80 ～ 500 μm	离心过滤器 + 砂石过滤器 + 网式过滤器或叠片式过滤器
	含量	＞ 100 mg/L	沉淀池 + 网式过滤器或叠片式过滤器
	粒径	＞ 500 μm	沉淀池 + 砂石过滤器 + 网式过滤器或叠片式过滤器
有机物		≤ 10 mg/L	砂石过滤器 + 网式过滤器或叠片式过滤器
		＞ 10 mg/L	拦污栅 + 砂石过滤器 + 网式过滤器或叠片式过滤器

（一）离心过滤器

离心过滤器是指利用旋流使水和砂粒分离的设备，又称为旋流水砂分离器，主要用于含沙水流的初级过滤。其工作方式是利用水流旋转运动形成的离心力把水中泥沙及其他密度较高的固体颗粒抛向管壁，在重力作用下泥沙沿着管壁向下沉淀进入集沙罐，清洁水体通过过滤器顶部的出水管进入管道，从而完成水沙分离。集沙罐设有排沙口和清洗口，可保证过滤器一直运作，并且过滤结束后可以清洗集沙罐。使用时需要注意两个方面：一是由于在开泵与停泵瞬间，水流失稳，过滤效果不好，因此最好与网式过滤器同时使用；二是为保证进水水流平稳，需要在进水口前安装一段长度为进水口直径10 ～ 15 倍的直管。这类过滤器主要适用于砂粒较多，且生物和化学杂质较少的水源。

（二）砂石过滤器

砂石过滤器是用砂石介质滤除灌溉水中杂质的设备，主要以筛分后并分层填装的砂石为过滤介质，水流从进水管进入过滤器，通过介质层孔隙向下渗漏，水体中杂质被隔离在介质层上部，过滤后的水体进入出水管。若水体中悬浮污染物较多，则需要经常替换过滤介质。介质通常一年更换 1 ～ 4 次。该过滤器可有效清除水中的细沙和有机质，可单独使用，也可与网式过滤器等其他过滤器组合成过滤站，主要用于水库、塘坝、沟渠、河流及其他敞开水面的含有机物及泥沙的水源。

（三）网式过滤器

当水由进水口进入过滤器内，利用不锈钢网芯将大于网芯孔径的悬浮物截留在外表面，过滤后的净水进入网芯流入出水口。该过滤器简单、高效，应用广泛。其单独使用时主要用于过滤水质较好的灌溉水，若水质较差，需要与其他过滤器组合使用，一般是作为末级水过滤设备。网式过滤器种类多，按安装方式可分为立式和卧式，按材质可分为塑料和金属，按清洗方式可分为人工清洗和自动清洗，按滤网形状可分为网式和叠片式，等等。其主要技术要求：①由于过滤网上积聚了一定污物后，过滤器进出水口之间就会产生压力降，当进、出水口压力降超过 0.7 kg/m³ 时需进行反冲洗。②规定过滤器进水方向必须由网芯外表面进入网芯内表面，切不可反向使用。③如网芯、密封圈损坏，会失去过滤作用，必须及时更换。

（四）叠片式过滤器

叠片式过滤器是指用叠在一起的具有细线槽的塑料片滤除灌溉水中杂质的设备。水流从过滤进水口进入过滤器，通过过滤叠片时，过滤叠片在弹力和水力的作用下被紧紧地压在一起，杂质颗粒被截留在叠片交叉点，经过过滤的水从过滤器主通道中流出。可根据用水要求选择不同精度的过滤叠片，有 20 μm、55 μm、100 μm、130 μm、200 μm、400 μm 等多种规格，过滤比大于 85%。叠片过滤器日常维护简单，可拆卸零部件很少，可按需取舍过滤单元并联数量，灵活可变，互换性强。可灵活利用现场边角空间，因地制宜，安装占地少。

（五）组合式过滤器

由离心过滤器、砂石过滤器、网式过滤器或叠片式过滤器等组合而成的过滤器。当过滤器用于低杂质含量的水时，其设计流量可以采用样本标明的流量；当用于杂质含量较高的水时，其设计流量应为样本标准流量的 60% ～ 80%。

四、施肥装置

施肥装置是指向微灌系统注入可溶性肥料的设备及装置，利用施肥装置施肥的方式称为灌溉施肥。微灌系统中常用的施肥装置有压差式施肥罐，文丘里注入器和水力、电力、内燃机等驱动的注射泵等。施肥装置的选择取决于设备的使用年限、注入肥料的准确度、注入肥料的速率及肥料对滴灌系统的腐蚀性大小等。其效率取决于肥料罐的容量、用水稀释肥料的稀释度、稀释度的精确程度、装置的可移动性及设备的成本及其控制面积等。

（一）压差式施肥罐

压差式施肥罐是将肥料罐与滴灌管道并联连接，先让进水管口和出水管口之间产生压力差，使部分灌溉水从进水管进入肥料罐，再从出水管将经过稀释的营养液注入灌溉水中，使水肥同时施入根区土壤。该系统由压差式肥料罐、过滤器、控制阀和连接管件等组成。压差式施肥罐的优点是加工制造简单，造价较低，不需外加动力设备；缺点是罐体容积有限，需频繁添加化肥，罐内溶液浓度变化大，无法调节控制。

压差式施肥罐主要用于田间、果园及蔬菜大棚的施肥灌溉。其主要技术要求：①使用时应缓慢启闭施肥专用阀两侧的调节阀。②施肥装置正常工作时，浮球定在有机玻璃管中间位置。③每次施肥完后应将两个调节阀关闭，并将罐体冲洗干净，不得将肥料留在罐内，以免对罐体造成腐蚀，影响使用寿命。④化肥罐应选用耐腐蚀和抗压能力强的塑料或金属材料制造。⑤在施肥装置后面应再加一级网式或叠片式过滤器，以避免将未完全溶解的肥料带入管道系统，造成灌水器的堵塞。

（二）文丘里注入器

文丘里注入器可与敞开式肥料桶配套组成一套施肥装置。其构造简单，造价低廉，使用方便，主要适用于小型微灌系统。

（三）注射泵

微灌系统中常使用活塞泵或隔膜泵向灌溉管道中注入肥料。使用该装置的优点是肥液浓度稳定不变，施肥质量好，效率高；缺点是需另加注射泵，且造价较高。

此外，为了控制微灌系统或确保系统正常运行，系统中必须安装控制、量测与保护装置，如阀门、流量和压力调节器、流量表或水表、调压管（水阻管、消能管）、压力表、安全阀、进排气阀等。

微灌设备选用，系统设计和安装都需要较高的技术，因此在决定采用微灌技术时，必须在技术人员的帮助下进行合理的规划设计，合理安装和科学管理。

第三节　微灌系统规划、设计和管理

一、微灌工程的规划

微灌工程规划与设计除应符合《微灌工程技术标准》（GB/T 50485—2020）和《喷灌与微灌工程技术管理规程》（SL 236—1999）等标准或规程外，还应符合现行的有关标准和规范。

（一）规划任务

①勘测和收集基本资料，包括水源、气象、地形、土壤、作物、灌溉试验、能源与设备、社会经济状况与发展规划等。

②论证工程的可行性。规划要符合当地农业区划和农田水利规划的要求，并与农村发展规划相协调。

③根据当地水资源状况和农业生产、乡镇企业、人畜饮水等用水的要求，确定工程的规模。平原区灌溉面积大于 $100\ hm^2$、山丘区灌溉面积大于 $50\ hm^2$ 的微灌工程，应分为规划、设计两个阶段进行；面积小的可合为一个阶段进行。

④根据水源、气象、地形、土壤、作物种类、社会经济、生产管理水平等条件，因

地制宜选用滴灌、微喷灌、涌泉灌等微灌方式。

⑤微灌工程规划包括水源工程、首部枢纽和管网布置。规划布置成果应绘制在不小于 1/10 000 的地形图上，并提出规划报告。

（二）规划原则

①应与其他的灌溉工程统一安排。在规划时应结合各种灌水技术的特点，因地制宜地统筹安排，以使各种灌水技术都能发挥各自的优势。

②应考虑多目标综合利用。对于干旱缺水的地区，规划应统一考虑当地人畜饮水与乡镇工业用水，尽量实现一水多用。在促进乡镇工业的发展的同时解决微灌工程投资问题。

③要重视经济效益。在进行微灌工程规划时，要先考虑在经济收入高的经济作物区、水果产区和城郊蔬菜区发展微灌。

④因地制宜、合理地选择微灌形式。在规划和选择微灌形式时，应贯彻因地制宜的原则，切忌不顾条件盲目照搬外地经验。

⑤近期发展与远景规划相结合。微灌系统规划要将近期安排与远景发展结合起来，既要着眼长远发展规划，又要根据现实情况，讲求实效，量力而行。根据人力、物力和财力，作出分期开发计划。

⑥微灌工程设计保证率应根据自然条件和经济条件确定。以地下水为水源的微灌工程，其灌溉设计保证率不应低于 90%，其他情况下灌溉设计保证率不应低于 85%。灌溉水的利用系数：滴灌不低于 0.90，微喷灌、涌泉灌不低于 0.85。

（三）基本资料的收集

1.地理位置与地形资料

地理位置资料包括：经纬度、海拔高程及规划、设计有关的自然特征等。

地形资料主要指规划设计阶段的地形图，其比例尺一般采用 1/5 000 ～ 1/1 000，地形条件复杂时采用较大的比例尺，或采用较小的比例尺加测必要的工程制点高程。

2.土壤与工程地质资料

土壤资料包括土壤质地，容重，田间持水量，饱和含水量，凋萎系数，土壤结构，酸碱度，氮、磷、钾及有机质含量，等等。规划范围内土壤有明显区别时，应按与地形图相同填图。

对于山地微灌工程系统，骨干管线及蓄水池等，可能遇到复杂的地质条件，应依据地形地貌等情况作必要的调查分析，以便采取相应的工程措施。

3.农业与灌溉资料

农业资料包括作物分区、产量与农业措施等。作物分区应考虑到作物特点对微灌选型、管网布置和灌水管理上的不同要求。果树与大田作物不同，对于果树，应搜集树种、树龄、密度和走向等资料。产量与农业措施需调查搜集规划区能反映现状和规划实施后的作物产量与农业措施。

为进行灌溉制度设计，需搜集与灌溉制度设计有关的灌溉农业资料，包括作物需水量、灌水量及渗漏量等。

4. 水文与气象资料

水文资料包括取水点年来水系列及年内旬或月分配资料，相应泥沙含量及粒径组成资料，水化学类型、元素含量和总量、水温变化资料，等等。

气象资料包括逐年逐月降雨、蒸发资料，逐月平均温度、湿度、风速、日照率、年平均积温、无霜期等。

5. 其他资料：包括社会经济状况、现有水利设施等。

（四）水源分析与用水计算

①规划必须对水源的水量、水位和水质进行分析。利用现有水源工程供水的微灌系统，应根据工程原设计和运用情况，确定设计水文年的供水状况。新建水源工程供水状况应根据来水条件通过计算确定。

②以水量丰富的江、河、水库、湖泊为水源时，可不作供水量计算，但必须进行年内水位变化和水质分析。

③以小河、山溪、塘坝为水源时，应根据调查资料及地区性水文手册或图集，分析计算设计水文年的径流量和年内分配过程线。

④以井、泉为水源时，应根据已有资料分析确定可供水量。无资料时，应对水井作抽水试验，对泉水进行调查，实测出流量来确定可供水量。

⑤微灌水质除必须符合《农田灌溉水质标准》（GB 5084—2021）的规定外，还应满足：

a. 进入微灌管网的水应经过净化处理，不应含有泥沙、杂草、鱼卵、藻类等物质；

b. 水质的 pH 一般应为 5.5 ～ 8.0；

c. 水的总含盐量不应大于 2 000 mg/L；

d. 水的含铁量不应大于 0.4 mg/L；

e. 水的总硫化物含量不应大于 0.2 mg/L。

⑥微灌用水量应根据设计水文年的降雨、蒸发、作物种类及种植面积等因素计算确定。

a. 有微灌试验资料时，应由试验资料计算确定。

b. 无试验资料时，可根据当地的气象资料，先按照彭曼公式或蒸发皿法求得需水量，然后再计算出微灌的用水量；也可参照邻近相似的灌溉试验资料计算确定。

（五）水量平衡计算

①在水源供水流量稳定且无调蓄时，用下式确定微灌面积：

$$A = \frac{\eta Qt}{10 I_a} \qquad (8-1)$$

式中：A——可灌面积（hm^2）；

　　　Q——可供流量（m^3/h）；

　　　I_a——设计供水强度（mm/d），$I_a = E_a - P_0$，E_a 为设计耗水强度（mm/d），P_0 为有效降水量（mm/d）；

　　　t——水源每日供水时数（h）；

　　　η——灌溉水利用系数。

②在水源有调蓄能力且调蓄容积已定时，可按下式确定微灌面积：

$$A = \frac{\eta KV}{10 \sum I_i T_i} \qquad (8-2)$$

式中：A——可灌面积（hm^2）；

　　　K——塘坝复蓄系数，取 $1.0 \sim 1.4$；

　　　η——蓄水利用系数，取 $0.6 \sim 0.7$；

　　　V——蓄水工程容积（m^3）；

　　　I_i——灌溉季节各月的毛供水强度（mm/d）；

　　　T_i——灌溉季节各月的供水天数（d）。

③在灌溉面积已定，需修建调蓄工程时，可用式 8-2 确定调蓄容积 V；需要确定设计流量 Q 时，可用公式（8-1）计算流量。

（六）管网布置

微灌管网布置应遵循下列原则。

①符合微灌工程总体要求；

②使管道总长度最短，尽量少穿越其他障碍物；

③满足各用水单位需要，能迅速分配水流，管理维护方便；

④输配水管道沿地势较高位置布置，支管垂直于作物种植行布置，毛管顺作物种植行布置；

⑤管道的纵剖面应力求平顺。

二、微灌设计参数的确定

（一）作物需水量

微灌属局部灌溉，故作物需水量 E_c 不考虑棵间蒸发量。

（二）设计耗水强度

设计耗水强度采用设计年灌溉季节月平均耗水强度峰值，并由当地试验资料确定，在无实测资料时可通过计算或按表8-2选取。

表8-2　设计耗水强度　　　　　　　　单位：mm/d

植物种类	滴灌	微喷灌
葡萄、树、瓜类	3～7	4～8
粮、棉、油等作物	4～7	—
蔬菜（保护地）	2～4	—
蔬菜（露地）	4～7	5～8
人工种植的紫花苜蓿	5～7	—
人工种植的青贮玉米	5～9	—

注：1. 干旱地区宜取上限值；2. 对于在灌溉季节敞开的棚膜的保护地，应按露地选取设计耗水强度值；3. 葡萄、树等选用涌泉灌时，设计耗水强度可参照滴灌选择；4. 人工种植的紫花苜蓿和青贮玉米设计耗水强度参考值适用于内蒙古、新疆干旱和极度干旱地区。

微灌与地面灌和喷灌相比，作物耗水量主要用于自身的生理消耗，而地面蒸发损失很小。因此，作物耗水量仅与作物对地面的遮阴率有关。计算公式如下。

$$E_u = K_r E_c \tag{8-3}$$

$$K_r = G_c / 0.85 \tag{8-4}$$

式中：E_u——设计耗水强度（mm/d）；

$\quad\quad K_r$——作物遮阴率对耗水量的修正系数，当由式8-3计算出的数值大于1时，取 $K_r = 1$；

$\quad\quad G_c$——作物遮阴率，即作物覆盖面积与种植面积的比值。随作物种类和生育阶段而变化，对于大田和蔬菜作物，设计时可取 0.8～0.9；对于果树，可根据树冠半径和果树所占面积计算确定。

（三）土壤湿润比

微灌的土壤湿润比，是指被湿润土体占计划湿润层总土体的百分比，通常以地面以下 20～30 cm 处湿润面积占总灌溉面积的百分比来表示。其影响因素很多，如毛管和灌水器的布置、灌水器的型号、灌水量的大小及土壤类型等。

规划设计时，要根据作物的需要、工程的重要性及当地自然条件等，选定设计土壤湿润比。因为设计土壤湿润比越大，工程保证程度就要求越高，投资及运行费用也越大。一般宽行作物及果树取 30% ～ 60%，蔬菜和密植作物取 60% ～ 90%，南方微喷灌可大于60%。

设计时将选定的灌水器进行布置，并计算土壤湿润比，要求其计算值稍大于设计土壤湿润比，若小于设计值就要更换灌水器或修改布置方案。常用灌水器典型布置形式的土壤湿润比 P 的计算公式如下。

1. 滴灌

①单行直线毛管布置

$$P = \frac{0.785 D_\omega^2}{S_e S_l} \qquad (8-5)$$

式中：P——土壤湿润比（%）；

D_ω——土壤水分水平扩散直径或湿润带宽度（D_ω 的大小取决于土壤质地、滴头流量和灌水量大小，m）；

S_e——灌水器或出水点间距（m）；

S_l——毛管间距（m）。

②双行直线毛管布置

$$P = \frac{P_1 S_1 + P_2 S_2}{S_r} \qquad (8-6)$$

式中：S_1——一对毛管的窄间距（m）；

P_1——与 S_1 相对应的土壤湿润比（%）；

S_2——一对毛管的宽间距（m）；

P_2——与 S_2 相对应的土壤湿润比（%）；

S_r——作物行距（m）。

③绕树环状多出水点布置

$$P = \frac{0.785 D_\omega^2}{S_t S_r} \times 100\% \qquad (8-7)$$

$$P = \frac{n S_e S_\omega}{S_t S_r} \times 100\% \qquad (8-8)$$

式中：n——一棵树下布置的灌水器个数；

S_t——果树株距（m）；

S_r——果树行距（m）；

S_e——灌水器或出水口间距（m）；

S_ω——湿润带宽度（m）；

D_ω——地表以下 30 cm 深处的湿润带宽度（m）。

2. 微喷灌

①微喷头沿毛管均匀布置时的土壤湿润比：

$$P = \frac{A_\omega}{S_e S_l} \times 100\% \qquad (8-9)$$

$$A_\omega = \frac{\theta}{360} \pi R^2 \qquad (8-10)$$

式中：A_ω——微喷头的有效湿润面积（m²）；

θ——湿润范围平面分布夹角，当为全圆喷洒时，$\theta = 360°$；

R——微喷头的有效喷洒半径（m）；

S_e——灌水器或出水点间距（m）；

S_l——毛管间距（m）。

②一棵树下布置 n 个微喷头时的土壤湿润比计算公式：

$$P = \frac{n A_\omega}{S_t S_r} \times 100\% \qquad (8-11)$$

式中：n——一株树下布置的微喷头个数；

A_ω——微喷头的有效湿润面积（m²）；

S_t——果树株距（m）；

S_r——果树行距（m）。

微灌设计土壤湿润比也可按表 8-3 选取。

表 8-3　微灌设计土壤湿润比

作物	滴灌、涌泉灌	微喷灌
果树	30% ～ 40%	40% ～ 60%
葡萄、瓜类	30% ～ 50%	40% ～ 70%
蔬菜	60% ～ 90%	70% ～ 100%
小麦等密植作物	90% ～ 100%	—
马铃薯、甜菜、棉花、玉米	60% ～ 70%	—
甘蔗	60% ～ 80%	—

注：干旱地区宜取上限值。

（四）灌水均匀度

在田间，影响微灌的灌水均匀度的因素很多，如灌水器工作压力的变化，灌水器的制造偏差，堵塞情况，水温变化，微地形变化等。目前在设计微灌工程时能考虑的只有水力学（压力变化）和制造偏差两种因素对均匀度的影响。

微灌的灌水均匀度可以用克里斯琴森（Christiansen）均匀系数 C_u 来表示，且微灌均匀系数不能低于 0.8。并由下式计算：

$$C_u = 1 - \frac{\overline{\Delta q}}{\overline{q}} \qquad (8-12)$$

$$\overline{q} = \frac{1}{n} \sum_{i=1}^{n} \left| q_i - \overline{q} \right| \qquad (8-13)$$

式中：C_u——微灌均匀系数；

　　　$\overline{\Delta q}$——灌水器流量的平均偏差（L/h）；

　　　q_i——各灌水器流量（L/h）；

　　　$\overline{q}$——灌水器平均流量（L/h）；

　　　n——所测的灌水器数目。

（五）灌水器流量和工作水头偏差率

只考虑水力学影响因素，微灌的均匀系数 C_u 与灌水器的流量偏差率 q_v 存在着一定的近似关系。二者关系：当 C_u=98%、95%、92% 时，q_v=10%、20%、30%。计算公式如下：

$$q_v = \frac{q_{max} - q_{min}}{q_d} \times 100\% \qquad (8-14)$$

$$h_v = \frac{h_{max} - h_{min}}{h_d} \times 100\% \qquad (8-15)$$

式中：q_v——灌水器设计允许流量偏差率（%），其值取决于均匀系数 C_u，微灌灌水器的设计允许流量偏差率应不大于 20%；

　　　q_{max}——灌水器最大流量（L/h）；

　　　q_{min}——灌水器最小流量（L/h）；

　　　q_d——灌水器设计流量（L/h）；

　　　h_v——灌水器设计允许工作水头偏差率（%）；

　　　h_{max}——灌水器最大工作水头（m）；

　　　h_{min}——灌水器最小工作水头（m）；

　　　h_d——灌水器设计工作水头（m）。

灌水器工作水头偏差率（h_v）与流量偏差率（q_v）之间的关系可用下式表示：

$$h_v = \frac{q_v}{x} \left(1 + 0.15 \frac{1-x}{x} q_v \right) \qquad (8-16)$$

式中：x——灌水器流态指数。

若选定了灌水器，已知流态指数 x，并确定了均匀系数 C_u，则可用公式（8-16）求出允许的工作水头偏差率，从而确定毛管的设计工作压力变化范围。

（六）灌水器设计工作水头

灌水器设计工作水头应取所选灌水器的额定工作水头。没有额定工作水头的灌水器，应由灌水器水头与流量关系曲线确定，但不宜低于 2 m。

（七）过滤器设计进口、出口压力差

$$\Delta h = \Delta h_0 + \Delta h_{max} \tag{8-17}$$

式中：Δh——过滤器设计进口与出口水头差（m）；

Δh_0——过滤器通过洁净水流时进口与出口间的水头差（m）；

Δh_{max}——过滤器工作时允许进口、出口增加的水头差（m），此值不宜大于 3.0 m。

三、微灌系统的布置和设计

（一）微灌系统的布置

布置微灌系统，通常先在比例尺为 1/2 000 ～ 1/500 的地形图上作初步布置，然后再到实地与实际地形进行对照修正。

1. 首部枢纽位置的确定

首部枢纽位置选择应以投资少，便于管理为原则，一般要与水源工程相结合。如果水源距灌区较远，首部枢纽可布置在灌区附近或灌区中心，以减少输水干管的长度。

2. 干、支管布置

干、支管布置要求管理方便和投资最小，主要根据地形、水源、作物分布和毛管进行布置。在平地，干、支管应尽量双向控制，在其两侧布置下级管道。在山区丘陵地区，干管多沿山脊布置或沿等高线布置，支管垂直于等高线，并向两边毛管配水。

3. 毛管和灌水器的布置

（1）滴灌毛管和灌水器的布置

①单行毛管直线布置，如图 8-8（a）所示。毛管顺作物行布置，一行作物布置一条毛管，滴头安装在毛管上。这种方式适用于窄行密植作物，如幼树和蔬菜。

②单行毛管带环状管布置，如图 8-8（b）所示。这种布置形式灌水均匀度高，但增加了环状管，使输水毛管总长度加长。主要适用于成龄果树，沿一行树布置一条输水毛管，绕每棵树布置一根环状灌水管，并在其上安装 4 ～ 8 个单出水口滴头。

③双行毛管平行布置，如图 8-8（c）所示。主要适用于高大作物和果树，如滴灌果树可沿树两侧各布置一条毛管，每株树两边各安装 2 ～ 4 个滴头。

④单行毛管带微管布置，如图 8-8（d）所示。当使用微管滴灌果树时，先给每一行树布置一条毛管，再用一段分水管与毛管连接，在分水管上安装 4～6 条微管。

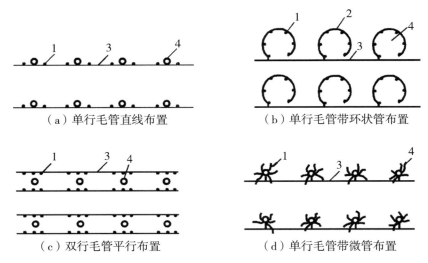

（a）单行毛管直线布置　　　（b）单行毛管带环状管布置

（c）双行毛管平行布置　　　（d）单行毛管带微管布置

1—灌水器；2—绕树环状布置；3—毛管；4—果树或作物。

图 8-8　滴灌毛管和灌水器布置形式

（2）微喷灌毛管和滴水器的布置

毛管和微喷头的布置主要根据微喷头的结构和性能。根据微喷头喷洒直径和作物种类，一条毛管可控制一行作物，也可控制若干行作物。图 8-9 是常见的几种布置形式。毛管的长度取决于喷头的流量和灌水均匀度的要求，由水力计算确定。

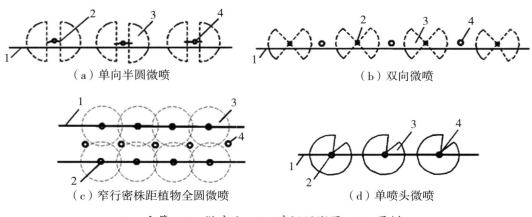

（a）单向半圆微喷　　　　　（b）双向微喷

（c）窄行密株距植物全圆微喷　　　（d）单喷头微喷

1—毛管；2—微喷头；3—喷洒湿润区；4—果树。

图 8-9　微喷灌毛管和灌水器布置形式

（二）微灌灌溉制度的确定

微灌灌溉制度是由作物全生育期（对于果树等多年生植物则为全年）每一次灌水量、灌水时间间隔、一次灌水延续时间、灌水次数和全生育期（或全年）灌水总量来确定。

1. 设计灌水定额 m

指作为微灌系统设计依据的最大一次灌水量，可根据当地试验资料，按公式（8-18）或公式（8-19）计算确定：

$$m=0.1\gamma zP(\theta_{max}-\theta_{min})/\eta \tag{8-18}$$

$$m=0.1zP(\theta'_{max}-\theta'_{min})/\eta \tag{8-19}$$

式中：m——设计灌水定额（mm）；

γ——土壤容重（g/cm³）；

z——计划湿润土层深度（m），蔬菜取 $0.2\sim0.3$ m，大田作物取 $0.3\sim0.6$ m，果树取 $0.8\sim1.2$ m；

P——微灌设计土壤湿润比（%）；

θ_{max}、θ_{min}——适宜土壤含水量上、下限（以占干土质量百分数计，%）；

θ'_{max}、θ'_{min}——适宜土壤含水量上、下限（以土壤体积百分数计，%）；

η——灌溉水利用系数。

2. 设计灌水周期 T

设计灌水周期取决于作物、水源和管理情况，可根据试验资料确定。在缺乏试验资料的地区，可参照邻近地区的试验资料并结合当地实际情况按下式计算确定：

$$T\leqslant T_{max}$$

$$T_{max}=\frac{m_{max}}{I_b} \tag{8-20}$$

式中：T——设计灌水周期（d）；

T_{max}——最大灌水周期（d）；

m_{max}——最大灌水定额（mm）；

I_b——设计耗水强度（mm）。

一般微灌的灌水时间间隔：蔬菜为 $1\sim2$ d，大田作物为 $5\sim8$ d，果树为 $7\sim15$ d。

3. 一次灌水延续时间 t

$$t=\frac{mS_eS_l}{q} \tag{8-21}$$

式中：t——一次灌水延续时间（h）；

m——设计灌水定额（mm）；

q——灌水器流量（L/h）；

S_e——滴头间距（m）；

S_l——毛管间距（m）。

对于成龄果树滴灌，一棵树安装 n 个滴头时：

$$t = \frac{mS_rS_t}{nq} \qquad (8-22)$$

式中：S_t——果树株距（m）；

S_r——果树行距（m）；

其他符号意义同前。

（三）微灌系统工作制度的确定

主要有续灌和轮灌两种方式。

1. 续灌

续灌工作制度是对系统内全部管道同时供水，灌区内全部作物同时灌水。它的优点是操作及管理简单，每株作物都能得到适时灌水；缺点是干管流量大，工程投资和运行费用高，设备利用率低，而且在水源不足时，灌溉控制面积小。一般只有在小系统才采用续灌的工作制度。

2. 轮灌

轮灌是支管分成若干组，由干管轮流向各组支管供水，而各组支管内部同时向毛管供水。这种工作制度减少了系统的流量，从而可减少投资，提高设备的利用率，通常采用这种工作制度。

在划分轮灌组时，要考虑水源条件和作物需水要求，以使土壤水分能够得到及时补充，并便于管理。有条件时最好是一个轮灌组集中连片，各组控制的灌溉面积相等。按照作物的需水要求，全系统轮灌组的数目 N 为

$$N = \frac{CT}{t} \qquad (8-23)$$

日轮灌次数 N' 为

$$N' = \frac{C}{t} \qquad (8-24)$$

式中：C——系统日工作时间，要根据当地水源和农业技术条件确定，一般不宜大于
20 h；

其他符号意义同前。

四、水力计算

微灌管道水力计算，是在已知所选灌水器的工作压力和流量及微灌工作制度情况下确定各级管道通过的流量，通过计算输水水头损失来确定各级管道合理的内径。

（一）管道流量的计算

1. 毛管流量计算

毛管流量是毛管上所有灌水器流量的总和：

$$Q_毛 = \sum_{i=1}^{n} q_i \qquad\qquad (8-25)$$

当毛管上各灌水器流量相同时：

$$Q_毛 = nq_d \qquad\qquad (8-26)$$

式中：$Q_毛$——毛管流量（L/h）；

n——毛管上同时工作的灌水器个数；

q_i——第 i 号灌水器设计流量（L/h）；

q_d——流量相同时单个灌水器的设计流量（L/h）。

2. 支管流量计算

支管流量是支管上各条毛管流量的总和：

$$Q_支 = \sum_{i=1}^{n} Q_{毛i} \qquad\qquad (8-27)$$

式中：$Q_支$——支管流量（L/h）；

$Q_{毛i}$——第 i 条毛管的流量（L/h）。

3. 干管流量计算

由于支管通常是轮灌的，有时是两条以上支管同时运行，有时是一条支管运行。故干管流量是干管同时供水的各条支管流量的总和：

$$Q_干 = \sum_{i=1}^{n} Q_{支i} \qquad\qquad (8-28)$$

式中：$Q_干$——干管流量（L/h 或 m³/h）；

$Q_{支i}$——第 i 条支管的流量（L/h 或 m³/h）。

当一条干管控制若干个轮灌区，在运行时各轮灌区的流量不一定相同，为此，在计算干管流量时，对每个轮灌区要分别予以计算。

（二）各级管道管径的选择

为了计算各级管道的水头损失，必须首先确定一套管网各级管道的预估计算管径。这一系列的管径必须在满足微灌的均匀度和工作制度的前提下确定。有关这方面的计算较为复杂，请参考相关资料。

（三）管网水头损失的计算

水头损失是指水流在管道中流动时，有一部分机械能量由于克服水流在管道中的水流阻力而转化为热能。水头损失分为沿程水头损失和局部水头损失两种，二者之和为管道总水头损失。沿程水头损失是指水流沿全流程因摩擦阻力而损失的水头。局部水头损失则指的是在流道的局部地方，如管道扩大、缩小、转弯等处，由于边界急剧变化，使水流运动状态发生急剧改变而消耗能量所造成的水头损失。

1. 沿程水头损失计算

主要采用勃拉休斯（Blasius）公式和勃氏公式计算，其中勃拉休斯公式适用于管径为 10 mm 的毛管；对于直径大于 8 mm 的微灌采用塑料管道，管道中水流流态以紊流过渡区为主，可以不区分流态，直接采用勃氏公式计算沿程水头损失，计算公式见第六章式 6-2。管道沿程水头损失系数和指数参考表 8-4。

表 8-4　管道沿程水头损失系数和指数

管材			f	m	b
硬塑料管			0.464	1.77	4.77
聚乙烯管（LDPE）	$D > 8$ mm		0.505	1.75	4.75
	$D < 8$ mm	$R_e > 2\ 320$	0.595	1.69	4.69
		$R_e \leqslant 2\ 320$	1.750	1.00	4.00

注：D 为管道内径，R_e 为雷诺数，f 为管材摩阻系数，m 为流量指数，b 为管径指数。

2. 局部水头损失计算

局部水头损失计算公式见第六章。当缺参数时，局部水头损失也可按沿程水头损失的一定比例估算，支管、毛管宜为 0.1 ~ 0.2 mm。

在一个微灌单元（通常为 1 条支管所控制的面积）内的灌水器（滴头、微喷头等），其出水流量的变化要求不超过 10%，即相应的水头压力变差不应超过 20%。所以，在一个微灌单元的支管和毛管的水头损失之和要小于或等于灌水器工作压力的 20%，即在微灌单元内任意两灌水器（滴头、微喷头等）的水头偏差应小于或等于灌水器工作压力的 1/5。在平坦地形条件下，允许水头偏差值的分配比例为毛管占 50% ~ 60%，支管占 40% ~ 50%。

关于均匀坡毛管水力计算、节点的压力均衡验算、水锤压力验算与防护、系统首部设计水头的推求、机泵选型配套及工程结构设计等，请参考相关资料。

五、施肥管理

在进行灌溉施肥时，应根据轮灌方式逐个向各轮灌区施肥，要控制好施肥量，正确掌握各区的施肥浓度。施肥结束后，应立即抽吸清水冲洗管网，以防产生化学沉淀，造成系统堵塞。

1. 灌溉用肥的选择

灌溉施肥所用的肥料应全部是水溶性的化合物。氮肥有尿素$[CO(NH_2)_2]$、氯化铵（NH_4Cl）、硫酸铵$[(NH_4)_2SO_4]$、硝酸钙$[Ca(NO_3)_2]$，以及各种含氮的溶液等。钾肥有氯化钾（KCl）、硫酸钾（K_2SO_4）等。复合肥有硝酸钾（KNO_3）、磷酸二氢铵（$NH_4H_2PO_4$）、磷酸氢二铵$[(NH_4)_2HPO_4]$、磷酸二氢钾（KH_2PO_4）和磷酸氢二钾（K_2HPO_4）等，或选择根据最佳养分吸收量确定的不同氮、磷、钾比率水溶性混合肥料。微量元素肥料应是水溶性或螯合态的化合物。

由于高 pH 灌溉水会在管道中及滴头上形成钙、镁的碳酸盐和磷酸盐沉淀，以及降低锌、铁、磷等对作物的有效性，因此所选肥料不能使灌溉水 pH 高于 7.5。同时，所选肥料相互之间不能形成沉淀，否则应单独施用。此外，干旱地区土壤施用肥料要注意其成分不造成盐分积累。一般当灌溉水的电导率超过 1.44 ms/cm 或 2.88 ms/cm 时，将引起中等程度或严重的盐害。例如，作物最大养分吸收期，灌溉水中氮、钾浓度可达到 15～20 mmol/L，相对应的电导率为 1.5～2.0 ms/cm。当灌溉水电导率大于 1 ms/cm 时，应降低因施氮、钾所带入的陪伴离子如 Cl^-、SO_4^{2-} 的数量。例如，KCl 含较多的 Cl^-，就应当用 KNO_3 或 K_2HPO_4 来代替。用 NH_4NO_3 和 $CO(NH_2)_2$ 比用 $(NH_4)_2SO_4$ 好。$NaNO_3$ 和 NaH_2PO_4 所含的 Na^+ 会降低土壤导水率和危害植物生长，则不宜施用。

2. 施肥量的计算

①每立方米水的肥料用量，用 F_m（g/m³）表示：

$$F_m = \frac{F_N}{F_Z} \tag{8-29}$$

式中：F_N——养分需要浓度（mg/L）；

　　　F_Z——肥料中养分含量（%）。

②每立方米水的肥料体积，用 F_g（L/m³）表示：

$$F_g = \frac{F_m}{\rho} \tag{8-30}$$

式中：ρ——液肥的密度（kg/L）；

　　　其他符号意义同前。

③单位面积的肥料重量，用 F_G（kg/hm²）表示：

$$F_G = \frac{F_C}{F_Z} \tag{8-31}$$

式中：F_C——养分需要量（kg/hm²）；

　　　其他符号意义同前。

④单位面积的肥料体积，用 F_v（L/hm²）表示（适用于液体肥料）：

$$F_v = \frac{F_G}{\rho} \tag{8-32}$$

式中符号意义同前。

⑤复合肥料用量的计算。例如，灌溉水的 N 浓度为 60 mg/L，P_2O_5 浓度为 40 mg/L，先用液体磷酸铵（8-24-0，比重 1.3），则达到供磷数量 40 mg/L 所需液体磷酸铵为 40（mg/L）/24%=167 g/m³，所用体积为 167（g/m³）/1.3=128 mL/m³。167 g/m³ 液体磷酸铵提供的 N 量为 167 g/m³×8%=13 g/m³，不足的 N 量（60 mg/L-13 mg/L=47 mg/L）用液体硝酸铵（含 N 21%，密度 1.3 kg/L）补足，即 47（mg/L）/（21%×1.3）=172 mL/m³。因此，水中应加入液体磷酸铵 128 mL/m³，液体硝酸铵 172 mL/m³。

3. 施肥方案

最好的施肥方案是先用清水灌溉（用水量 30%），而后注入肥料水灌溉，最后用清水冲洗。这样，就将水、肥溶液沿土壤的纵剖面分配在设计的土层深度中。

六、微灌系统堵塞及其处理方法

泵站、蓄水池等水源工程应经常观察，发现损坏情况及时维修，对蓄水池、沉沙池的沉积物要定期清洗。灌溉季节结束，蓄水池中的水应放掉，否则在寒冷的地方蓄水池容易被冻坏。灌水器运行时，应按设计要求，定期进行冲洗；要经常检查，必要时要做流量测定，发现堵塞后要及时处理。常用的清堵处理方法有加氯处理和加酸处理。

（一）加氯处理

加氯处理主要用于细菌性沉淀或藻类、有机物沉淀引起的堵塞。在处理藻类及有机物沉淀时，连续加氯处理的浓度一般为 2～5 mg/L，间断加氯处理的浓度一般为 10～20 mg/L（每次加氯持续 30 min 左右）。遇有严重堵塞或污染的水质，有时可采取更高的浓度，如 100～500 mg/L。对于细菌性沉淀一般使用 2～5 mg/L 浓度即可，因为绝大多数细菌及病毒在氯浓度为 1 mg/L 时，10～30 min 即会失去活力。

加氯处理中使用最广泛、最经济的是氯气和次氯酸盐（如次氯酸钠、次氯酸钙等）。氯气是强氧化剂，具有很强的毒性与腐蚀性，使用时必须严格按照操作规程进行，以免发生问题。使用次氯酸钠和次氯酸钙则比较方便，首先，它们均为固体粒状或粉状，操作起来比气态氯方便安全；其次，它们在反应中不降低浓度，使用简便。但由于次氯酸钙或次氯酸钠与水会发生碱性反应，若水为中性或碱性（pH>7.5）时，则应先加酸调节，降低 pH（一般将 pH 调至 6.0～6.5）后，再施用。另外，试验证明，在含铁量不高的水源水质中使用上述方法时，一般不会在系统中产生与铁相关的沉淀，所以安装维护等比较简单易行，但对含铁量较高（0.1～0.2 mg/L 甚至更高）的水源水质，无论是采用氯气处理或是次氯酸盐处理均不合适，因为水中的氧化铁会很快氧化成不溶解的三氧化二铁，从而导致管道和灌水器更严重的堵塞。

（二）加酸处理

在微灌水源中加入一定量一定浓度的酸液，不但可以防止某些物质的沉淀，而且可调节控制水的 pH，提高处理效果。水中物质的化学反应除受温度变化的影响外，pH 对其也有明显的影响。调节 pH，不仅可以防止碳酸钙等盐类的沉淀，而且可以使已经生成的沉淀物溶解消失。加酸处理可防止和消除因碳酸盐（如 $CaCO_3$、$MgCO_3$）等沉淀而产生的灌水器堵塞，从而保护系统的正常运行。

加酸处理一般常用盐酸或硫酸，加酸量的多少与所用酸的种类和浓度有关，更需考虑原来水的 pH 和经处理后要求达到的 pH，以及应处理水量的多少，并以此为依据来计算确定酸的用量。另外，使用硫酸铜也是控制藻类生长、防止堵塞的良好方法。一般硫酸铜的用量为 0.1 ～ 0.3 mg/L，即可抑制绝大多数藻类的生长。

由于酸具有一定的腐蚀性，使用时应根据计算严格控制酸的浓度，同时应注意加强管理，以防使用不当，造成对整个系统的腐蚀危害。

思考题

1. 试述微灌法的适用条件，其工程系统的组成与类型有哪些？
2. 简述微灌设备的类型及其技术特征。
3. 试述微灌系统规划布置与设计的方法步骤。
4. 滴灌系统的堵塞如何处理？
5. 微灌系统的施肥装置有哪些？如何进行施肥管理？

习题

1. 滴灌设计。

基本资料

某蔬菜地拟建滴灌系统，已知滴头流量为 4 L/h，毛管间距为 1 m，毛管上滴头间距为 0.7 m，滴灌土壤湿润比为 80%，土壤计划湿润层深度为 0.3 m，土壤有效持水率为 15%（占土壤体积的百分比），需水高峰期日平均耗水强度为 6 mm/d。

要求

（1）计算滴灌设计灌水定额；

（2）计算设计灌水周期；

（3）计算滴头一次灌水的工作时间。

2. 滴灌毛管水力计算。

基本资料

某滴灌毛管（塑料管）沿果树行布设（地面坡度为 0），果树株距 2 m，每树布设两个管式滴头，滴头设计工作压力为 10 m 水头，出水量为 4 t/h，毛管上滴头等距布设，间距为 1 m，并限制首尾滴头工作压力差要小于滴头设计工作压力的 20%。

要求

确定毛管管径与长度，并计算距毛管进口 20 m 处的工作压力。

第九章　农业节水和管理节水

第一节　农艺节水技术

为了充分利用灌到作物根系层内的水分（含降水渗入的水分）所采取的各种耕作栽培技术，称为农艺节水技术。其重点是降低无效蒸发，减少地下渗漏，改善作物生理生态环境，提高作物产量及水分利用效率。农艺节水技术范围很广，包括选用抗旱节水作物品种，调整农业和作物种植结构、适水生产，抗旱耕作节水技术，节水增产的水肥综合管理技术等。

一、抗旱节水作物品种

具有高产、节水、抗旱、高水分利用效率（WUE）的作物品种称为抗旱节水作物品种。培育抗旱节水高产作物品种是节约农业用水的重要途径之一。许多国家和地区在从事耐旱、低秆、生育期短、叶片面积小等优化品种的育种技术研究，培育了不少抗旱节水高产品种：小麦节水抗旱优质高产品种——济麦 52，由山东省农业科学院选育，2018 年获得植物新品种权证书，2022 年通过国家农作物品种审定，适合水地、旱肥地种植，水地产量达 9 200 kg/hm^2，高肥区产量达 9 600 kg/hm^2，旱肥区产量达 6 000 kg/hm^2；小麦节水高产广适品种——运旱 1512，是山西农业大学棉花研究所选育，2021 年通过国家农作物品种审定，适宜山西南部、陕西宝鸡、咸阳、渭南和铜川，河南，河北沧州及甘肃天水等旱薄地种植，比对照品种平均增产 9.6%。此外，还有耐旱性极强的玉米品种——迪卡 516 及辽单 588，耐旱性较强的品种为辽单 575、586、1281 及东单 1331 等，适宜东北半干旱区种植；高产抗旱粮饲兼用玉米品种——中地 175，引领了河北省玉米抗旱育种研究，产量为 11 160 kg/hm^2，比对照农大 108 增产 8.7%；杂粮耐旱大豆品种有汾豆 92、石豆 658、石豆 111 等，花生有冀农花 3 号和汾花 8 号等；适宜广西种植的水稻耐旱品种有 ZH88、中旱 3 号、ZH103。

植物 WUE 是一个可遗传性状，随着基因、环境因素和栽培条件的变化而变化。高WUE 是作物品种适应不同水分状况，有利于高产的一个重要指标。WUE 是评价作物品种生育适应能力及程度的综合生理生态指标。研究表明，品种间需水量的差异主要是由不同的干物质产量造成的，而与蒸腾量无显著相关性。因此，通过育种和引种提高作物WUE 是有可能的。以往在作物抗逆育种中，比较重视作物抗旱性的提高，而忽略了高WUE 品种的选育。由于作物抗旱性本身是一个与丰产性不易相结合的指标，在生产中应用的抗旱品种往往很少丰产。在正常供水情况下，抗旱品种全生育期内总耗水量通常不比不抗旱品种少，但产量低，因此 WUE 也低。实践表明，WUE 随着作物产量的增加而提高，其耗水量不增加或增加微少，但抗旱力不一定增加。

此外，植物的抗旱性是由多基因控制的，而且是多途径实现的。单从抗旱性上考虑育种显然不能满足实际需求。高 WUE 品种的选育有可能将作物丰产性和抗旱性结合为一体，其育种潜力更大。应用转基因工程技术（DNA 重组技术）创造新的抗旱节水品种是一项潜力巨大的节水高新技术。因此，应从品种资源筛选工作开始，结合常规技术与生物技术，且以抗旱、高 WUE 与增产为主要育种目标，伴随世界生物技术的向前进步，未来抗旱基因工程将获得广阔的发展空间。

二、调整种植结构

（一）调整农业结构

农业结构不同，对水分需求也不同，应充分考虑当地的水资源状况进行安排与调整。例如，华北平原农业总产值中，种植业占 68.9%，副业占 19.5%，牧业占 9.4%，林业、渔业分别占 1.6% 和 0.6%。从用水量方面分析，各业用水极不协调，种植业比例过大，而林、牧、渔业比例过小，除果树与苗圃外，基本不需要灌溉的技术，均适宜于发展节水农业。因此，根据水资源及自然条件合理调整产业结构，适当减少耗水量大的种植业比例，增加林、牧业比例，产业结构多样化有利于防御水旱等自然灾害。

（二）调整作物种植结构

节水农业核心是适水生产，对于种植业而言，是适水种植。节水农业的种植结构必须遵循两个原则：一为充分利用当地的光、热、水资源；二为获得的经济效益和生态效益较高。因而需按降水分布特点、地下水资源状况、水利工程条件，合理布局与调整作物品种，选用作物需水与降水耦合性好、耐旱、高 WUE 的作物品种。

不同作物的耗水量与有效降水量的时空分布耦合度存在明显差异。据统计，平水年有效降水量能满足黄河以南小麦需水量的 55% ～ 82%，但黄河以北仅能满足29% ～ 37%。棉花生育期有效降水量能满足需水量的 65% ～ 74%，黄河南北差异不大。夏玉米生育期有效降水量几乎可以满足作物需要。在华北平原的种植业结构中，粮食播种面积占农作物总面积的 79.7%，作物布局属高耗水结构，应按适水的原则，适当减少耗水多的作物，增加雨热同期、雨水利用率高的作物。

我国北方许多地区的作物熟制与水热条件不相宜，如河北省黑龙港地区的复种指数与灌溉率呈负相关。河南南皮试验区的试验表明，两年三熟的水分利用率最高，而一年两熟的往往水热条件不足，干旱年份尤为严重。应因水制宜，采用两年三熟的种植方式，适当降低复种指数，注意用地与养地结合，安排耐旱、抗逆作物（谷子、高粱和薯类）

或养地作物（大豆）。又如，位于黄淮平原的商丘地区，小麦、油菜、大豆等播种作物生育期正值冬春干旱季节，作物生长期降水量一般年份约为 200 mm，降水利用率不到年降水量的 1/3，而春、夏播作物降水利用率超过 60%，以棉花最高，达 82.8%；其次是花生、红薯、高粱等。商丘地区作物降水利用率约 71%，秋播作物播种面积占总播种面积的 45.4%，降水利用率仅 22.9%；而春、夏播作物播种面积占总播种面积的 54.6%，降水利用率达 48%，为秋播作物的 2.1 倍。由此可见，通过增加复种指数，减少耕地裸露时间，以及扩大雨热同步的夏播作物种植面积，是提高作物对自然降水利用率的有效途径。

三、抗旱耕作节水技术

抗旱耕作是通过耕、耙、耱、锄、压等作业改善土壤耕层结构，充分利用自然降水，尽可能减少土壤蒸发和其他无效水分消耗，为作物生长发育和节水高产创造水、肥、气、热适宜的土壤环境。国内外农业生产实践证明，抗旱耕作是重要的农业节水措施之一。抗旱耕作是由蓄水和保墒组成，土壤耕层和贮水层里蓄积雨水愈多，土壤墒情保持得愈好，则旱季作物生产愈稳定。要获得一季作物或全年丰产，必须按照该土壤水分动态变化规律，灵活运用各种抗旱耕作技术。这里介绍两种在传统技术基础上改进且已在实践中证明有效的蓄水保墒耕作技术。

（一）深耕法

北方旱耕地长期的传统耕作，除砂土外，大部分土壤在 16 ～ 25 cm 的深度内形成了坚硬、黏重而密实的犁底层，会阻碍雨水入渗，增加径流损失及减少土壤蓄水量，并影响作物根系下扎等。利用深松机械对土壤进行深松，在不打乱土层的情况下，打破犁底层，创造了纵向虚实并存的耕层结构。根据不同地区和作物类别，可以构造各种虚实比例的耕层。小麦和谷子等需要较紧密耕层的作物，春旱地区或岗地上，可采取虚少实多的深松方法。种植块根、块茎作物，春墒适宜或有涝害地段，可调节为虚多实少的深松法。

深耕法的虚部位透气性较强，利用地面热空气可提升地温，还可接纳大量雨水补充全耕层。在雨季时期，实部位总孔隙和蓄水量较少，可避免涝害。试验结果表明，深松耕法土壤透水性好、渗水快，水分入渗较深。表 9-1 为深松耕法与其他耕作法对土壤水分影响的比较，由表可见，深松耕加麦草覆盖的保墒贮水效果较佳。

深松保墒耕作技术的四个技术关键。

①深松土壤应抢时间进行。由于作物复种指数高，以及受适宜深松土壤水分制约，可用来进行深松的时间较短，深松土壤应抢时进行。

②深松形式。在试验推广深松耕法过程中，出现了各种深松少耕措施，如全面深松、

间隔深松、浅翻深松、灭茬深松、中耕松、垄台深松等。以间隔深松，创造虚实相间土壤为好，间距视作物要求可为 40 ～ 80 cm。深松深度约 30 cm，以打破犁底层为度。

③深松土壤应与保墒措施结合，以减少土壤水分损失。深松土壤后应及时浅耕耙耱，如有条件最好灌一次踏墒水。也可在深松犁后带一拖土器，便于及时掩埋大土缝，避免土壤跑墒。

④选用适合的深松机具。

表 9-1　不同耕作法的土壤（0 ～ 200 cm 土层）贮水量

地点	年份	深耕法 /mm	浅耕法 /mm	深松耕法 /mm	深松加覆盖 /mm
陕西乾县	1984	555.9	559.3	570.4	585.3
	1985	482.4	485.8	498.6	535.5
陕西澄城	1984	524.9	522.1	536.3	547.9
平均		521.1	522.4	535.1	556.2
较深耕法增减		0	+1.3	+14.0	+35.1

（二）免耕少耕法

免耕少耕法指用免耕播种机一次性完成灭茬、松土、开沟、播种、施肥、散药、覆土及镇压等作业，此后在作物全生长发育期内不再进行任何田间作业，直至收获的耕作方法。其具有保持水土、抗旱增产效果和节省动力、劳力与财力的特点。

免耕少耕法主要有两个重要特点，即残茬或秸秆覆盖及除草剂的应用。残茬及立茬对地面覆盖和避免土壤侵蚀方面有较佳的效果。耕翻不能消灭杂草，杂草既消耗土壤水分与养分，又影响作物产量，所以需大量施用高效的除草剂。免耕少耕法主要作用有两点。一是用生物（秸秆）覆盖取代土壤耕作，使土壤保肥保水能力增加和改善土壤结构。二是化学除草剂和杀菌剂取代土壤耕作对除草和反埋害虫、病菌的作业。免耕法并不是简单地减少或取消耕作，而是经过长期的试验研究，对比各种不同耕作法的土壤环境、作物生长发育和经济效益后才能确定它的特点和优越性。据试验，免耕少耕法可使玉米增产 10% ～ 20%。免耕少耕法也成功应用于大豆、棉花、烟草和饲料作物等。

四、水肥综合管理技术

（一）水肥耦合作用

1.培肥地力和合理施肥，显著提高水分利用效率

农田土壤的水分利用效率，除与作物种类、品种有关外，还与土壤肥力的高低和施肥是否合理有着密切的关系。大量研究表明，在我国北方旱作农田中，生产 500 g 粮食，在肥力高的农田中耗水量为 1 ～ 2 mm，在肥力较低的农田中耗水量为 4 ～ 6 mm。据试验，

小麦产量为 1 500 ~ 2 250 kg/hm² 的低肥农田，耗水量为 270 ~ 370 mm，水分利用效率为 5.55 ~ 6.08 kg/（mm·hm²）；产量为 3 000 kg/hm² 的中肥农田，耗水量为 340 ~ 350 mm，水分利用效率为 8.57 ~ 8.82 kg/（mm·hm²）；产量为 6 000 kg/hm² 的高肥农田，耗水量为 450 mm，水分利用效率为 13.33 kg/（mm·hm²）。因此，增肥地力，能明显提高水分利用效率。

合理施肥是提高水分利用效率的重要途径。施肥可促进作物根系发育，显著增加作物的根系量，提高根系活力，扩大和提高作物吸收水分和养分的范围和能力；增加作物蒸腾量，减少土壤水分蒸发，提高光合速率，从而大大提高作物产量和水分利用效率。试验研究表明，在适度范围内，增施一定数量的肥料，则作物的总耗水量虽相差不多，但产量却明显增长，从而耗水系数大幅度下降，使水分利用效率得到提高。

2. 合理灌溉对提高肥效的作用

合理灌溉对提高肥效有明显的作用。土壤水分对溶质的溶解（如施入土壤中化肥的溶解、有机肥料矿化）、养分的移动（质流和扩散）、根系吸收养分，以及肥料效果大小均有很大的影响。施肥效果通常是随土壤含水量的增加而提高。水分缺乏抑制了作物的正常生长发育，光合作用降低，干物质减少，从而降低了肥料的利用率，在土壤水分缺乏时，施肥不易发挥应有的增产效果。随着土壤水分条件的改善，植物吸收养分的能力提高，生长健壮，提高了生物学产量及经济产量，从而明显提高了施肥的增产效果。特别是施肥量大时，更应注意土壤水分的补充及调节，这样才能发挥施肥的增产潜力。在干旱季节，若无良好的灌溉条件，盲目地增加施肥量，必然造成肥料的浪费；在多雨季节，适当增加施肥量，有利于增产和提高施肥的经济效益。但也要注意由于土壤水分过多或氮肥用量超限而导致贪青迟熟减产的不良现象。

3. 水肥耦合有利于节水、节肥、高产

水肥耦合增产技术是灌溉和施肥在时间、数量及方式上相互配合，以水调肥、肥水共济，达到节水、节肥、增产效果的一项技术。其关键是施肥技术与节水灌溉技术相结合，建立作物节水灌溉下水、肥耦合模型，形成适宜于节水高效的综合田间水肥管理技术体系。

试验研究表明：在土壤缺水和缺磷时，增施氮肥不增产甚至减产；在土壤供磷、供水条件较好时，增施氮肥可显著增产；在低磷和低氮水平时，灌水增产不明显，若灌水过量甚至减产；在施高量氮肥、磷肥时，灌水增产明显，但当灌水量过量时，增产幅度变小，水分利用效率降低。因此，想要提高水分利用效率，应注意培肥地力和氮、磷肥合理配施，同时注意限量供水。

（二）有机肥与化肥配施

有机肥与化肥配合使用，是我国推行的一种施肥制度，其增产效果远高于单独使用有机肥或化肥，同时还具有培肥地力、改良土壤、提高肥效、优化生态系统与环境、防止环境污染等作用。有机肥与化肥配合常有明显的正效应。有机肥与氮肥配合效果可相互补充，我国农田土壤有机质和氮含量普遍偏低，二者配合使用增产效果显著。例如，在宁夏南部山区旱作生产中，综合应用化肥、有机肥和耕作覆盖等技术于春小麦的结果表明：化肥在增产中的贡献率为50%，有机肥为30%，耕作覆盖为20%。

（三）氮磷配比施肥技术

氮肥与磷肥配合使用可提高氮磷肥效，使作物生长所需养分均衡供应，有利于增产和提高土壤养分的利用。大量试验证明，氮肥和磷肥配合使用比其中任一种肥料效果好。甘肃和宁夏试验，小麦施用 $N : P_2O_5 = 1 : 1$ 的氮磷配比，产量较对照提高35% ～ 128%。据陕西省农业科学院的试验，旱源地区单施氮肥或磷肥，产量虽比不施肥的高，但不及氮磷肥配施的产量及水分利用效率高。

应当指出的是，相同氮磷配比下不同降雨年型增产的幅度也不同。相同施肥水平下，丰水年产量高于平水年，平水年又高于干旱年。因为氮磷肥对作物生理有着不同的作用，所以氮磷肥在不同年份中的作用表现不同。通常在干旱年磷肥增产效果比氮肥好，而在丰水年氮肥的增产效果超出磷肥。因此，氮磷肥的使用，应按照不同年型的降雨来调整合理的比例。研究表明：当氮磷比在0 : 1.5 时，干旱年增产大于丰水年；当比例提高至1 : 1.5 时，丰水年与平水年增产比例急剧增长，而干旱年产量有所下降；当比例达2 : 1.5 时，丰水年和平水年的产量有所回落，而干旱年则下降明显；当比例超过3 : 1.5 时，各年型产量均呈下降趋势。这说明了旱地氮磷配比时氮肥用量不能太大。

据全国化肥试验网试验结果，我国目前化肥结构不尽合理，氮磷钾比例严重失调，随着作物产量及氮肥用量增加，北方土壤缺磷日益严重，东北区、黄淮海区、西北干旱区和北部高原区磷肥增产效果显著，南方地区钾肥的供需矛盾也很突出。此外，一些地方中量和微量元素供应不足的问题也越来越突出，增施中量和微量元素肥料也是增产节水的途径。

第二节　地面覆盖保水技术

土壤表面蒸发浪费了大量的水分，在半干旱地区土壤蒸发量常占作物总耗水量的1/4 ～ 1/2，占年降水量的55% ～ 65%。研究指出，干土壤表面蒸发速度为0.1 ～ 0.2 mm/h，湿土壤为0.6 ～ 0.7 mm/h。土壤水分蒸发对作物生长没有直接意义，是无效消耗，因而降低土壤水分蒸发，对节水增产十分重要。

农田覆盖技术是在地面设一挡水层或多孔的覆盖物，能有效减少土壤水分蒸发，改善土壤作物水分状况的技术。按覆盖材料类型一般分为秸秆覆盖、地膜覆盖，部分地区还有砂面覆盖。农田覆盖技术具有明显的蓄水保墒、改良土壤、调节地温、保持水土、促进作物生育、节水增产的作用。这是一项历史悠久的农业技术措施，已在全国尤其是西北干旱地区得到较广泛的应用。现主要介绍秸秆覆盖和地膜覆盖技术。

一、秸秆覆盖

秸秆覆盖一般指利用农业副产物（秸秆、落叶、糠皮）或绿肥为材料进行的农田覆盖。各种作物的秸秆约占生物产量的 2/3，所以每年都有大量的秸秆可用于覆盖。我国北方农区历来就有秸秆还田的习惯，但以前大多见于果树、瓜菜、棉花等经济作物。大量实践和试验表明，秸秆覆盖还田是最科学、最有效的改土培肥和保持土壤养分的方法，在北方旱区节水增产和农业可持续发展中具有特殊意义，前景广阔。

1. 秸秆覆盖的作用

秸秆覆盖的节水增产效应有以下四个方面。

①改土培肥。秸秆覆盖可使土壤表面免受雨滴直接冲击，防止土壤板结；同时，秸秆的分解可使土壤有机质提高，蚯蚓数量增加，土壤酶活性增强，土壤中氮、磷、钾含量增加。据试验，砂壤土和中壤土连续覆盖秸秆后，土壤有机质分别由 8.8 g/kg 和 9.4 g/kg 逐渐增至 10.6 g/kg 和 11.7 g/kg；麦田休闲期 0～15 cm 土层内，不覆盖处理的蚯蚓仅 1～2 条，秸秆覆盖量 3 000 kg/hm² 的有 12 条，4 500 kg/hm² 的有 32 条，6 000 kg/hm² 的高达 54 条。覆盖麦秸速效磷平均比对照增加 3.1 mg/kg，速效钾增加 4.3 mg/kg。

②保持水土，土壤水分蒸发量减少，增加土壤含水量。在连续降雨中，当雨强超过土壤入渗能力后则产生地表径流，在坡地则引起土壤侵蚀。土壤表面覆盖秸秆后，可直接缓冲雨滴对土壤颗粒的冲击分解，防止土壤板结而促进水分入渗；而且秸秆覆盖切断蒸发面与土壤毛管间的联系，有效抑制了土壤水分蒸发，增加了土壤含水量。

③调节地温。主要表现在夏季降低地温，冬季提高地温，且昼夜温度变化较平稳。据试验观测，与不覆盖的相比，覆盖的日均地温高 2.03℃，且温度环境较稳定，最高与最低温差为 17.1℃，不覆盖的为 22.3℃，且冻土层厚度减少，解冻日期提前 4～6 d；在拔节成熟期，覆盖的地温低 0.2～0.7℃，其有利于防御干热风的危害，防止或减少小麦早衰，延长绿叶功能及提高千粒重，为小麦高产创造了良好的土壤环境。

④增产效果明显。众多资料表明，冬小麦夏闲期秸秆覆盖一般增产 10%～20%，在干旱年份为 50% 以上。冬小麦生育期覆盖秸秆 3 000～5 000 kg/hm²，增产 21%～58%。水分利用效率提高 4.8～8.6 kg/（mm·hm²）。少免耕秸秆覆盖玉米，第一年增产 10%～20%，连续两年覆盖增产 44%，连续三年覆盖增产 75%。拔节期覆盖秸秆的春玉米增产 15%～58%。

2. 秸秆覆盖的方法与技术

在一年一熟地区，秸秆覆盖可在作物成熟收获后覆盖，也可在作物生育期时覆盖，前者称为休闲期覆盖，后者称为作物生育期覆盖。例如，麦田休闲期秸秆覆盖是在麦收后及时翻耕灭茬、耙镰后随即把秸秆均匀地覆盖在地面上。覆盖材料以 20 cm 长的麦秆为宜，覆盖量 5 000 ～ 6 800 kg/hm²。冬小麦的生育期覆盖时间可在出苗前、入冬前和返青期，等小麦成熟后把秸秆翻压还田。

秸秆覆盖材料一般多用麦秆、麦糠和玉米秆，其用量以使地面覆盖均匀、盖严但又不压苗为准，覆盖量为 3 500 ～ 15 000 kg/hm²。一般农田休闲期覆盖量应多些，作物生育期覆盖量应少些；高秆作物覆盖量应多些，矮秆密植作物覆盖量应少些；用粗而长的秸秆作覆盖材料覆盖量要多些，用细而碎的秸秆作覆盖材料覆盖量可适当少些。

秸秆覆盖的重要性是无可置疑的，但要大量推广应用，应把种植制度改革和机械耕作技术结合起来，还应注意病虫害的影响。

二、地膜覆盖

地膜覆盖是把聚乙烯塑料薄膜铺在田面上的一种保护性栽培技术。用于农业生产的地膜（农膜）是厚度为 0.002 ～ 0.02 mm 的聚乙烯薄膜。我国引进这项技术，开始仅用于水稻育秧、蔬菜和经济价值较高的作物，现已扩大到经济作物、蔬菜和粮食作物。我国地膜覆盖由单一覆盖技术向品种、土肥、植保、化学除草、专用地膜与机械化覆膜等综合配套技术方向发展，由增加产量向提高产量和品质及节水并重方向发展。

1. 地膜覆盖的作用

地膜覆盖的节水增产作用可归为以下六方面：

①提高土温，促进种子萌发，使作物出早苗和壮苗。在北方和南方地区春季覆盖地膜后，0 ～ 5 cm 深的土壤平均温度比未覆膜高 2 ～ 4℃。在辽宁省棉花出苗期一般为 15 ～ 20 d，常因低温烂种烂芽、出苗不齐而低产。地膜覆盖后，土温提高，棉花提前 5 ～ 8 d 出苗，一播全苗。

②降低土壤水分的蒸发，增加土壤水分储量，减少灌溉定额。地膜覆盖后直接断开了土壤水分蒸发进入大气的通道，而膜内土壤温度升高又增加了汽化的水量，水分凝结于膜上，随着湿度的增加，由于重力的作用水滴入土壤表层，这样就构成了从膜到耕层之间的水分循环，有效地减少了土壤水分蒸发，促使耕层以下的水分向耕层转移（提墒作用），提高了土壤表层的水分含量。

③减少耕层土壤盐分。地膜覆盖一方面阻止了土壤水分的垂直蒸发；另一方面由于膜内积存较多的热量，使土壤表层水分积集量加大，形成水蒸气从而抑制了盐分上升。

④改善土壤理化性状。地膜覆盖可以使土壤免受风吹与降水冲击，保持土壤良好的

结构。同时，地膜的增温保墒作用，可以促进土壤中的有机质分解转化，增加土壤速效养分供给，有利于作物根系发育。

⑤提高光合作用。地膜覆盖能增加地面的反射光和散射光，不仅使温度提高，还使近地面空间的光强较对照有明显的增加，改善作物群体光照条件，提高下部叶片光合作用强度。覆膜增加了光照效应，与露地相比，小麦高 4.2% ~ 16.0%，棉花高 10.8%。

⑥促进作物早熟高产。由于地膜覆盖明显改善了生态条件，极有利于小麦、玉米和棉花的生长发育和提高产量。与露地相比，地膜覆盖的作物生育期一般提早 10 ~ 20 d，开花期提前 3 ~ 16 d，结实期提前 4 ~ 15 d。地膜覆盖的作物增产效果十分显著，一般增产 20% ~ 50%，产品质量也有一定提高。棉花覆膜比不覆膜增产 50% 以上，花生增产 55%，玉米增产 17.3% ~ 65.3%，水分利用效率提高 42.4% ~ 65.3%。

2. 地膜覆盖方式

①按覆膜位置，地膜覆盖有行间覆盖和根区覆盖两种方式。

行间覆盖即将薄膜覆盖在作物的行间。其特点：根区地温与行间相比，相对较低，利于作物生长；降雨时，雨水容易流向根区，比较耐旱；省去播种或放苗时打孔工序；如果再采用隔行行间覆盖，还有降低覆盖度、减少投资，揭膜或回收废膜比较方便的优点；但薄膜翻动容易破裂，田间人工作业时，易踏裂薄膜。

根区覆盖即将薄膜覆盖在作物根系分布的地区。其具有保持作物根区水分，促进作物出苗，保墒效果好的优点；但工序复杂，需及时放苗，不利于保蓄作物生育期降雨。

②根据播种与覆盖程序，可分为先播种后覆膜和先覆膜后播种两类。

先播种后覆膜即在播种之后覆膜，其优点是能够保持播种时的土壤水分，利于出苗；播种省工，尤其利于条播机播种。其缺点是放苗和松土比较费工，放苗如不及时，容易烫苗。

先覆膜后播种即先覆盖薄膜，后打孔播种。其优点是无需破膜放苗，不怕高温烫苗；在干旱地区，当降雨之后，适时覆膜，待播期到时再打孔播种，能起到及时保墒作用。其缺点是人工打孔播种费工，且播深常不一致，压土多少不好掌握，播后遇雨易板结成硬塞，不易破除；保温保墒效果不如先播种后覆膜方式好。

③根据作物种植方式，地膜覆盖可分为畦田覆盖、平作覆盖、垄作覆盖、沟作覆盖等方式。具体选用何种方式，应根据当地自然条件、作物种类、生产季节及栽培习惯而定。

3. 地膜覆盖技术要点

①选用无色透明超薄塑料薄膜，以降低成本，并有利于透光增温。

②浇好播前水，足墒播种，施足底肥，平整好土地，打好垄沟，必要时铺膜前喷除草剂消灭杂草。

③播种后用机械或人工铺膜，注意把膜面展平拉直，膜四周用土压严，每隔 2 ~ 3 m

压一铲土，以防止风吹揭膜。

④春季地温回升后，在膜上打孔放苗出膜。出苗后要及时疏苗、定苗、补苗。

⑤地膜覆盖后，作物往往前期容易徒长，后期容易早衰。因此，在前期要注意控水蹲苗，促进根系生长，在中、后期要注意灌水、追肥，防止脱肥早衰。覆盖地膜作物生育阶段提前，田间管理措施也要相应提前。

⑥根据作物要求和气候条件，适时揭膜。南方春季气温回升快，多雨揭膜可早些；而北方低温少雨地区揭膜时间则迟些，甚至全生育期覆盖。

⑦收获后应及时捡净残膜，防止污染农田。

第三节　化控节水技术

在农业抗旱节水技术中，化学制剂的作用已越来越受到重视，被认为是一种具有较大前景的节水增产技术。在农业生产实践应用中，化学制剂主要有抗蒸腾剂、保水剂、土壤改良剂等，其多属于高分子有机物质，作用原理主要是利用其对水分的调节机能，增强作物的抗旱能力，抑制土壤蒸发，减少叶面蒸腾，达到节水增产和提高水分利用效率的目的。

一、抗蒸腾剂

1. 抗蒸腾剂的特性

植物吸收的水分中超过 99% 被植株表面蒸腾消耗掉，只剩下不到 1% 的水分用于作物生长发育，因此减少蒸腾是抗旱节水的重要方面之一。植物抗蒸腾剂可分为成膜型、代谢型和反射型三类。成膜型是能在叶面上形成一层薄膜，阻止水分向大气中散失而降低蒸腾，如石蜡、乳胶、硅酮等高分子物质；代谢型（也称为气孔关闭型）是控制气孔开度而减少蒸腾，如黄腐酸（FA）、苯汞乙酸（PMA）、甲草胺、整形素等；反射型是利用反光物质反射一部分光能降低叶面温度而减少蒸腾，如高岭土等。

2. 黄腐酸的作用及施用效果

黄腐酸是从风化煤中提取的一种生物活性物质。棕黑色无定形粉末状，无臭无毒，易溶于水，是腐殖酸中分子量较小、功能团较多的组分，容易被植物吸收利用。黄腐酸由多种元素组成，含有多种活性基团，对植物具有较强的生理调节作用，是一种新型的植物生长调节剂和一种有效的抗蒸腾剂。黄腐酸主要有以下作用。

①缩小叶片气孔开度，降低叶片蒸腾强度。研究发现，喷施于小麦 0.05%，2 d 后的气孔开度为对照的 40%，其效应持续达 10 d，蒸腾强度在 3 ~ 5 d 内低于对照，9 d 的总耗水量较对照降低 6.3% ~ 13.7%。

②促进根系发育，提高根系活力。由于黄腐酸中活性基团的含量较高，对植物具有

较强的刺激作用。黄腐酸拌种使作物的根系发达，密度大，冬小麦越冬期单株次生根较对照平均多 3.3 条，总根重多 2.1 g，分别增加 54.1%～23.9%。

③改善水分状况，提高抗旱能力。黄腐酸拌种对作物根系有明显刺激作用，使干旱条件下作物能吸收利用土壤深层水分。实验发现，黄腐酸拌种的小麦叶片含水量较对照高 4.9%。叶面喷施时，因有效降低蒸腾而使土壤耗水量减少，土壤含水量较对照提高 0.8%～1.3%。

④提高叶绿素含量，增强光合作用，增加多种酶活性，促进微量元素吸收及运转，为增加干物质创造有利条件。内蒙古自治区图牧吉草地研究所试验结果表明，小麦、玉米和羊草经叶面喷洒处理后 15 d 测定，叶面积系数分别比对照增加 0.4、0.64 和 0.53，叶绿素含量分别比对照增加 27.8%、45.7% 和 31.2%，茎叶锌、铜量分别比对照提高 2.6% 和 4.22%。

根据试验研究和推广应用，用黄腐酸叶面喷施或拌种，在作物生长发育前期可增加成苗率和有效分蘖，提高穗数和穗粒数；在中、后期可改善作物水分条件，增强抗旱能力和提高粒重。如用抗旱剂一号拌种，冬小麦的穗数每公顷增加 21 万～34.2 万穗，平均每穗粒数增加 1.4～2.9 粒，千粒重增加 0.7～1.79 g，增产 16.9%～17.3%。玉米在抽雄—吐丝期对缺水十分敏感，如遇干旱会引起大幅度减产。在玉米"大喇叭口"期叶面喷施黄腐酸，增产效果明显，平均增产幅度为 11%。山西省试验表明，喷施黄腐酸的玉米产量，较对照增加 33～55 kg，增产幅度为 5.4%～14.8%。甘肃省试验发现，0.5% 黄腐酸溶液在甜瓜拖蔓和膨瓜期各喷一次，甜瓜增产 10.1%～25.4%，含糖量增加 0.77%～1.47%。用黄腐酸与微量元素螯合而成多效增糖灵叶面喷施，可使葡萄果穗重增加 25～72 g，百粒重增加 17.1～32.5 g，增产 18.0%～22.5%，含糖量增加 2.1%～3.1%，总酸量下降 0.36%～0.43%。

3. 抗旱剂的使用方法

一般有拌种和叶面喷施两种。

①拌种。拌种的适宜浓度为 4%。浓度太低，效果不好；浓度太高，会抑制出苗。拌种时，先将药剂溶解在适量的清水中，配制成浓度为 4% 的棕黑色药液，再将药液均匀地洒在种子上，随即堆闷 2～4 h 便可直接播种。

②叶面喷施。喷施浓度和用量因作物而异，喷施浓度：小麦、玉米为 0.2%～0.5%，花生和甘薯为 0.15%。喷施用量：小麦、谷子、瓜类等为 600～750 kg/hm²；玉米、花生、棉花、甘薯等为 1 125～1 200 kg/hm²。喷施时期一般在作物对干旱特别敏感期，即"需水临界期"，喷施效果较好。一般小麦在孕穗期和灌浆初期，玉米在"大喇叭口"期，甘薯在薯块膨大期，甜瓜、西瓜在膨瓜期，花生在下针期。喷施时间最好在上午 10 时以前和下午 4 时以后进行，中午、刮风和下雨前后，喷药效果较差。

除拌种和叶面喷施两种应用方法外,对一些移栽作物可蘸根或灌根,如甘薯苗用 0.2% 药液蘸根 8 小时后移栽,烟草苗移栽后用 50 mg/kg 药液灌根,效果也较好。

二、保水剂

1. 保水剂的特性

保水剂又称为吸水剂,是一种超强吸水树脂,为新型的有机高分子化合物。保水剂按其原料和合成方式可分为三种类型,即淀粉类合成物、纤维素类合成物和合成聚合物。其主要特征如下。

①溶胀比大,吸水力强。保水剂具有一定的交联度,其分子含有羟基、羧基及磺酸基、酰胺基等高亲水性官能团,通过其结构及分子内、外电解质离子浓度差所产生的渗透压,对水分有很强的缔合力。保水剂的溶胀比是纯水的 400～1 000 倍,有的为 2 000～3 000 倍,甚至为 5 000 倍。但在自来水和雨水中的溶胀比小于纯水,并且随着水中盐分含量的增加而迅速减少。

②吸水速度快。根据试验,保水剂完成吸水相当于自身重量的 580 倍时所用时间仅约 13 min,其中在第 1 分钟就完成了总吸水量的 2/3。

③保水能力强。保水剂不仅对所吸收的水分具有很强的保持作用,而且因保水剂水分散体内部昼夜温差小,有保温能力,其水分蒸发速度比纯水要慢很多。

④释水性能好,供水时间长。保水剂所吸持水分的 85%～90% 为作物可以吸收利用的自由水。在环境干燥时,保水剂所吸持的水分还可慢慢地释放出来供给作物吸收。在一定时期内保水剂的吸水和释水过程是可逆的,可进行反复吸水、释水,而且其溶胀比有逐步增加的趋势。

2. 保水剂的作用与施用效果

①提高种子出苗率。种子涂保水剂层后播种,保水剂能快速吸持在种子附近的土壤水,形成“小水库”供给种子发芽、出苗。故经保水剂涂层的种子出苗快,苗齐、苗全、苗壮。根据试验,豌豆、小麦种子用保水剂涂层后,在土壤中度干旱下播种,种子萌发提前 1～2 d;经保水剂涂层的春玉米、春谷子种子能提前出苗 3～10 d,出苗率增加 12.5%～30.0%;花生种子出苗率增加 5%～29%;在保水剂与土壤混合试验中,加入保水剂 0.1%、0.5%(重量比),小麦播种后 5 d,出苗率达到 80.0%～93.4%,比对照提高 20.0%～33.4%。

②提高移栽作物成活率。保水剂的水凝胶蘸于苗木根部,经其保蓄的水分可不断提供给根系,在一定时间内,可防止移栽过程中苗木根部失水死亡,提高苗木的成活率。

③促进作物生长发育。保水剂能促进作物根系及地上部生长。根据试验,经保水剂涂层冬小麦种子后,冬前单株次生根平均增加 0.3～1.7 条,单株分蘖增加 0.13～0.9

个，总茎数增加 1.9% ～ 13.2%，株高增加 1 ～ 2 cm；春谷子涂层后，其苗期株高提高 16.1% ～ 27.1%；花生种子涂层后，其开花提前 3 ～ 5 d；甘薯蘸根移栽后，结薯提前 7 ～ 15 d；双覆盖早熟育苗西瓜，穴施保水剂，西瓜可提早 4 ～ 10 d 上市。

④抑制土壤水分蒸发，提高保水能力，减轻作物受水分胁迫的影响。保水剂能改善土壤物理性状，调节土壤固、液、气三相比例，减少土壤蒸发，增强保水能力。据试验，土壤中加入 0.1% 保水剂，发现有保水剂土壤含水量始终比对照高。从饱和至风干恒重，有保水剂的土壤需 25 d，无保水剂的仅有 16 d。在干旱条件下，玉米种子用保水剂涂层，幼苗萎蔫期推迟 1 ～ 2 d；小麦、大豆在拌有保水剂的土壤中生长，幼苗萎蔫期可推迟 1 ～ 3 d。

⑤提高作物产量和水分利用效率。据在山西省的试验，用保水剂对冬小麦种子进行涂层，增产 63 ～ 1 097 kg/hm^2（5.8% ～ 50.4%），水分利用效率比对照提高 0.75 kg/（mm·hm^2）；用保水剂对玉米种子进行涂层，增产 324 ～ 1 230 kg/hm^2（8.0% ～ 18.4%），水分利用效率比对照提高 0.6 ～ 2.55 kg/（mm·hm^2）。在甘肃省定西的保水剂豌豆种子涂层试验，证明可增产 442.5 kg/hm^2（18.1%）。例如，豌豆沟施保水剂 7.5 kg/hm^2，产量较对照增加 700 kg/hm^2（29.1%）；马铃薯沟施保水剂 22.5 kg/hm^2，产量增加 1 758 kg/hm^2（30.9%）。

3. 保水剂的使用方法

保水剂在农林生产应用中主要有以下方法。

①种子涂层。又称拌种包膜或种子包衣，是在待播的种子表面形成一层保水剂水凝胶的保护膜。

②种子丸衣造粒。将种子与一些肥料、农药、微量元素及填充料拌和造粒成丸。其目的是在种子发芽成苗时，能及时有效地供给植物养分，杀菌消毒，促进作物生育。

③根部涂层。可用于苗木或蔬菜幼苗、甘薯的移栽。蘸根后使植株根部形成一层保护膜，抑制作物根系水分流失，延长其耐旱时间，缩短移栽缓苗期且提高成活率。

④施于土壤。有地表撒施和沟穴施。地表撒施是将保水剂撒于土壤表面使之形成覆盖的保水膜，抑制土壤水分蒸发。其主要用于铺设草皮，一般用保水剂约 100 kg/hm^2。沟施或穴施，根据作物不同选择用量，随开沟或按穴施入，施后即可播种或移栽。

⑤育苗培养基质。先按保水剂重量 0.5% ～ 1% 浓度搅和均匀成凝胶状，再与其他基质按 1 ∶ 1 混合，则可用于盆栽花卉、蔬菜、苗木等的工厂育苗，保水保肥效果较明显。

三、土壤改良剂

1. 土壤改良剂概况

土壤结构改良剂是用来促进土壤形成团粒结构，固定表层土壤，保护耕层结构，抑制土壤水分蒸发，避免水土流失的高分子化合物，包括矿物、腐殖质和人工合成等类型制剂。这里简要介绍沥青乳剂和聚丙烯酰胺两种。

①沥青乳剂。沥青乳剂（BIT）是一种阴离子型的棕黑色乳浊液。其组成为水分、沥青、磷酸二氢钾 1%～3%、混合酸钾皂 0.5%～2.0%。按亲水性程度分为三类：一为亲水性乳剂，其水分蒸发后干燥的沥青遇水能重新分散，具有可逆性，适用于干旱地区粉砂土壤；二为憎水性乳剂，具有不可逆变化，除使土壤结构化，增强稳定性外，还能防止过多水分进入土壤，适用于湿黏土壤；三为中间型乳剂，其性质介于前二者之间。我国目前引进的比利时 BIT 属亲水性乳剂。

②聚丙烯酰胺。聚丙烯酰胺（PAM）是人工合成溶于水的分子量高于 500 万道尔顿的高分子长链聚合物，分子上带有许多活性基团。控制水解条件，可制成阳离子或阴离子型的改良剂。PAM 制剂属阴离子型制剂。其生物稳定性较强，无毒，在土壤中难被微生物分解，溶于水而不分层，是一种无污染的土壤结构改良剂。

我国对 BIT 和 PAM 的田间应用有两种方法：一是干法，将 BIT 或 PAM 与干土混合；二是稀释法，分别以 3～7 倍和 1 000 倍的清水稀释后喷于地表。美国在沟灌中将 PAM 直接撒入渠道，使其溶解、流入农田，一般其浓度为百万分之十左右。

2. 土壤改良剂的应用效果

①改善土壤结构。施用 0.05%～0.3% 的 BIT 能显著增加土壤水稳性团粒，且随 BIT 用量的增加而增加。施用干土质量 0.05% 和 3%BIT 后，土壤粒径大于 0.25 mm 的水稳性团粒分别比对照增加 40% 和 54%。土壤喷施 PAM，小于 0.1 mm 颗粒减少，土壤总孔隙度增加 2.1%。

②抑制土壤蒸发，增加水分入渗，减少水土流失。盆栽试验表明，土壤施 BIT 后可推迟作物受干旱时间 10 d。土壤施用 PAM，土壤水分入渗速率明显增加，如 Lentz 等对轻壤土的研究结果表明：在坡度为 1～2 时，喷施 1.3 kg/hm² PAM 能使水分入渗量平均增加 15%，PAM 浓度达到 2 kg/hm² 时入渗速率增大 57%。模拟降雨试验证明，坡度大于 0 和降雨强度为 25～50 mm/h 的条件下，喷施 PAM 的地表径流和土壤流失量分别比未喷施的对照减少 96% 以上。另据美国调查，垄沟浸灌农田中加 PAM，表土流失减少 95%，农药和肥料用量减少 30%。

③促进作物增产。冬小麦田播后地表喷洒 BIT，可使冬小麦冬前苗壮，根系发达，分蘖数和每公顷穗数分别增加 138% 和 118%，增产 11%～27%。据在山西省试验，喷施 BIT 于土壤，莜麦增产 41%，风沙土上糜子增产 26.4%。

第四节　管理节水技术

管理节水技术是指根据作物需水规律控制或调配水源，以最大限度地满足作物对水分的需求，实现区域效益最佳的水分调控管理技术。包括农田土壤墒情监测预报、节水灌溉制度制定、灌区量水与输配水调控、水资源政策管理及智慧灌溉技术等方面。节水灌溉制度制定已在前面讨论，本节简单介绍农田土壤墒情监测预报、灌区量水与输配水调控、水资源政策管理和智慧灌溉技术。

一、农田土壤墒情监测预报

土壤墒情监测预报在美国、澳大利亚等经济发达国家应用比较早，所采用的方法主要为空中红外遥感遥测，但其技术上和经费上要求较高，而且只能监测，不能预报。因此，目前主要使用计算机模拟法。我国干旱、半干旱地区十分重视土壤墒情监测预报，如播种日期、种植面积、选择作物品种等均通过墒情预测决定，但主要采用经验频率法。在灌水日期或其他耕作措施确定时，部分灌区采用"实测法"，即先在灌区内实测土壤剖面土壤含水量，然后统计分析灌区内土壤墒情，最后通过作物需水量等预测土壤墒情变化，制订用水计划。

田间土壤墒情监测可分为直接法和间接法两大类。

①直接法。其原理是通过测定土中移去的水分来确定土壤含水量。直接法又可分为烘干法和各种去水法，其共同点是需要实地采集土样并移去其中的水分。这对长期动态监测土壤水分来说，不仅劳动量大，而且破坏了试验环境。不过，直接法中的标准烘干法，设备简单，方法易行，且精度较高，尽管有干燥时间长等缺点，但在非长期定点测定的地方，它仍然是主要方法。烘干法中的其他方法，如酒精燃烧法、微波干燥法、砂浴法和红外线法等，实质都是减少干燥时间的改进方法，但这些方法的精确度均低于标准烘干法。

②间接法。其原理是通过对土壤的某些物理与化学特性的测定来确定土壤含水量。间接法的优点是不需采集土样，且可定点长期连续监测土壤含水量变化。它又可分为非放射性法和放射性法。非放射性法是根据土壤含水量多少对土壤的电学特性（电容、电阻、介电常数等）、导热性、土壤内部吸力和土壤表面微波反射等理化性质的影响来间接测定土壤含水量，一般需专门的传感器和测量仪器。放射性法的原理：放射线与土壤接触后射线受土壤水分含量影响而变化，利用专门测定仪器检测这些射线变化，进而确定土壤含水量。放射性法可据放射源或测定原理分为中子法、γ射线法等。目前常用的中子水分仪、时域反射仪（TDR）等即属此类。

实时灌溉预报，是在气象预报的基础上，先结合田间土壤墒情的监测，确定作物最近的灌水量和灌水日期，然后及时调整灌水计划，提高用水效率。

灌溉预报是以农田水量平衡计算为基础，以土壤含水量预报为中心，根据各个时段的土壤含水量，通过水分平衡运算，确定是否灌溉，并计算灌水量。这是节水灌溉制度的重要内容。

二、灌区量水与输配水调控

采用量水设备量测灌区用水量，是搞好灌区管理、提高经济效益、实施按量收费、促进节水的重要方式。常用的量水设备有堰、量水槽、灌区特种量水器和复合断面量水堰。随着科学技术的飞速发展，全自动量水装置已被广泛应用，灌区的量水效率和量水精度可大幅度提高。

灌区输配水调控，是按照灌区输配水各级渠道的技术参数和灌区农田及作物分布状态，根据水源可供水量和作物需水量及水分生产函数，以水分损失最小、增产值最大为目标，应用系统工程，编制灌区水量调整优化方案，调配合理灌水量，达到节水增产的目的。

灌区渠道量水调控技术主要有人工调控、计算机辅助人工调控和自动调控三种类型。

人工调控是当前我国各大灌区的常见方式。其系统以调度中心与执行机构间的信息交流与传递为特征。调度中心制订配水计划，分配各级渠道流量与水量。中心人员按配水计划，给执行机构发出调度令，其执行人员负责调控渠道上的闸门，监测渠道的水流状况，并把监测结果及时反馈给调度中心。调度人员根据实际情况，再做出新的调度决策。

计算机辅助人工调控跟人工调控系统基本相同。只是控制中心增加了计算机模拟系统，调度人员借助计算机模拟结果和水流动态，及时做出调控决策，并把调控命令传给执行人员进行调闸，使执行人员操作更准确，做到实时动态调控。

自动控制，是把计算机辅助人工调控中人工调节闸门改为机械或遥感自动设备操纵闸门，渠道上水流动态也由人工监测改为自动监测，并将监测信息通过传感器和有线、无线遥控直接传输到计算机，使计算机与闸门成为一体的自动控制。

三、水资源政策管理

水费价格是水资源政策管理的核心。水价的合理性不仅是水资源管理实现良性循环的关键，而且是发展节水灌溉的动力。

水的成本价格应由供水成本核定。灌溉供水的理论成本，一般为基本折旧费与年运行费之和除以年平均供水量。灌溉供水的理论价格为灌溉成本价格、利润、税金之和。制定水费价格体系标准，应在核算供水成本的基础上，按照国家经济政策和当地资源条件，分别核定各类用水，其因素主要包含灌水方式、水量、水质、水利灌溉工程、农民的承担力和物价上涨指数。

目前我国水费价格与价值背离严重，固定资产折旧费只是国家投资的部分，而未包括集体及群众投资投劳的部分，大部分并没有考虑投资的利润，因而制定的水价偏低，而实际出台的水价还远低于计算水价。水费过低导致人们不珍惜水资源，特别是自流灌区，灌水技术相对落后，管理较粗放，渠系渗漏严重，灌水定额偏大，灌水量远超出实际定额，水利用率仅为 30% ～ 40%。井灌区和泵站抽水也只收取电费。灌溉水费过于廉价，使得农户根本不把节水放在心上，渠灌区的大水漫灌、串灌，既浪费了水资源，又恶化了生态环境，这也是灌溉水利用率低的主要原因，是先进节水灌溉技术不易推广的核心因素，同时还是水利单位难于发展的一个原因。所以，理顺农业用水水价，对农业高效节水发展至关重要。

当前，水资源政策管理工作中还存在着一些问题。一是缺乏节水管理法规和政策，使节水管理无法可依。尽管水法中有计划用水和节约用水条款，但其仅能作为准则却无法实施。二是管理模式和机制不完善。三是管理人才紧缺，效果不佳，措施不力。在因地制宜地制定水价的同时，建立完善管理模式和机制，加大资金投入力度，引进专业人才，推广节水灌溉技术，加强水利工程配套设施建设，是提高水资源管理的对策。

四、智慧灌溉技术

随着数字农业和物联网的飞速发展，灌溉与信息技术相结合，节水空间可进一步提升。物联网可实现灌溉自动化，不仅限于自动灌溉，其融入了人工智能，赋予了灌溉系统"自主意识"，能够依据作物、环境的变化智能调整、执行灌溉策略。智能灌溉是物联网在农业灌溉技术中的一个重要应用，是在物联网和无线传感器技术基础上的现代化灌溉方法，利用传感器采集土壤温湿度、电导率、pH 及养分等相关信息，并与环境及作物生长发育相结合，将采集到的数据结果输送到数据库进行分析处理，从而制订适宜作物生长发育的最佳智能灌溉方案。与传统灌溉相比，不仅大幅度提高了水的利用效率，减少了时间和劳动成本，而且可准确定时、定量、高效、自动给农作物补给水分，改善土壤环境，达到节水节能、增产高效优质的目的。其特点主要有以下三个方面。

①智慧灌溉的运行流程包括信息收集处理及整合应用、现场指导管理、信息反馈等。在信息收集处理中，通过各种传感器直接获取温度、光照强度、土壤湿度等信息，了解掌握农业生产的具体环境，合理调整灌溉流量及方式。

②信息整合应用中，结合收集到的信息，通过采用先进技术和设施，进行智能化分析，促进资源和信息整合利用。在现场指导过程中，依据整合获取的信息，结合现场的实际情况，调整灌溉水量与灌溉方式，发挥智能系统的最大优势，并且可时刻根据需要更正相关的灌溉信息，提高灌溉质量。

③发挥物联网技术优势，工作人员根据需要制订适宜的灌溉方法，如用水计划等。增强灌溉节水效果，优化灌溉方案，提高灌溉节水总体水平和工作质量，发挥物联网技术的优势，为农业发展提供帮助。

随着信息技术的快速发展，智能灌溉系统将成为智慧农业、数字农业发展的重要组成部分。但还有较多挑战和难题阻碍了物联网的广泛应用，如农业灌溉仅实现部分流程的自动化，还尚未达到完全自动化的标准；缺乏先进的物联网软件平台，迫切需要整合物联网、云计算、雾计算、大数据分析等技术，进行大量智慧水管理技术的推广应用；多传感器的集成缺乏充分的标准和信息模型来维持系统高效运作；长期应用水肥一体化技术，可能会导致湿润区边缘的盐分积累，并对作物造成一定的限根效应。在物联网和信息技术的加持下，农业灌溉的未来研究应包括以下五个方面。

①优化智能灌溉系统。增强设备和传感器的兼容性和可扩展性，缩小传感器布设规模，加快灌溉新设备的研发，促进现有技术迭代升级。

②加强与高新技术的结合。例如，人工智能和机器人流程自动化结合而成的超自动化技术、嵌入新的系统（如鸿蒙系统）、运用5G和边缘计算技术等，使得灌溉控制平台在实时收集、分析、管理数据时不仅网络延迟更低，而且数据的精度更高。

③物联网大数据管理与分析和数据安全。在精确灌溉的物联网系统中，没有一种万能的方法，这就要求在基于云和雾的部署中找到不同的配置和连接软件组件的方法，对历史数据进行分析。物联云的发展有利于数据记录和分析，数据交换与共享是经常发生的事情，这就增加了数据管理难度，带来了更多安全风险。同时，由于大数据资源具有巨大价值，窃取、攻击与滥用等行为也越来越严重，因此必须加强数据安全管理和防范。

④水—肥—药智能管理。针对水肥一体化在作物栽培、土肥水管理、病虫害防治、农业机械等方面的新要求，开展集成研究，形成以水肥一体化为核心的农业种植新模式。

⑤制定智慧灌溉标准，加快智慧灌溉人才培养。农业传感器、农业物联网无线网络等标准制定方面取得了一些进展，但是标准较为分散，且缺乏统一的国家标准。智慧灌溉的实施需要对信息技术、传感器、互联网等有一定的知识积累的跨学科、复合型人才。

此外，还需加强多种水源在智慧灌溉中的应用，如再生水、微咸水、磁化水等，积极探索典型农作物智慧灌溉发展模式、搭建智慧灌溉虚拟仿真系统等。未来农业灌溉物联网的发展必须聚焦节水、节肥、优质、高产、环保等主题，重要研究方向主要包括优化智慧灌溉系统软件和硬件布局、低成本的灌溉设备、大数据分析和安全、智慧灌溉标准建立和人才培养、高效的无线传输网络、水—肥—药智能实施等。

思考题

1. 简述地面覆盖技术的节水作用及方法。
2. 简述化学节水技术的类型及作用。
3. 为什么要重视管理节水技术？
4. 试述水肥综合管理技术对节水、节肥等的作用。
5. 简述智慧灌溉技术的特点和发展方向。

第十章 农田排水

第一节 概述

一、农田排水的作用

（一）农田水分过多对土壤和作物的影响

农田水分过多是指由于降水或洪水泛滥产生的地面径流不能及时排除时的淹水状态和由于地下水位过高，土体构型不良或土质过于黏重、土壤透水性差造成的土层滞水的情况。农田土壤水分过多或过少，都会给农业生产带来不利影响。农田水分过多会使土壤中的空气、养分、温热状况恶化，使土壤理化性状变坏，肥力降低，影响作物生长，导致作物减产。农田水分过多对土壤和作物均有严重的影响，具体表现在以下三个方面。

①危害作物的生长。土壤水分过多，氧气容量不足时，根系长期进行无氧呼吸，不仅不能进行正常的养分、水分吸收等生理活动，还会因甲醇、硫化氢等还原物质积累而中毒，致使呼吸作用不断下降，直至最后完全停止而死亡，此称为"渍害"。当土壤积水处于淹水状态时，土层水分饱和，作物不能进行正常的呼吸作用，超过一定时间后就会引起减产，继续淹水甚至导致作物死亡，此称为"涝害"。例如，小麦、棉花地积水深 10 cm 时淹泡 1 d 会显著减产，淹泡 6～7 d 就会死亡。各种作物的耐淹程度不同，即使是同一作物不同生育阶段耐淹程度也相差很大。水稻虽是喜水性作物，但如果长期淹水或淹水过深，水稻根系生长不良、吸收能力减弱，茎秆细长软弱、容易倒伏和发病，产量低。

②改变土壤理化性质。农田长时间水分过多，会有许多不良影响：我国南方山区和丘陵地区冷浸田、潜育性稻田，土粒高度分散，结构完全丧失而呈烂糊状，耕性不良；土温低，土壤微生物不仅种类少而且活性也较弱，致使土壤中有机质分解缓慢，矿化程度低，分解释放的有效养分少，不能满足作物生长的需要；土壤通气性很差，气体交换微弱，会产生大量有毒还原性物质如有机酸、亚铁、锰离子和硫化氢等，又因地下水滞留时间过长，还原性物质难以排除，致使整个土层都处于强烈的还原状态。

③引起土壤盐碱化。在干旱、半干旱地区，由于地下水中溶有较多的盐分，矿化度过高，当地下水位较高时，因土壤水分过多、排水不良等，常会引起土壤的次生盐碱化。

（二）农田排水的作用

农田排水的首要目的是除涝，即排除因较大雨强而产生的农田地表积水。其次是防渍和防盐，控制和降低地下水位，使农田土壤能维持在较为适宜的含水率之内，防止土壤次生盐碱化的发生或改良盐碱土，从而保证农作物的正常生长。农田排水是改良农田土壤因长期渍涝而造成的结构性差、通气不良、还原作用强等对作物产生不利影响的根本措施之一，对土壤理化性质、作物生长、地下水状态及水环境等具有重要影响。

在降雨丰富的湿润地区，在需要调节控制地下水位和土壤水、盐状况的干旱和半干旱地区，以及在开垦荒地、改良盐碱土及抵御潮水侵袭的滨海地区，等等，均需要建立相应的农田排水系统，从而降低农田水分过多引起的危害。

1. 农田排水对土壤理化性质的影响

（1）改善土壤结构

当地下水位高，农田排水不畅时，极易造成农田渍害而破坏土壤结构。实施排水后，可使农田多余水分排出，当土壤干燥后可形成新的结构。例如，我国南方冷浸田通过排水，可极大改善土壤水、肥、气、热状况，排除还原性有毒物质，增强微生物的活性，使土壤理化性状发生很大的变化。冷浸田排水后可使土壤的容重增加 1 倍以上（表 10-1）。

表 10-1 冷浸田排水改良前后土壤性状的变化

排水前后	水温 /℃			土温 /℃			水解氮 /（mg/kg）	速效磷 /（mg/kg）	容重 /（g/cm³）
	返青期	孕穗期	成熟期	返青期	孕穗期	成熟期			
排水前	19.5	13.4	24.0	16.0	23.4	24.0	202.4	5.28	0.75
排水后	22.5	28.4	30.0	19.0	27.0	30.0	242.8	7.00	1.55

（2）排除有毒物质

通过排水，可将土壤中各种还原性有毒物质随水分一起排出，降低土壤毒性。江苏省昆山市试验资料说明，没有排水的对照稻田中亚铁离子含量为 70.2 mg/kg，而暗管排水稻田为 36.3 mg/kg，比对照减少近一半。

（3）降低土壤含水量，改善土壤热状况

农田排水后，耕层土壤中过多水分得到排除，土壤透气性和容气量增加，这样可实现以水调气，有利于好气性微生物活动，促进土壤有机质分解。对稻田而言，将有助于潜育化水稻土向脱潜方向发展。随着土壤含水量的降低，土壤的热性质（主要是土壤热容量）得到改善，土温提高。不同排水措施（明排、暗排等）和排水规格，对提高土温的作用不同（见表 10-2）。从表 10-2 中可以看出，暗排区的土温明显高于明排区的土温。相同排水措施条件下，随排水管间距的减小，土温随之而增加。

表 10-2 南方某地稻田全年最低地温期地温与排水措施和规格的关系

	排水形式规格		0.2 m 沟深	0.4 m 沟深	0.8 m 沟深
暗管区	H=1.2 m	L=8 m	6.04℃	7.68℃	11.38℃
	H=0.8 m	L=12 m	6.14℃	7.66℃	10.66℃
	H=0.8 m	L=8 m	6.58℃	7.66℃	10.78℃

续表

排水形式规格			0.2 m 沟深	0.4 m 沟深	0.8 m 沟深
暗管区	H=0.8 m	L=6 m	6.72℃	8.28℃	12.10℃
明排区	—	—	6.0℃	7.08℃	9.98℃

注：H 为暗管埋深，L 为暗管间距。

（4）改善土壤通气状况，提高氧化还原电位

在排水过程中，随着土壤中液相减少，空气容量相对增加，从而改善了土壤通气状况。根据稻田暗管排水试验实测资料分析（见表 10-3），暗管区耕层土壤空气容积占 4.26%～5.03%，约为对照区（未埋管区）的 2.43～2.87 倍。土壤通气状况的好坏，还表现为氧化还原电位（Eh）的高低，土壤通气好，Eh 值则较高；反之则较低。

表 10-3 暗管排水对土壤通气性的影响

管距 /m	空气体积	空气占孔隙容积	埋管区与对照区空气容积之比
14	5.03%	8.80%	2.87
20	4.26%	7.53%	2.43
无管对照区	1.75%	2.89%	1.00

（5）降低土壤含盐量，改良土壤盐碱化

由于实施排水措施，排走了表层潜水，增加了潜水位的下降速度，加速了耕作层土壤的脱盐过程，起到了调节土壤水盐状况的作用。根据山东打渔张引黄灌区的试验资料分析，排水对表层土壤的脱盐效果十分明显，如实施暗管排水地段冬灌后 0～20 cm 土层土壤脱盐率达到 68.0%（见表 10-4）。而春灌期，潜水矿化度在灌前为 9.35 g/L，灌后为 8.62 g/L，脱盐量达到 0.73 g/L，淡化率为 7.8%。

表 10-4 暗管排水地段冬、春灌淋洗脱盐效果

灌水时间	土层 /cm	含盐量（占干土质量百分比）		脱盐率（占干土质量百分比）	脱盐率
		灌前	灌后		
冬灌	0～20	0.662%	0.212%	0.450%	68.0%
	0～40	0.553%	0.316%	0.237%	40.7%
	0～100	0.426%	0.366%	0.060%	14.1%
春灌	0～40	0.335%	0.285%	0.050%	15.0%
	0～100	0.294%	0.270%	0.024%	8.2%
	0～220	0.289%	0.257%	0.032%	11.1%

2. 农田排水对作物生长的影响

在易渍、易涝和易碱地区农田排水是促进作物生长发育的重要措施之一，通过排水调控作物生长的水、土、气、热、肥等主要环境因素，并由此影响作物生长发育和产量。

（1）排水对作物根系生长的影响

作物根系生长要求具有适宜的土壤含水量。土壤含水量过高，土壤通气性不良，根区有毒物质难以排除，极易造成根系生长发育迟缓，甚至出现烂根、黑根的现象。排水可改善作物根区的通气状况，从而促进根系生长发育，增加根系对土壤养分、水分的吸收。

（2）排水对作物生长及产量的影响

排水在改良土壤理化性质、促进根系生长发育的同时，可以促进作物生长发育，进而提高产量。在相同排水方式和规格条件下，排水对作物产量的影响随作物种类、水文气候条件而变。据广东省水利科学研究所试验资料，稻田实施排水后，增产幅度为2%～10%，且表现为早稻比晚稻增产幅度大，多雨年份比少雨年份增产显著，增产率为15%～20%。

3. 农田排水对地下水动态及水环境的影响

（1）排水沟对地下水位的控制作用

地下水动态受多种自然因素（如降雨、越层补给、河渠渗漏、蒸发等）和人为因素（如灌溉、排水、冲洗等）的影响。由于作物生长要求具有适宜的地下水埋深，而通过蒸发降低地下水位十分有限。因此，排水是控制和降低地下水位的主要方法。

在灌水和降水量较大的情况下，一部分水将透过土层补给地下水，引起地下水位的上升。农田无排水措施，地下水位将以较快速度平移上升。而在有排水措施的条件下降雨或灌水入渗量的一部分将随排水沟排走，因而地下水上升速度和高度比无排水工程时小，尤其是排水沟附近土层，地下水位上升高度更小。在降雨和灌水停止后，无排水措施的农田地下水位主要依靠地下水的蒸发而缓慢下降；而有排水措施的农田，在蒸发和排水双重作用下，地下水位下降速度较快，相同时间内地下水水位的降低较无排水工程大。

总之，无论是在灌水和降雨入渗过程中，还是降雨和灌水后的排水过程中，排水沟对地下水位具有十分重要的控制作用：距排水沟愈近，其控制作用愈强；远离排水沟处，其控制作用相对减弱，且在两沟中间一点形成地下水位最高点。

（2）排水对农田地下水动态的影响

作物生长需有适宜的地下水埋深，以保证作物生长必需的水、气、热条件。旱作区与水稻种植区所要求的地下水埋深不同，相应的农田排水标准、方式和规格各不相同。例如，根据水稻的高产栽培技术，稻田既需要具有一定的渗漏强度的条件，又要求农田具有一定的排水措施。因而水稻从插秧到分蘖盛期，田面水层的入渗补给和排水沟（管）的排水作用将使得地下水位处于一个相对稳定的状态。而分蘖盛期后，稻田必须进行落干晒田。在此期间，田面无水层，田间地下水在两边排水沟（管）和蒸发的共同作用下，迅速下降，地下水位处于动态变化过程之中，地下水呈非稳定状态。对于旱作地区的地下水动态在排水的作用下也同样处于非稳定状态，其地下水动态主要与排水方式、排水规格、土壤质地等有关。

一般来讲，排水沟（管）间距小、土壤质地轻、沟深（或管理深）大，地下水下降速度快；反之则下降速度慢。在排水初期，排水沟（管）附近的地下水下降速度快，远离排水沟（管）地域的地下水下降速度慢。相同排水规格，不同排水方式对地下水动态的影响是不同的，根据我国各地试验资料，暗管排水方式降低地下水位的速度明显好于明沟排水方式。

（3）对水环境的影响

农田排水在起到防御涝渍盐碱灾害、改善中低产田作用的同时，也是农业非点源污染物进入水体的主要传输途径，会对地下水和地表水环境产生极为不利的影响。不适当的农田排水不仅会造成农田养分流失和水环境污染，还会造成农田地表水、地下水或土壤水的流失。目前，农业排水管理已从传统的防涝、治渍和排盐转化为尽可能减少排水流失量，在控制排水、灌溉—排水—湿地系统、排水再利用、农田非点源污染控制等农田水管理措施下，可以有效地减少农田的水肥流失，同时实现保护水环境的目标。

二、农田排水标准

农田排水的任务是通过合理地采取工程、农业和生物措施及时排除农田中多余、有害的水分，降低地下水位并使之维持在一定深度范围，使作物根系层的水分状况适宜作物生长。一个科学的农田排水系统除了消除因水分过多而造成农作物生长的危害，还担负着节约资源和保护环境的使命。

涝灾与渍害是农田常见的两种自然灾害，它们往往是相伴发生且密切相关的。排除涝水是农田排水的首要任务，这种排水称为除涝排水或排地面水。但仅修建除涝排水工程并没有完成农田排水的全部任务，只有排除土壤中多余的水分（渍害），实行科学的田间水管理，才能真正达到农田排水的目的。其次是防渍，主要是由于干旱、半干旱地区地下水矿化度较高，当地下水位过高时，潜水蒸发后，盐分累积在土壤表层，造成土壤的盐碱化，而通过排水降低地下水位，减少潜水蒸发，是解决盐碱危害的有效措施。担负农田排水任务的排灌系统的排水标准主要包括排涝标准和排渍标准两个方面。

（一）排除地面水的排涝标准

实践表明，作物的耐淹水深和耐淹历时都有一定的限度，当超过允许范围，将影响作物的正常生长，轻则造成作物减产，重则造成作物死亡。因此，农田排水系统必须及时排除由于暴雨或洪水泛滥引起的地面积水，减少淹水历时和淹水深度，以保证作物的正常生长。同时要从农田排水的实际情况出发，考虑排水的经济效益，应允许田面在限定时间内，有一定深度的淹水，即要求在允许时间内将淹水水层排至耐淹深度以下。该允许时间范围和淹水深度分别称为耐淹历时和耐淹水深，其也是地面排水标准或排涝标准。其随作物种类和生育时期、排水地区的水文气象条件等因素而异。一般应根据当地或邻近地区有关试验调查资料确定，无试验资料时，可按表10-5选取。

表10-5　几种主要作物的耐淹水深和耐淹历时

作物	生育阶段	耐淹水深 /cm	耐淹历时 /d
小麦	分蘖—成熟	10	2
棉花	开花、结铃	5～10	1～2
玉米	抽穗	8～12	1～1.5
	灌浆	8～12	1.5～2
	成熟	10～15	2～3
甘薯	—	7～10	2～3
春谷	孕穗	10～15	1
	成熟	10～15	2～3
大豆	开花	7～10	2～3
	孕穗	10～15	5～7
高粱	灌浆	15～20	6～10
	成熟	15～20	10～20
水稻	返青	35	1～2
	分蘖	6～10	2～3
	拔节	15～20	5～7
	孕穗	20～30	9～10
	乳熟	40	4（晴天）或7（阴天）

　　排涝标准是确定除涝工程规模的重要依据，是否合理将直接影响排水工程投资效益及社会效益。通常以排水区发生一定重现期的暴雨，农作物不受涝作为设计排涝标准。即当实际发生的暴雨不超过设计暴雨时，农田的淹水深度和淹水历时应不超农作物正常生长允许的耐淹水深和耐淹历时。因此，设计暴雨重现期应根据排水区的自然条件、涝灾的严重程度及影响大小等因素确定。一般可采用5～10年，经济条件较好或有特殊要求的地区，可适当提高标准。经济条件较差的地区，可分期达到标准。设计暴雨历时和排除时间应根据排涝面积、地面坡度、植被条件、暴雨特性和暴雨量、河网和湖泊的调蓄情况，以及农作物耐淹水深和耐淹历时等条件确定。旱作区一般可采用1～3 d暴雨，1～3 d排至田面无积水；水稻区一般可采用1～3 d暴雨，3～5 d排至耐淹水深。

　　除了设计暴雨的雨量和历时，除涝排水设计标准还应包括排涝时间、设计内水位和设计外水位等。设计排涝时间应以农作物受涝而不减产为原则来确定。设计内水位是指排水出口处的沟道通过排涝流量时的水面高程，一般应定在农田地下水位降到规定深度所必需的高程上。设计外水位是指容泄区的外水位，应根据排水系统出口所在容泄区的具体情况，通过水文水利计算和技术经济分析加以确定。

（二）控制地下水位的排渍标准

据研究，地下水位的高低与作物根系层深度及其水分状况有着密切的关系。地下水位越高，土壤含水量越高，越容易发生渍害；地下水位过高将严重影响作物产量。反之，地下水位越低，越不易发生渍害而影响作物生长和产量。因此，最直接判别农田是否产生渍害应测定土壤含水量及地下水位埋深。各种作物在不同生育时期都有不同深度的根系活动层及其所要求的适宜含水量，如小麦、玉米各生育时期适宜含水量大多为田间持水量的 70% ～ 90%，而棉花则为 70% ～ 80%。

不同作物、同一作物不同生育时期对地下水位的要求也不一致。对麦类作物而言，在播种和幼苗期，要求土壤湿润，地下水不能降得过低，一般约为 0.5 m，以利用地下水的上升毛管水，促使种子早发芽，苗全苗壮。在返青以后至拔节阶段，此时正是麦类根系生长旺盛时期，地下水要求降到 0.8 ～ 1.0 m。南方 4 月上中旬以后，地下水位要逐步下降，地下水应严格控制在 1.0 m 以下。据苏州地区试验调查分析，发现若地下水埋深不到 0.2 m，则颗粒无收；地下水埋深从 0.2 m 降到 0.5 m，增产 1 500 kg/hm²；从 0.5 m 降到 0.8 m，再增产 750 kg/hm²；从 0.8 m 降到 1.2 m，还可增产约 450 kg/km²；从 1.2 m 降到 1.5 m，则增产不显著。可见，降低春季地下水位对减轻渍害和麦类产量提高的作用很大。

水稻在大部分生长期内，稻田要保持较多的水分。由于水稻的根、茎、叶具有畅通的通气组织，空气由通气组织输送到根部，因而水稻可较长时间生活在含水量饱和的土壤中。但是稻田水分也不是愈多愈好，如土壤通气不好，稻根下扎不深，易倒伏，并易产生黑根、烂根等现象。土壤还原性增强，会引起硫化物、有机酸和亚铁等有害物质急剧增加，且土壤水分不能流动，也不利于土壤有害物质排除，将严重影响水稻的产量。因此，修建排水沟，降低地下水位，适时落干晒田是协调稻田水、热、气、肥的矛盾和进一步提高水稻产量的一个重要措施。

作物排渍标准是指控制作物不受渍害的农田地下水控制标准。设计排渍深度是指在作物不同生育时期地下水保持的适宜埋藏深度。该地下水深度下土壤中水分和空气状况适宜作物根系生长、可使产量提高。在有渍害发生的旱作区，作物生长期地下水位应以设计排渍深度作为控制标准，在设计暴雨形成的地面水排除后，应在旱作物耐渍时间内将地下水位降至耐渍深度。水稻区应在晒田期内 3 ～ 5 d 将地下水位降至设计排渍深度。适于使用农业机械作业的设计排渍深度，应根据各地区农业机械耕作的具体要求确定，一般可采用 0.6 ～ 0.8 m。

作物耐渍深度和耐渍时间因作物种类、生育时期、土壤性质、气候条件及采取的农业技术措施等不同而变化。因此，作物耐渍深度和耐渍时间应根据当地或邻近地区实地调查或试验资料确定。无资料时，可参考表10-6列出的几种主要作物排渍标准。

此外，在盐碱地或地下矿化度高的地区，从防治土壤盐碱化、改良盐碱地的要求出发，地下水位要严格控制在地下水位临界深度以下。

表10-6　几种主要农作物的排渍标准

作物	生育阶段	设计排渍深度 /m	耐渍深度 /m	耐渍时间 /d
棉花	开花、结铃	1.0～1.2	0.4～0.5	3～4
玉米	抽穗、灌浆	1.0～1.2	0.4～0.5	3～4
甘薯	—	0.9～1.1	0.5～0.6	7～8
小麦	生长前期、后期	0.8～1.0	0.5～0.6	3～4
大豆	开花	0.8～1.0	0.3～0.4	10～12
高粱	开花	0.8～1.0	0.3～0.4	12～15
水稻	晒田	0.4～0.6	—	—

第二节　排水系统的规划设计

一、排水系统的组成及规划布置

（一）排水系统的组成

排水系统一般包括田间排水沟系、输水沟系和容泄区（承泄区）等部分。在非自流排水区还包括排水枢纽，如排水闸、抽排站等。在规划排水系统时，首先确定和划分排水区：一是将整个需要排水的地区（如一个圩区）或整个灌区作为一个排水区，布置成一个独立的排水系统，设置一个出水口，集中排入容泄区。二是将排水区或灌区划分为几个排水单元，各单元分别布置排水系统，每个单元设置自己的排水出口，分别排入容泄区。集中排水的流量大，干沟和出水口的断面都要大；分散排水的流量小，干沟和出水口的断面也小。至于采用哪种形式，排水单元怎么划分，一般是根据排水区地形、汇水面积大小、天然水系分布及容泄区的水位等确定。

（二）排水系统的规划布置

1. 田间排水系统

田间排水系统是指末级固定沟（农沟）及其下一级的毛沟（临时排水沟）所控制的条田内部沟系，其作用是集聚排水地段上土壤中或地面上多余的水，并输送到下一级沟渠中去。农沟就是条田的一个长边，另一个长边是农渠。平原地区条田的尺寸和形状，直接影响着机械化作业效率。因此，它的长度和宽度必须满足机耕、机播和机械收割的要求。在我国北方地区排水规划布置时首先要考虑除涝、防渍和改良盐碱地的要求。北方平原地区的条田长度一般为400～800 m，宽度在满足除涝、防渍和改碱要求的前提下，按当地实际的农业机械宽度的双倍数来定；而易遭受渍害及土壤盐碱化的地区，条田应采用较小的田面宽度。

由于各地区的自然条件不同，田间排水系统的组成和布置也有很大差别，必须根据具体情况，因地制宜进行规划布置。现就平原和圩区常见的田间排水系统布置形式介绍如下。

①灌排相邻。在坡向单一、灌排一致的地区，灌溉渠道和排水沟一般是相邻布置。

②灌排相间。在地形平坦或微起伏的地区，灌溉渠道布置在高处，向两侧灌水；排水沟布置在低处，承受两侧来水。

③灌排合一。在沿江滨湖的水稻地区，为了节省土地和工程量，常把末级固定排水沟和末级固定灌溉渠道合为一条。但这种布置形式不利于控制地下水位，特别是在低洼易涝盐碱地区，地下水位降不到临界深度以下，往往会导致次生盐碱化。因此，一般不宜采用。

④沟、渠、路、林的布置形式。田间排水系统与灌溉、交通、林网、输电线路及居民点等整体规划布局，必须因地制宜，抓住主要矛盾，全面规划，统筹安排。例如，地势低洼的平原地区，主要矛盾是排涝，必须首先考虑排水系统的布置，以排水系统为基础，再结合布置灌溉系统、农村道路和林网等，同时要注意少占耕地和节省工程量。沟、渠、路、林配置应做到有利于排灌、机耕、运输和田间管理，不影响田间光照。

2. 输水系统规划布置

输水系统是由干、支、斗沟道组成的骨干排水工程。其作用是汇集来自田间排水系统的水量，并输送到排水区以外的容泄区。无论是集中排水系统还是分散排水系统，排水干沟一般都选在排水区的低处，或者利用天然沟道，以利于排水。但也要考虑到容泄区的水位，适当提高排水沟位置，使大部分地区能自流排水，少部分低洼地抽排或作为临时蓄水区。

骨干排水沟道的规划布置，除需满足排涝、滞涝、防渍、排碱、控制地下水位、改良土壤和淡化地下水的要求外，有时还要考虑承担蓄外水进行灌溉的任务。因此，要具有较大的深度和断面，一般干沟深度常在4 m以上。根据防渍改碱要求，沟内水位必须保持在不产生盐碱化和作物不受盐害的地下水临界深度。为了做到分级蓄水、分级排水，使雨季涝水蓄泄自如、旱季灌水调配灵活，地下水有排泄出路，在河网地区，骨干沟一般都联通成网，一处有水，可由多条沟道滞蓄和分泄。在地势低洼、沟道涝水不能自流外排时，需建抽水站抽排。为了适应蓄水要求，应在保证排水畅通的前提下，适当减小比降。在地形平缓地区，主要蓄水沟道可垂直等高线布置。为了减少工程量和交叉建筑物，骨干沟道应和主干公路结合布置，尽量利用已有公路；同时要考虑尽量缩短排水路径，加大排水速度，增加利用容泄区低水头时自流排水。

排水支沟、斗沟的布置应和同级灌溉渠系配合布置。如果灌溉渠道单向分水，渠道和排水沟应相邻排列；如果灌溉渠道是双向分水，或地形中间低，渠道和排水沟应相间排列。排水沟的设计水面高程都比同级渠道水面高程低，以利于排除渠道渗漏水和地下水，防止土地盐碱化。上下级排水沟大体互相垂直或斜交。

3. 容泄区的选择

容泄区是指位于排水区域以外，能容纳排水系统排出水量的湖泊、河网、洼地、坑塘或海洋等，也有人工兴建的容泄区。

确定容泄区时应尽量满足下列要求。

①在设计洪水情况下，容泄区的水位不能造成排水系统壅水或淹没现象。

②容泄区的输水能力或容量应能及时排泄或容纳由排水区泄出的全部水量。

③在汛期，容泄区的洪水位若使排水区产生壅水，引起淹没，其历时不应超过设计中规定的时间。

在汛期，容泄区的防洪与排水往往发生矛盾，一般采取以下措施处理：当洪水历时较短，或容泄区洪水和排水地区设计流量不在同一时间相遇时，可在出水口建闸控制，防止洪水进入排水区，洪水过后开闸排水。当洪水顶托时间长，且影响的排水面积较大时，除在出水口建网控制洪水倒灌外，还需修建抽水站排水，待洪水过后再开闸自流排水。这种抽水站，一般是灌排两用，以提高抗旱排涝标准，并减少投资。当洪水顶托，回水距离不远时，可在出水口附近修建回水堤，使上游大部分面积仍能自流排泄。回水堤附近下游局部洼地，可抽排或作为临时滞水区。有条件的地方，可将出水口沿岸向下移，以争取自流排泄。

二、排水沟系统的设计

在排水系统规划设计时，一般只对较大的主干排水沟道（如干沟、支沟等）进行逐条设计，而对较小的斗、农沟则通常采用根据当地经验或通过典型沟道计算而得的标准断面，不需进行设计。排水沟设计的内容有排水设计流量、排水设计水位、排水沟断面尺寸及排水沟间距和沟深等。

（一）排水设计流量的计算

排水设计流量是确定排水沟断面和沟道上各种建筑物规模的依据。排水设计流量常分为排涝设计流量、排渍设计流量和日常排水设计流量三种。一般而言，排涝设计流量用以确定排水沟断面尺寸，排渍设计流量用以校核排水沟的最小流速，而日常排水设计流量则是用来确定有控制地下水位要求的排水沟沟底高程和沟底宽度。

1. 排涝设计流量

排涝设计流量是指在发生排涝标准规定的暴雨时，排水沟所能通过的最大流量或平均流量。可见，它是由排涝标准和排水沟道控制的排水面积大小决定的。确定排涝设计流量常用的方法有经验公式法和平均排除法。

①经验公式法。排涝设计流量应按发生排涝标准规定的暴雨所产生的最大径流量（洪峰流量）进行设计，但一般用分析计算的方法很难准确地推求出最大径流量，所以实际工作中多用经验公式法来确定。经验公式法是在统计分析实测资料的基础上建立一个地区洪峰流量和设计净雨深、集水面积之间的关系式来推求排涝设计流量。为计算方便，一般先推求出排涝设计标准下排水区内单位排水面积（1 km²）上的最大排涝流量，即排涝模数，然后以排涝模数乘某沟道所控制的排水面积，即得到该沟道的设计排涝流量。排涝模数经验计算式的形式为

$$q=KR^mA^n \tag{10-1}$$

式中：q——设计排涝模数（$m^3 \cdot s^{-1} \cdot km^{-2}$）；

K——综合系数（综合反映河网配套程度、排水沟坡度、降雨历时及流域形状等因素）；

R——设计径流深，即设计暴雨的净雨深（mm）；

A——排水沟设计断面所控制的排水面积（km²）；

m——峰量指数，反映洪峰与洪量的关系；

n——递减指数，为一负值，说明其他条件相同时，排涝面积越大，排涝模数越小。

公式（10-1）中的各系数和指数值可以从各地的水文手册等查得，表10-7给出了部分地区的参数值。另外，公式（10-1）中的设计径流深 R 可用下式计算：

$$R=\alpha P \tag{10-2}$$

式中：P——根据排涝标准确定的设计暴雨雨量（mm）；

α——径流系数，小于 1。

求出排涝模数后，便可计算排水沟的排涝设计流量 Q（m^3/s）：

$$Q=qA \tag{10-3}$$

上述经验公式法多适用于控制大面积排水的骨干沟道，而不宜用于农田田块小面积排水沟道的设计。

表 10-7 我国部分地区参数 K、m、n 值

地区		适用面积 /km²	K	m	n	设计暴雨历时 /d
河北平原地区		> 1 500	0.058	0.92	−0.33	3
		200 ~ 1 500	0.032	0.92	−0.25	3
		< 100	0.400	0.92	−0.33	3
河南东部及沙颍河平原区		—	0.030	1.0	−0.25	1
辽宁中部平原区		> 50	0.012 7	0.93	−0.176	3
山东	沂沭泗和湖西地区	2 000 ~ 7 000	0.310	1.0	−0.25	3
	邳苍地区	100 ~ 500	0.310	1.0	−0.25	1
淮北平原地区		500 ~ 5 000	0.026	1.0	−0.25	3
江苏苏北平原区		10 ~ 100	0.025 6	1.0	−0.18	3
		100 ~ 600	0.033 5	1.0	−0.24	3
		600 ~ 6 000	0.049	1.0	−0.30	3
湖北省平原湖区		< 500	0.013 5	1.0	−0.201	3
		> 500	0.017	1.0	−0.238	3

注：引自沈阳农业大学主编《农田水利学》和汪志农主编《灌溉排水工程学》，1994。

②平均排除法。平均排除法是以排水面积上的设计径流量在规定排水时间内排除的平均流量作为设计流量。此时，单位面积上的平均排涝流量称为平均排涝模数，可按下式计算：

$$q = \frac{R}{3.6Tt} \qquad (10-4)$$

式中：q——设计排涝模数（$m^3 \cdot s^{-1} \cdot km^{-2}$）；

    T——设计排涝时间（d），按除涝排水标准确定，一般不得超过作物允许耐淹历时，通常旱作物采用 1 ~ 2 d，水田采用 3 ~ 5 d；

    t——每天排水时数，自流排水 t=24 h；抽排按水泵每天运转时数计，一般为 20 ~ 22 h；

    R——设计径流深（mm）。

对于旱田 R 按公式（10-2）求得，对于水田 $R=P-h_1-E$［h_1 为水田田间滞蓄水深（mm），应根据当地调查资料确定；E 为历时 T 内的水田蒸发蒸腾量（mm）］。

排水沟的设计排涝流量 Q（m^3/s）为

$$Q=qA \qquad (10-5)$$

当排水地区既有旱地，又有水田时，可先按公式（10–5）分别计算出旱地和水田的排涝模数，然后按旱地和水田的面积比例加权平均，最后得到综合排涝模数 $q_{综合}$ 和排涝设计流量 $Q_{综合}$：

$$q_{综合} = \frac{q_{旱} A_{旱} + q_{水} A_{水}}{A_{旱} + A_{水}} \tag{10–6}$$

$$Q_{综合} = q_{综合}（A_{旱} + A_{水}）$$

式中：$q_{旱}$，$q_{水}$——分别为旱地和水田的排涝模数；

　　　　$A_{旱}$，$A_{水}$——分别为旱地和水田的面积。

平均排除法计算的设计排涝流量是暴雨径流过程的一个平均流量。此法适用于对涝水具有一定调蓄能力的河网和抽排地区。按此流量设计排水沟道及其建筑物时，在排泄设计暴雨径流过程中，将会造成一段时间因排水不畅而使部分径流滞蓄在排水区内。对于以坡面为主或排水区内调蓄能力较差的地区，用此法求得的排涝流量可能偏小。此外，用平均排除法计算湖泊、塘堰较多地区的排涝流量时，计算结果偏大，因为它没有考虑湖泊、塘堰调蓄与滞蓄涝水的作用。由于该法没有反映排水面积大、排涝模数小的规律，排水面积很大时，将引起较大误差，因而仅适用于控制面积较小的系统。

2. 排渍设计流量

排渍设计流量是指为使作物免受渍害而需要的排水流量。单位面积上的排渍设计流量叫排渍模数（又称设计地下水排水模数）。排渍模数可根据地下水补给类型、地区气候特点（降雨、蒸发条件）、土壤条件、水文地质条件和排水系统的密度等因素确定，也可根据计算公式进行计算。

①对于由降雨引起的渍害，排渍模数可按下式计算：

$$q_{渍} = \frac{P \delta \alpha}{86.4 \beta T} \tag{10–7}$$

式中：$q_{渍}$——排渍模数（$m^3 \cdot s^{-1} \cdot km^{-2}$）；

　　　　P——设计降水量（mm），取 3 d 暴雨量；

　　　　δ——吸水系数，$\delta = 1 - \Psi$，Ψ 为径流系数（%）；

　　　　T——排水历时，取 5 ~ 7 d；

　　　　β——系数，修正渗入排水沟的昼夜降雨径流的加速度；

　　　　α——渗漏排水系数，$\alpha = 1 - \dfrac{10H（\theta_m - \gamma）}{P \delta}$，$\theta_m$ 为土壤最大持水率（容积百分比），γ 为土壤实际持水率（容积百分比），H 为设计排渍深度（m）。

一般在降雨持续时间长、土壤透水性强和排水沟系密度较大的地区设计排渍模数具有较大的数值。表 10–8 是分析某些地区资料得到的由降雨而产生的设计排渍模数，在资料不足的地区可参考使用。

表 10-8　不同质地土壤的设计排涝模数　　　单位：m³·s⁻¹·km⁻²

土壤	设计排涝模数
轻砂壤土	0.03～0.04
中壤土	0.02～0.03
重黏壤土	0.01～0.02

②对于由灌水引起的渍害，排渍模数 $q_{渍}$ 按下式计算：

$$q_{渍} = \frac{1\,000\,\Delta h\mu}{86.4T} \tag{10-8}$$

式中：Δh——设计的地下水日设计降低高度（m）；

　　　μ——土壤给水度；

　　　T——作物耐渍历时（d）。

所以排渍设计流量 $Q_{渍}$（m³/s）为

$$Q_{渍} = q_{渍}A \tag{10-9}$$

3. 日常设计流量

地下水位达到设计控制要求时的地下水排水流量称为日常设计流量。单位面积上的日常排水流量称为日常排水模数，用 $q_{日}$ 表示。其大小取决于土壤质地、水文地质条件和排水系统的密度等因素。日常排水模数应根据当地或附近地区的实测资料确定。无实测资料时，根据不同土壤质地情况，在 0.002～0.007 m³·s⁻¹·km⁻² 范围内选取，质地粗的土壤选取较大值，质地黏重的土壤选取较小值。日常设计流量 $Q_{日}$ 用下式计算：

$$Q_{日} = q_{日}A \tag{10-10}$$

（二）排水沟的设计水位

排水沟的设计一方面要使排水沟道能够将地面径流顺利地排入容泄区，此时排水沟道需要有足够高的水位；另一方面还要使排水沟道能够将排水区地下水位控制到一定的埋藏深度，此时要求排水沟具有相当低的水位。

排水沟的设计水位可分为排渍水位（日常设计水位）和排涝水位（最高设计水位）两种。确定排水沟设计水位是正确设计排水沟的重要内容和依据。

1. 排渍水位

为控制地下水埋藏深度，排水沟经常需要维持的水位称为排渍水位（日常设计水位）。其大小主要取决于控制地下水位的要求（防渍或防止土壤盐碱化），同时也考虑排水沟的通航的要求。

为了控制农田地下水位，排水农沟（末级固定排水沟）的排渍水位应当低于农田要求的地下水埋深，地下水埋深一般不小于 0.9 m；在有盐碱化威胁的地区，为了防止土壤返盐，地下水埋深一般不小于 1 m（黏土）或 2.2 m（轻质土），如图 10-1 所示。由于需要考虑各级沟道的水面比降和局部水头损失的要求，所以斗、支、干沟的排渍水位比农沟更低（见图 10-2）。为了满足末级农沟降低地下水位的要求，自上而下推求排水干沟沟口的排渍水位。

$$Z_{排渍} = H_0 - D_农 - \sum Li - \sum \Delta Z \qquad (10-11)$$

式中：$Z_{排渍}$——排水干沟沟口的排渍水位（m）；

　　　H_0——最远处低洼地面参考点高程（m）；

　　　$D_农$——农沟排渍水位离地面距离（m）；

　　　L——斗、支、干各级沟道的长度（m）；

　　　i——斗、支、干各级沟道的水面比降，如为均匀流，则 i 为沟底坡降；

　　　ΔZ——各级沟道沿程、局部水头损失，如过水闸水头损失取 $0.05 \sim 0.1$ m，上下
　　　　　　级沟道汇流处水位的落差取 $0.1 \sim 0.2$ m。

在自流排水情况下，按公式（10-11）推求的干沟沟口的排渍水位应高于容泄区（也称外河）的平均枯水位或与之持平。

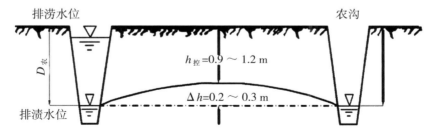

图 10-1　排渍水位与地下水位的关系

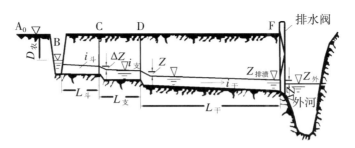

图 10-2　干、支、斗、农排渍水位关系图

2. 排涝水位

排涝水位是排水沟最大设计流量时的水位，即满足排涝要求的水位，也叫最高设计水位。根据容泄区水位的高低和排水区内部的排水规划，排涝水位的确定可分为两种情况。

①容泄区设计水位相对较低，如汛期干沟出口处排涝设计水位始终高于容泄区水位，即沟道具备自流外排条件。为保证顺利排水，设计流量时各级排水沟汇交点上的水位和沟底的衔接要求：汇入排水沟出口水位比下一级沟道水位高 0.1 m，沟底高 0.2 m。通过校核流量时，汇入排水沟允许来自下一级沟道的暂时顶托。干沟出口处的最高水位比容泄区的设计洪水位要高或至少相平。此时以沟口排涝水位作控制，按排水沟比降和水位衔接要求，自下而上逐级上推，从而确定各级排水沟的最高水位。

②容泄区水位很高，长期顶托无法实行自流外排的情况。此时沟道排涝水位分两种情况。一是没有内排站的情况。这时沟道排涝水位一般不超过地面，以低于地面 0.2 ～ 0.3 m 为宜，最高可与地面齐平，以利于排涝。二是有内排站的情况，排水沟排涝水位可以超出地面一定高度。相应沟道两岸亦需筑堤，各级排水沟排涝水位的推求与自流外排时基本相同，所不同的是排水沟水位为设计前池水位，它比容泄区洪水位低。

（三）排水沟的断面设计

当排水沟的设计流量和设计水位确定后，便可进行排水沟的断面设计。排水沟断面通常按明渠均匀流进行设计，其水力计算及设计的方法步骤同灌溉渠道的断面设计。下面仅就排水沟断面设计与灌溉渠道设计不同之处作简要说明。

①排水沟的底坡 i（或排水沟的比降）。各级排水沟底坡大小取决于排水沟沿线地形和地质条件、土质、上下级排水沟水位衔接条件和容泄区水位高低等。具体要求是底坡与地面坡度相接近，以免开挖工程量太大，同时还应满足沟道不冲不淤的要求，即沟道的设计流速应当小于不冲流速（见表 10-9）和大于允许不淤流速（0.2 ～ 0.3 m/s）等。排水沟道的沟坡一般比灌溉渠道底坡要大。平原地区排水沟底坡的一般取值范围是干沟 1/20 000 ～ 1/6 000，支沟 1/10 000 ～ 1/4 000，斗沟 1/5 000 ～ 1/2 000，农沟 1/2 000 ～ 1/8000。

②排水沟的边坡系数 m。沟道的边坡系数主要与沟道的土壤质地和沟深有关，土壤质地越砂，沟道越深，采用的边坡系数应越大。另外，由于地下水汇入时的渗透压力，坡面径流冲刷和沟内滞涝蓄水波浪侵蚀等原因，排水沟容易坍塌，所以排水沟的边坡一般比渠道边坡缓，设计时可参考表 10-10。

③排水沟的糙率 n。对于新挖的排水沟道，其糙率与灌溉渠道相同，为 0.02 ～ 0.025。由于排水沟除排涝时流量较大外，排渍及降低地下水位时流量较小，所以容易滋生杂草，进行断面设计时应选择较大糙率值，一般取 0.025 ～ 0.03。

此外，在进行排水沟的纵断面设计时，要求沟道的排涝水位低于地面 0.2 m 以上，下级沟道沟底不得高于上级沟道沟底，在上、下级沟道相交处要有一定的水位差，一般取 0.1 ～ 0.2 m。

表 10-9　排水沟允许不冲流速

土壤质地	允许不冲流速 /（m/s）
淤土	0.2
重黏壤土	0.75～1.25
中黏壤土	0.65～1.00
轻黏壤土	0.6～0.9
砂土	0.4～0.6

表 10-10　平原地区排水沟道边坡系数

土壤	沟道开挖深度 /m			
	< 1.5	1.5～3.0	3.0～4.0	4.0～5.0
砂土	2.5	3.0～4.0	4.0～5.0	> 5.0
砂壤土	2.0	2.5～3.0	3.0～4.0	> 4.0
壤土	1.5	2.0～2.5	2.5～3.0	> 3.0
黏土	1.0	1.5	2.0	> 2.0

（四）排水沟的沟深和间距的确定

1. 排除地面水的排水沟的沟深和间距

排除地面水的目的主要是防止作物受淹，达到设计暴雨时要保证田面积水不超过作物允许的耐淹历时和耐淹水深，雨后要在允许的时间内将田面积水排除。而排水沟间距的大小直接影响到农田排水效果的好坏。排水沟的间距越大（或沟深越浅），排水效果越差；反之，排水沟的间距越小（沟深越深），排水效果越好。但排水沟间距太小时，一是占地太多，二是将田块分得太小，机耕作业效率低。因此，末级固定排水沟的间距，要根据田间作业对田块的要求，结合田间灌溉渠道的规划布置统一考虑确定。一般南方地区农沟间距多为 100～200 m，北方地区排涝农沟的间距多为 200～400 m。单纯排涝用的农沟的沟深一般为 1.0 m 左右。根据长期生产实践经验和田间试验，得到我国不同地区有关农田排水沟沟深与间距的参考值（见表 10-11）。

表 10-11　排水沟一般规格

沟道名称	沟道深度 /m	沟道间距 /m
支沟	2.0～2.5	1 000～5 000
斗沟	1.5～2.0	300～1 000
农沟	1.0～1.5	100～300
毛沟	0.8～1.0	50～100
腰沟	0.5～0.8	30～50

2. 控制地下水位的排水沟的沟深和间距

控制农田地下水位是为了有效地排除渍害和防止土壤盐碱化。对于控制一定地下水位要求的农田排水系统而言，排水沟的沟深和间距存在互为消长的关系。在一定的土地条件下，排水沟的深度（或间距）一定时，排水沟的间距越小（或沟深越深），地下水位的高度越低，降雨或灌水过量后地下水位下降越快，排水效果越好；反之，排水沟的间距越大（或沟深越浅），地下水位就越高，降雨或灌水过量后地下水位下降越慢，排水效果越差。在允许的时间内使地下水位降到要求的地下水埋深 ΔH 以下时，排水沟的间距越大，则要求的沟深也越深，施工难度增大，沟边坡的稳定性也差；反之，排水沟的间距越小，要求的沟深也越浅，施工方便，沟边坡也比较稳定（见图 10-3）。因此，排水沟的沟深和间距的确定不仅要考虑作物生长要求的地下水埋深，还要考虑工程量的大小、施工难易程度、边坡稳定条件、土地利用率的高低、机耕作业等因素。

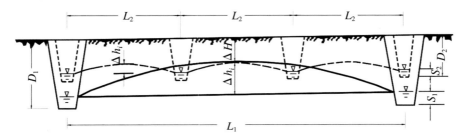

图 10-3　排水沟沟深与间距的关系

设计排水农沟时，一般首先根据作物要求的地下水埋深、排水农沟边坡稳定条件、施工难易程度等初步确定排水农沟的深度，然后再确定相应排水沟的间距。当作物允许的地下水埋深 ΔH 一定时，排水农沟的沟深（D）可用下式表示：

$$D = \Delta H + \Delta h + S \qquad (10-12)$$

式中：ΔH——作物要求的地下水埋深（m）；

　　　　Δh——两排水沟间中心点的地下水位降低至 ΔH 时，该点地下水位距排水沟内水位之差（m）。该值的大小视农田土质与排水沟的间距而定，一般不小于 $0.2 \sim 0.3$ m；

　　　　S——排水沟中的水深（m），排地下水时沟内水深很浅，一般取 $0.1 \sim 0.2$ m。

排水沟的深度确定后，根据沟深确定排水沟的间距，排水农沟的间距应通过试验或参照当地或相邻地区的经验加以确定。表 10-12 是根据我国一些地区试验资料分析统计，列出不同土质、不同沟深时需满足旱作物控制地下水位要求的排水沟间距的大致范围。一般旱作地区的沟深为 $1.3 \sim 2.0$ m，水田地区排水农沟的沟深为 $0.8 \sim 1.5$ m，而沟的间距一般为 $60 \sim 200$ m，视土壤质地而异。

在盐碱化地区，排水沟的沟深和间距，不仅要满足控制和降低地下水位的要求，而且要能达到脱盐和改良盐碱土的预期效果。例如，在冲洗改良阶段，为了加速土壤脱盐，可采用深浅沟相结合的办法，在深沟控制地段，加设深 1 m 左右的临时性浅沟（毛排），待土壤脱盐后再填平。根据山东打渔张引黄灌区资料，砂壤土排水毛沟的间距为 150 m，黏壤土排水毛沟的间距为 100 m。

上面介绍确定的排水沟沟深和间距的经验性方法，在缺少实测或调查资料的情况下，排水沟的沟深和间距也可采用理论公式进行计算。有关这方面的内容在此不再介绍，可参考有关资料。

表 10–12 末级固定排水沟间距与沟深经验值   单位：m

沟深	排水沟间距		
	轻壤土、砂壤土	中壤土	黏壤土、重壤土
1.0～1.3	50～70	35～50	20～30
1.3～1.5	70～100	50～70	30～50
1.5～1.8	100～150	70～100	50～70
1.8～2.3	150～200	100～150	70～100

（五）容泄区

容泄区的规划设计是排水系统规划设计的重要组成部分，往往因无适当的排水出路，使一个地区的排水计划难以实施。一个地区排水出口的排出流量有时要受到下游区通过能力的限制，会引起上下游的排水纠纷，因此在进行一般大型排水工程的规划设计时，应同时研究和分析因该地区排水计划的实施而引起容泄区周围的农田淹没、河床淤积、河岸冲毁或造成容泄区附近的生态环境恶化等不利影响。所以，对容泄区的规划和整治应与排水工程的规划与实施同步进行。

1. 容泄区的整治内容

①疏浚排洪通道，清除障碍，以提高蓄洪能力。对于天然排洪能力低的弯曲沟道，常结合整治和疏浚，或裁弯取直工程以增加排洪能力。

②加固容泄区排洪道两岸堤防，提高防洪标准。为保证拦洪堤的安全，应在堤外面设置一定的滩地，这样一方面可增加排洪断面，另一方面可保证堤基安全。

③整治容泄区内的天然水系，打通出流通道。治理湖泊、洼地，提高滞洪能力。对湖区的围垦进行规划和管理，防止乱围和过度围垦，保证湖区的蓄涝能力。

2. 排水出口枢纽位置的选定

排水出口是排水区域地面水和地下水的汇集地，所以往往多位于地形的最低部位。当排水沟区域的地形高差变化较大时，为了高水高排和分片排水，也可以有多个排水出口。在地形低洼处修建排水出口工程，首先要研究附近河岸的稳定性、排水出口附近的泥沙淤积和冲刷的可能性，其次是确定排水出口处的地基承载能力及相应的处理措施。排水出口地段的整治工程措施包括下列内容：①加固排水出口处附近的堤防，防止风浪海潮的冲刷，有时需修导流堤、护岸工程等；②对排水出口处的水道、河床、滩地等的整治工程。

第三节　农田排水方法

目前在世界范围内使用的排水方法可分为水平排水、垂直排水两种。水平排水主要指明沟排水（地面排水）和地下暗管（沟）排水。垂直排水也叫竖井排水，若把灌溉和排水结合起来，又称为井灌井排。

一、明沟排水

明沟排水就是建立一套完整的地面排水系统，把地上、地下多余的水排走，控制适宜的地下水位和土壤水分的方法。按照排水任务的不同，明沟排水也可分为除涝（排地面积水）、防渍和防止土壤盐碱化（控制地下水位）三种明沟排水系统。排水沟间距、深度随排水沟的排水任务、作物的品种与种类、土壤结构与质地等不同而不同。

明沟排水的特点是排水速度快（尤其是排地面水）、排水效果好，但明沟排水工程量大、地面建筑物多、占地面积大、沟坡易坍塌且不易保持稳定、易淤和易生杂草，同时不利于机械化耕作等。在生产实际中，骨干排水系统都采用明沟，田间排水系统可采用暗沟，但以明沟为主。

二、暗管排水

暗管（沟）排水是通过埋设地下暗管（沟）系统，排除土壤多余水分的一种方法。它可以降低地下水位，调节土壤中水、肥、气、热状况，为作物生长创造良好环境。近年来，暗管排水在世界范围内得到广泛应用，在我国南北方地区也有不同程度的发展。

暗管排水的特点是排得快、降得深。与明沟排水比较，具有工程量小、地面建筑物少、土地利用率高、有利于田间机械化作业等优点，也没有沟坡易坍塌、沟深不易保持等缺陷。但暗管排水也有缺点，主要是暗管铺设成本较高，施工较为复杂且费时，出现淤积堵塞等问题时难以查找和排除等。因此，暗管排水常与明沟排水配合使用。

与竖井排水相比，暗管排水的优点是能有效地解决水平不透水隔层排水问题；同时在自然地形许可的地区，可自流排水，节省能源。

（一）排水暗管系统的布置形式

暗管排水系统的布置形式基本上分为单管式排水系统、复式暗管排水系统和不规则布置形式三种。

1. 单管式排水系统

田间只有一级吸水管，渗入吸水管的水直接排入明沟（见图10-4）。

2. 复式暗管排水系统

田间吸水管的水不直接排入明沟，而是经集水管排入明沟或下级集水管（见图10-5）。有的集水管不仅起输水作用，同时通过首端隙缝进水，也起排水作用。

根据地形地貌特征，田间吸水管通向集水管（或明沟）有的是单向进水，有的是双向进水。双向进水可以共用集水管检查井，便于管理和养护。地面坡度较陡时，应布置成单向进水。检查井是为管路清淤、检修而设置的附属建筑物，一般为砖砌结构。为了保持通畅排水，检查井的上一级管底应高于下一级管顶10 cm，同时井内应预留30～50 cm的沉沙深度，以利于沉沙。复式暗管排水系统又可分为正交型和斜交型两种。

①正交型。指吸水管垂直于集水管（沟）的布置形式［见图10-6（a）］，是我国大部分地区采用的形式，广泛适用于地势平坦，田块规则的平原湖区和土地平整良好的山丘冲垄地区。

②斜交型。指吸水管与集水管（沟）呈斜交的布置形式［见图10-6（b）］。它主要适用于地形开阔冲谷两侧坡度比较一致的山丘地区，通常将集水管（沟）沿洼地或山冲的轴线布置。

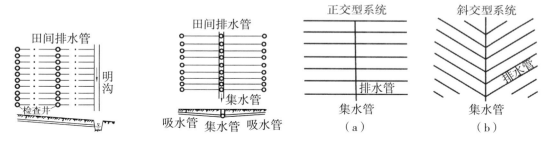

图10-4 单管式排水系统 图10-5 复式暗管排水系统 图10-6 复式暗管排水系统典型布置

3. 不规则布置形式

指吸水管与集水管根据地形、水文地质和土壤条件的不同而进行的不同布置，不要求形成等距和规则的排水系统（见图10-7），主要适用于一些地形条件复杂的山丘地区。

（二）暗沟（管）的类型

1. 排水管类

使用的管类有灰土管、水泥土管、瓦管、陶瓷管、混凝土管和塑料管等。暗管排水效果好，铺设容易，使用年限长，养护管理较其他形式方便。此外，还可以进行准确的

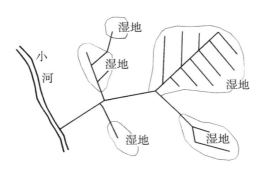

图 10-7　不规则的暗管排水系统

排水量计算，实行合理的计划和设计。因此，这类管材常用于暗管排水。

①灰土管。用石灰和黏土按一定的体积比做成一定的内径和长度如马蹄形或内圆外方的管子。管顶留有孔眼可以进水，也可靠接缝处预留缝隙进水。这类管材造价较低。

②水泥土管。将黏土、沙、水泥按一定的重量比，加适量的水制成与灰土管类似的暗管。

③瓦管。瓦管是我国很早就广泛采用的一种暗管。它是用普通黏土烧制而成，一般为内圆外方，内径 5～8 cm，外断面 12 cm×14 cm，每节长 30～60 cm。瓦管的特点是可以就地取材、施工技术容易掌握、造价低；缺点是使用年限短。

④陶瓷管。类似于城市下水道用的承插头连接的陶瓷管，管壁厚 2 cm，内径可达 20 cm，每节管长 1 m。管壁上每间隔 20 cm 设孔径 1 cm 的进水孔，排成梅花状。陶瓷管的特点是使用年限较长，但造价较高。

⑤混凝土管。混凝土管的种类很多，有用作排水管的无砂混凝土管（亦称多孔混凝土管）、带孔的水泥砂浆管（亦称薄壁管）、石棉水泥管，也有用作集水输水的普通混凝土管。混凝土管的缺点是重量大，在运输过程中易损坏，在高矿化度地下水中耐腐蚀性差，造价高。

⑥塑料管。我国目前广泛采用塑料暗管排水技术。塑料管按材料分有聚乙烯（PE）管和聚氯乙烯（PVC）管两种。这类管抗酸碱等腐蚀的能力强，使用寿命长，重量轻，而且具有一定的弹性，不易破损，便于搬运埋设，也便于机械化施工。通常使用的塑料管规格为长 2.5～6 m，外径 4～9 cm，壁厚 0.8～1.4 mm，管壁上有直径 3～5 mm 的圆形孔或宽 1 mm、长 3 cm 左右的矩形洞作渗水用。塑料管埋设深度多为 1.0～1.2 m。

2.暗沟类

暗沟排水的做法是将小的石块或沙砾铺在预先挖好的排水沟内，先在石块层上面覆盖一层砂或稻壳、秸秆等作过滤层，以防泥沙随水侵入沟内堵塞孔隙，然后再在过滤层上覆土整平地面。此外，也有用树枝、竹竿等代替石块埋入的。这样做成的暗沟，土层中多余的水分可先透过沟壁渗入沟道，再经过石块间的较大孔隙顺利地排至田块外。这类暗沟的特点是可以就地取材，简单易行，成本较低，也有较好的排水效果。

3.暗洞类

暗洞排水是指在田面以下一定深度利用特制的鼠道犁打出像鼠道一样的孔洞，土壤中多余的水分渗过孔洞洞壁汇集于洞内排出田外，故又称鼠道排水。暗洞排水不需管材和滤料，又称无材管道，适用于黏土、重壤土或中壤土且田面平整的地区。在轻壤土或砂壤土地区设置排渍鼠道时，应采用固壁措施。暗洞排水投资少、用工少、节省人力、物力效益高，但由于无衬砌，易坍塌，因此使用条件受到一定的限制，且使用年限较短，一般只有 2～3 年。

暗洞排水一般先由鼠道直接排水入明沟或与暗管相通，然后再排入集水明沟，鼠道在垂直剖面上有单层和双层两类。单层鼠道指布设在同一深度的鼠道排水系统。按其深度一般分为浅层、中层、深层三种。浅层鼠道深度一般为 0.3～0.5 m，间距为 1.3 m，适用于浅根作物排除层间滞水；中层鼠道深度为 0.5～0.7 m，间距为 2～4 m，有利于排除根层滞水；深层鼠道深度为 0.7～1.0 m，间距为 3～5 m，排除土壤滞水和降低潜水位。目前我国采用较多的是中层深度的鼠道。双层鼠道系统布设在深浅不同深度上，形成两个水平层次的地下排水系统，按剖面深度类型分为同一剖面不同深度的双层鼠道和深浅相间的双层鼠道两种。

为了防止鼠道因阻水而被破坏，鼠道应有一定的坡降，但坡度过大将引起冲刷，安全坡降为 0.2%～3%。为了防止旱作过度排水和发生冲刷或稻作季节保持田面水层，鼠道出口应有控制阀门，也可以在出口处插入长 2～3 m 的暗管，在需要停止排水时用管塞塞住管口。鼠道与暗管连接处应设滤层以防止吸水管被堵塞。

三、竖井排水

竖井是指由地面向下垂直开挖的井筒，也称立井。竖井排水是指在田间按一定的间距打井抽水降低地下水位，并通过地面排水系统将抽出的水输送到排水区外的一种排水方法。我国北方干旱及半干旱地区地面水资源比较缺乏，干旱灾害威胁着农业生产的发展。同时，在这些地区常常发生盐碱灾害，影响农业增产。实践证明，充分利用地下水埋深较浅、水质符合灌溉要求的特点结合井灌进行排水，不仅可提供大量的灌溉水源，同时对降低地下水位和除涝治碱起到了重要作用。实行竖井进行灌溉排水，具有以下特点。

1.降低地下水位，防止土壤返盐

在井灌井排或竖井排水过程中，由于水井自地下水含水层中吸取了一定的水量，在水井附近和井灌井排地区内地下水位将随水量的排出而不断降低。地下水位的降低值一般包括两部分：一部分是由于水井（或井群）长期抽水，地下水补给不及，消耗一部分地下水储量，在水井周围形成了以井孔轴心为对称轴的降落漏斗；另一部分是由于地下水向水井汇集过程中发生了水头损失而产生的。由于这两部分的作用，使得地下水位显著降低，减少了地下水的蒸发，因而可以起到防止土壤返盐的作用。

2.防涝防渍，增加抗旱灌溉水源

在干旱季节，大规模开发利用地下水会导致大面积、大幅度的地下水位下降。抽水以后可在地下水面以上形成一个库容较大的地下水库，雨涝季节能容纳较大的入渗水量，起到减轻滞、渍灾害的作用，又为旱季抽水灌溉提供了一定的水源。若考虑到防渍要求，则要恰当制定防渍临界水位。这样便可以就地拦蓄，不必外排，且不会成灾，不致造成土壤盐碱化，并有力地调控了地下水资源，从根本上解决了每到汛期必然发生涝灾的难题。

3.促进土壤脱盐和地下水淡化，改善水源

竖井排水在水井影响范围内形成较深的地下水位下降漏斗。地下水位的下降，可以增加灌溉水的入渗速度和加大冲洗作用，对表层土壤脱盐有良好的效果。据青海省冲洗排水试验资料，在竖井排水影响范围内硫酸盐氯化物盐渍土经冲洗后，0～30 cm土层脱盐率为81.5%～84.4%，0～100 cm土层脱盐率为66.3%～77.5%；而无井排地区冲洗后，0～30 cm土层脱盐率为36.3%～40.9%，0～100 cm土层脱盐率为25%～30%，约为竖井排水地区的1/3～1/2。

华北滨海地区和内陆部分地区，浅层含水层分布面积很广，厚度达几十甚至上百米，水位高，矿化度大，严重威胁农业生产。在这类地区，可运用人工回补地下水的方法，排除咸水补充淡水，建立浅层淡水体，人们称之为抽咸补淡。如果抽咸补淡工程运用得好，利用这个淡水体的厚度，就可以建立一个良好的地下水库，调节地下水和地面水，控制地下水位，改善灌溉水源，以解决涝、碱、咸危害的问题。

竖井排水除具有上述特点外，还具有减少田间排水系统和土地平整工作，占地少和便于机耕等优点。

竖井排水的缺点在于其投资大，消耗能源大，运行费用高，且需要有适宜的水文地质条件，在地表上层渗透系数过小或下部承压水压力过高时，均难以达到预期的排水效果。当潜水矿化度很高时，抽出的水不能用于灌溉，还需由排水沟系统排出灌区，增加排水成本。

在水井规划设计中应根据各地不同的水文地质条件，选择合理的井深和井型结构。如果选择不当，则可能造成水井的效率不高或水井不能真正起到灌溉、防涝、防渍、改碱、防止土壤次生盐碱化和淡化地下水的作用。为此，井深和井型结构的选择可分为以下几种情况。

①如含水层埋藏在5～30 m或至50 m且多系潜水含水层，可采用直径为0.5～1.0 m的浅筒井；如含水层厚度较大或富水性较强，宜采用大口井，井径可根据需要选择，常为2～3 m，甚至可增加到3～5 m。视具体情况而定，可采用完整井型或非完整井型。如为了增大井的出水量，还可采用辐射井。

②如上层潜水含水层的富水性较差或较薄，而下部有良好的承压水含水层且水压较低，水井可打至下部承压水层，使潜水层补给承压含水层；如下部承压水的水头很高，但富水性较差，则上部可建成不透水的大口井，以蓄积承压水。对于这几种情况，均可采用大口井与管井的联合井型。

③在 50 m 以内的黄土含水层或厚度较薄的弱含水层，如采用其他井型，其出水量较小时，以选用辐射井为宜。

水井的规划布置应根据地区自然特点、水利条件和水井的任务而定。在利用竖井单纯排水地区，井的间距主要取决于控制地下水位的要求。如果有地面水灌溉水源并实行井渠结合，在保证灌溉用水的前提下，井灌井排的任务是控制地下水位，除涝防渍，并防止土壤次生盐碱化。在这种情况下，井的间距一方面主要取决于单井出水量所能控制的灌溉面积，另一方面也取决于冲洗改良盐碱地时所要求的单井控制地下水位。

竖井在平面上一般多按等边三角形或正方形布置，由单井的有效控制面积可求得有效控制半径 R 和井距 L。当采用等边三角形布置时，单井间距 $L=\sqrt{3}\,R$；当采用正方形布置时，间距 $L=\sqrt{2}\,R$。

思考题

1. 农田排水对土壤的理化性状及作物生长有何影响？为什么？

2. 什么叫排涝设计标准？在田间排水系统设计中应当如何正确应用这一排涝标准？

3. 试分析用平均排除法求排涝模数的适用条件。

4. 在农田排水沟深度、间距确定中应考虑哪些因素？

5. 农田排水有哪几种方法？各有何优缺点？

习　题

用平均排除法计算水网圩区抽水站的排水流量。

基本资料

南方某水网圩区，地势低洼，易生渍涝。该区总面积为 80 km²，其中旱地（包括村庄、道路占地）面积为 20 km²，水田面积为 56 km²，湖泊及河流水面面积为 4 km²。据观测，旱地径流系数为 0.5，水田允许滞蓄水深为 30 mm，水田日蒸腾量为 4 mm，湖泊及河流的平均滞涝水深为 1.0 m。

现拟建设一排涝抽水站，按 10 年一遇的 1 日暴雨 200 mm，用平均排除法在 2 天内排完的标准进行设计。

要求

计算排涝抽水站的排水流量。

参考文献

[1]　张玉龙. 农田水利学 [M].3 版. 北京：中国农业出版社，2013.

[2]　王庆河. 农田水利 [M]. 北京：中国水利水电出版社，2006.

[3]　康绍忠. 农业水土工程概论 [M]. 北京：中国农业出版社，2006.

[4]　汪志农. 灌溉排水工程学 [M]. 北京：中国农业出版社，2000.

[5]　张兴旺. 节水灌溉技术 [M]. 兰州：甘肃文化出版社，2015.

[6]　夏桂敏，韩建平，迟道才. 现代灌溉技术 [M]. 哈尔滨：东北林业大学出版社，2003.

[7]　左强，李品芳. 农业水资源利用与管理 [M]. 北京：高等教育出版社，2003.

[8]　匡跃辉. 中国水资源与可持续发展 [M]. 北京：气象出版社，2001.

[9]　山仑，黄占斌，张岁岐. 节水农业 [M]. 北京：清华大学出版社，广州：暨南大学出版社，2000.

[10]　李英能. 节水农业新技术 [M]. 南昌：江西科学技术出版社，1998.

[11]　庞鸿宾. 节水农业工程技术 [M]. 郑州：河南科学技术出版社，2000.

[12]　杨天. 节水灌溉技术手册：第一卷 [M]. 北京：中国大地出版社，2002.

[13]　许志方. 灌溉计划用书 [M]. 北京：中国工业出版社，1963.